高等学校
计算机教材

面向应用与实践系列

U0269009

董延华 李明岩 编著

基于Linux的主机运行维护

清华大学出版社

北京

内 容 简 介

本书在《Linux 操作系统管理与应用》一书基础上系统地介绍基于 Linux 的运行与维护领域的关键技术,主要内容包括 6 个专题:Linux 文件系统管理专题,其中包括 Linux 系统启动、Linux 文件系统理论与实践、存储系统分类及管理;Linux 信息系统安全专题,其中包括 Linux 信息与系统安全、非对称加密技术及互信配置、PKI 体系架构、基于私有 CA 的安全 Web;Linux DNS(域名系统)专题,其中包括 Internet 体系结构及 BIND 部署、子域授权、区域配置、主从 DNS 复制;Linux 集群负载均衡专题,其中包括 Linux 集群技术及分类、LVS 负载均衡原理分类及实现、数据库集群及实现;Linux 大数据系统专题,其中包括分布式文件系统 Hadoop、分布式数据处理 MapReduce、分布式结构化数据 HBase、Hive 数据仓库;IPv6 技术应用基础专题,其中包括 IPv6 基础、IPv6 使用协议、IPv4 到 IPv6 的过渡技术等。

本书在介绍上述实用知识体系的同时注重对相关基础理论的讲解,以便读者将相关知识融会贯通,是将理论与实践有机结合的成功范例,是基于新工科课程体系建设过程中主机运行与维护、数据科学与大数据技术、云计算技术基础的理论与实践。本书是在多年教学与研究基础上编著而成的,适合相关专业学生学习,也适合系统管理员、网络管理员、Linux 运维工程师、大数据运维工程师及网站开发、测试、设计等从业人员参考。

图书在版编目(CIP)数据

基于 Linux 的主机运行维护/董延华等编著. —北京:清华大学出版社,2018
(高等学校计算机教材·面向应用与实践系列)
ISBN 978-7-302-51562-3

Ⅰ. ①基…　Ⅱ. ①董…　Ⅲ. ①Linux 操作系统－高等学校－教材　Ⅳ. ①TP316.85

中国版本图书馆 CIP 数据核字(2018)第 257292 号

责任编辑:袁勤勇　杨　枫
封面设计:常雪影
责任校对:梁　毅
责任印制:宋　林

出版发行:清华大学出版社
　　　　网　　　址:http://www.tup.com.cn,http://www.wqbook.com
　　　　地　　　址:北京清华大学学研大厦 A 座　　　　邮　　编:100084
　　　　社 总 机:010-62770175　　　　　　　　　　　邮　　购:010-62786544
　　　　投稿与读者服务:010-62776969,c-service@tup.tsinghua.edu.cn
　　　　质量反馈:010-62772015,zhiliang@tup.tsinghua.edu.cn
　　　　课件下载:http://www.tup.com.cn,010-62795954
印 装 者:北京国马印刷厂
经　　销:全国新华书店
开　　本:185mm×260mm　　印　张:15.5　　字　数:368 千字
版　　次:2019 年 7 月第 1 版　　　　　　　印　次:2019 年 7 月第 1 次印刷
定　　价:39.00 元

产品编号:075162-01

前　　言

为什么要编著本书

为什么编著《基于 Linux 的主机运行维护》这本书？这要从作者在吉林师范大学日常的教学与研究工作说起。作者在 Linux 操作系统的相关教学和在信息安全、并行计算等方面的研究过程中，零散地积累一些主机运行与维护方面的知识和经验，但一直没成体系。同时，随着大数据、云计算技术的迅速发展及应用，Linux 作为开源系统，被越来越广泛地应用于社会生活的各领域，但目前还鲜见主机运行方面的书籍和著作。本书的编著就是为了使读者在基于 Linux 系统运行与维护过程中解决相关问题，为在校本科学生学习主机运行维护提供参考，为数据科学与大数据技术专业建设做贡献！

为此，作者在 2016 年编著出版了《Linux 操作系统管理与应用》一书并成功应用于计算机相关专业的本科教学。随着吉林师范大学数据科学与大数据技术专业正式获批，基于 Linux 的主机运行与维护成为大数据运维工程师必备技能。为更好完成主机运行与维护教学工作和大数据方面的研究工作，为了使主机运行维护的教学与就业市场需求对接，作者成功申报了主机运行与维护校企合作开发课程，目的是为学习主机运行与维护的学生提供真实的应用场景。正是这样一个理念让作者不断努力，致力于将多年 Linux 及运维教学研究过程中的积累进行汇总，结合网络上主机运维方面有效的成功案例编著本书，作为校企合作开发课程的总结成果之一，为运维从业人员、系统架构师等提供有益的参考。

感谢合作企业的工程师和课程教学团队的每位成员，是他们的帮助，让我们有决心和动力完成本书的编著，并在编著过程中促使我们不断地接受新知识和探索新领域，使我们不断进步和完善，达到教学相长。为了帮助学习主机运维的人员能够系统地掌握必备的理论和高效的实践技能，作者决定编著《基于 Linux 的主机运行维护》这本书作为主机运行与维护的基础，并计划编著《基于 Linux 的系统架构》作为主机运行与维护的高级应用。虽然关于 Linux 的书籍较多，但是很难找到一本与读者认知过程相吻合，与企业生产环境相匹配的主机运行与维护的书籍，这是编写本书的初衷。

本书读者对象

本书的读者对象为计算机专业本科生，Linux 系统管理员、网络工程师、Linux 运维工程师、云计算、大数据运维工程师及网站开发、测试、管理人员。

本书体系结构

全书分为 7 章 6 个专题，各部分相互关联又可以相互独立。

第 1 个专题：Linux 文件系统管理，包括第 1、2 章，主要内容为 Linux 系统启动、Linux 文件系统理论与实践、存储系统分类及管理。

    第 2 个专题：Linux DNS(域名系统)，包括第 3 章，主要内容为 Internet 体系结构及 BIND 部署、子域授权、区域配置、主从 DNS 复制。

    第 3 个专题：Linux 信息系统安全，包括第 4 章，主要内容为 Linux 信息与系统安全、非对称加密技术及互信配置、PKI 体系架构、基于私有 CA 的安全 Web。

    第 4 个专题：Linux 集群负载均衡，包括第 5 章，主要内容为 Linux 集群技术及分类、LVS 负载均衡原理分类及实现、数据库集群及实现。

    第 5 个专题：Linux 大数据系统，包括第 6 章，主要内容为分布式文件系统 Hadoop、分布式数据处理 MapReduce、分布式结构化数据 HBase、Hive 数据仓库。

    第 6 个专题：IPv6 技术应用基础，包括第 7 章，主要内容为 IPv6 基础、IPv6 使用协议、IPv4 到 IPv6 的过渡技术等。

致谢

    感谢网络上为本书提供技术支持文章的所有作者，他们的经验和付出使开源世界更精彩！

    感谢校企合作开发课程项目为本书提供的支持，感谢合作企业沈阳尚观云科技有限公司及崔涛工程师对本书的贡献。

    感谢吉林师范大学教学团队的李爽、罗琳、李晓佳为本书的编著做出的无私奉献，感谢我的学生刘靓葳、王铭、邬娜的帮助，是他们从始至终的默默支持使本书顺利出版。

    尽管作者团队在本书编写过程中花费了大量的时间和精力，但书中难免还会存在一些纰漏，恳请读者批评和指正。

作　者

2018 年 7 月

目 录

第1章 Linux 系统框架及管理进阶

Linux 操作系统诞生于 1991 年 10 月 5 日，是一套免费使用和自由传播的类 UNIX 操作系统，它是基于 POSIX 和 UNIX 的多用户、多任务、支持多线程和多 CPU 的操作系统，能运行主要的 UNIX 工具软件、应用程序和网络协议。Linux 继承了 UNIX 以网络为核心的设计思想，是一个性能稳定的多用户网络操作系统。

Linux 存在着许多不同的版本，但它们都使用 Linux 内核。Linux 可安装在各种计算机硬设备中，比如手机、平板计算机、路由器、视频游戏控制面板、台式计算机、大型机和超级计算机。严格来讲，Linux 这个词本身只表示 Linux 内核，但实际上人们已经习惯了用 Linux 来形容整个基于 Linux 内核，并且使用 GNU 工程各种工具和数据库的操作系统。

Linux 操作系统具有安全、高效、适合构建安全的网络应用等特性，常用作各种网络应用的服务器操作系统。而最吸引人的是，Linux 操作系统是开源的自由软件，任何人都可以根据需要，自由地对其进行复制、修改等操作。其开源免费的特点，可为企业节省购买操作系统的成本，这也使得 Linux 操作系统拥有了大量的使用者。

1.1 操作系统框架结构

Linux 系统一般有 4 个主要部分，内核、SHELL、文件系统和应用程序。内核、SHELL 和文件系统一起形成了基本的操作系统结构，它们使得用户可以运行程序、管理文件并使用系统。部分层次结构如图 1-1 所示。

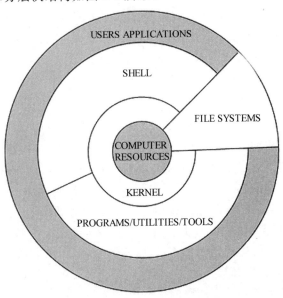

图 1-1　Linux 系统结构

1.1.1 Linux 内核

内核是操作系统的核心,具有很多最基本的功能,它负责管理系统的进程、内存、设备驱动程序、文件和网络系统,决定着系统的性能和稳定性。

Linux 内核由如下几部分组成:内存管理、进程管理、设备驱动程序、文件系统和网络管理等。关系如图 1-2 所示。

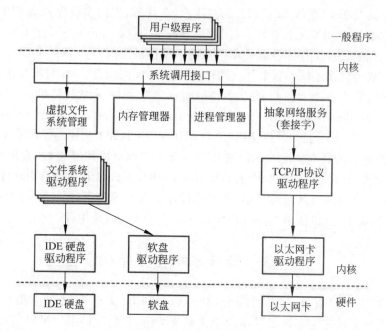

图 1-2   Linux 内核组成

系统调用接口:SCI 层提供了某些机制执行从用户空间到内核的函数调用。这个接口依赖于体系结构,甚至在相同的处理器家族内也是如此。SCI 实际上是一个非常有用的函数调用多路复用和多路分解服务。在 ./Linux/kernel 中用户可以找到 SCI 的实现,并在 ./Linux/arch 中找到依赖于体系结构的部分。

1. 内存管理

对任何一台计算机而言,其内存以及其他资源都是有限的。为了让有限的物理内存满足应用程序对内存的大需求量,Linux 采用了称为“虚拟内存”的内存管理方式。Linux 将内存划分为容易处理的“内存页”(对于大部分体系结构来说都是 4KB)。Linux 包括了管理可用内存的方式,以及物理和虚拟映射所使用的硬件机制。

不过内存管理要管理的不止 4KB 缓冲区。Linux 提供了对 4KB 缓冲区的抽象,例如 slab 分配器。这种内存管理模式使用 4KB 缓冲区为基数,然后从中分配结构,并跟踪内存页使用情况,比如哪些内存页是满的,哪些页面没有完全使用,哪些页面为空。这样就允许该模式根据系统需要来动态调整内存使用。

为了支持多个用户使用内存,有时会出现可用内存被消耗光的情况。出于这个原因,页面可以移出内存并放入磁盘中。这个过程称为交换,因为页面会从内存交换到硬盘上。内存管理的源代码可以在 ./Linux/mm 中找到。

2. 进程管理

进程实际是某特定应用程序的一个运行实体。在 Linux 系统中,能够同时运行多个进程,Linux 通过在短的时间间隔内轮流运行这些进程而实现"多任务"。这一短的时间间隔称为"时间片",让进程轮流运行的方法称为"进程调度",完成调度的程序称为调度程序。

进程调度控制进程对 CPU 的访问。当需要选择下一个进程运行时,由调度程序选择最值得运行的进程。可运行进程实际上是仅等待 CPU 资源的进程,如果某个进程在等待其他资源,则该进程是不可运行进程。Linux 使用了比较简单的基于优先级的进程调度算法选择新的进程。

通过多任务机制,每个进程可认为只有自己独占计算机,从而简化程序的编写。每个进程有自己单独的地址空间,并且只能由这一进程访问,这样,操作系统避免了进程之间的互相干扰以及"坏"程序对系统可能造成的危害。为了完成某特定任务,有时需要综合两个程序的功能,例如一个程序输出文本,而另一个程序对文本进行排序。为此,操作系统还提供进程间的通信机制来帮助完成这样的任务。Linux 中常见的进程间通信机制有信号、管道、共享内存、信号量和套接字等。

内核通过 SCI 提供了一个应用程序编程接口(API)来创建一个新进程(fork、exec 或 Portable Operating System Interface［POSIX］函数),停止进程(kill、exit),并在它们之间进行通信和同步(signal 或者 POSIX 机制)。

3. 文件系统

与 DOS 等操作系统不同,Linux 操作系统中单独的文件系统并不是由驱动器名称(如 A: 或 C:等)来标识的。相反,和 UNIX 操作系统一样,Linux 操作系统将独立的文件系统组合成了一个层次化的树状结构,并且由一个单独的实体代表这一文件系统。Linux 将新的文件系统通过一个称为"挂装"或"挂上"的操作将其挂装到某个目录上,从而让不同的文件系统结合成为一个整体。Linux 操作系统的一个重要特点是它支持许多不同类型的文件系统。Linux 中最普遍使用的文件系统是 EXT2,它也是 Linux 土生土长的文件系统。但 Linux 也能够支持 FAT、VFAT、FAT32、MINIX 等不同类型的文件系统,从而可以方便地和其他操作系统交换数据。由于 Linux 支持许多不同的文件系统,并且将它们组织成了一个统一的虚拟文件系统。

虚拟文件系统(Virtual File System,VFS),结构如图 1-3 所示。它隐藏了各种硬件的具体细节,把文件系统操作和不同文件系统的具体实现细节分离开来,为所有的设备提供了统一的接口,VFS 提供了多达数十种不同的文件系统。虚拟文件系统可以分为逻辑文件系统和设备驱动程序。逻辑文件系统指 Linux 所支持的文件系统,如 EXT2、FAT 等,设备驱动程序指为每一种硬件控制器所编写的设备驱动程序模块。

虚拟文件系统(VFS)是 Linux 内核中非常有用的一个方面,因为它为文件系统提供了一个通用的接口抽象。VFS 在 SCI 和内核所支持的文件系统之间提供了一个交换层。即 VFS 在用户和文件系统之间提供了一个交换层。

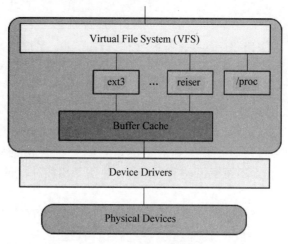

图 1-3　虚拟文件系统

在 VFS 上面,是对诸如 open、close、read 和 write 之类的函数的一个通用 API 抽象。在 VFS 下面是文件系统抽象,它定义了上层函数的实现方式。它们是给定文件系统(超过 50 个)的插件。文件系统的源代码可以在 ./Linux/fs 中找到。

文件系统层之下是缓冲区缓存,它为文件系统层提供了一个通用函数集(与具体文件系统无关)。这个缓存层通过将数据保留一段时间(或者随即预先读取数据以便在需要时使用)优化了对物理设备的访问。缓冲区缓存之下是设备驱动程序,它实现了特定物理设备的接口。

因此,用户和进程不需要知道文件所在的文件系统类型,而只需要像使用 EXT2 文件系统中的文件一样使用它们。

4. 设备驱动程序

设备驱动程序是 Linux 内核的主要部分。和操作系统的其他部分类似,设备驱动程序运行在高特权级的处理器环境中,从而可以直接对硬件进行操作,但正因为如此,任何一个设备驱动程序的错误都可能导致操作系统的崩溃。设备驱动程序实际控制操作系统和硬件设备之间的交互。设备驱动程序提供一组操作系统可理解的抽象接口完成和操作系统之间的交互,而与硬件相关的具体操作细节由设备驱动程序完成。一般而言,设备驱动程序和设备的控制芯片有关,例如,如果计算机硬盘是 SCSI 硬盘,则需要使用 SCSI 驱动程序,而不是 IDE 驱动程序。

5. 网络接口(NET)

提供了对各种网络标准的存取和各种网络硬件的支持。网络接口可分为网络协议和网络驱动程序。网络协议部分负责实现每一种可能的网络传输协议。TCP/IP 协议是 Internet 的标准协议,同时也是事实上的工业标准。Linux 的网络实现支持 BSD 套接字,支持全部的 TCP/IP 协议。Linux 内核的网络部分由 BSD 套接字、网络协议层和网络设备驱动程序组成。

网络设备驱动程序负责与硬件设备通信,每一种可能的硬件设备都有相应的设备驱动程序。

1.1.2　Linux SHELL

SHELL 是系统的用户界面,提供了用户与内核进行交互操作的一种接口。它接收用户输入的命令并把它送入内核去执行,是一个命令解释器。另外,SHELL 编程语言具有普通编程语言的很多特点,用这种编程语言编写的 SHELL 程序与其他应用程序具有同样的效果。

目前主要有下列版本的 SHELL。

(1) Bourne SHELL:由贝尔实验室开发。

(2) BASH:是 GNU 的 Bourne Again SHELL,GNU 操作系统上默认的 SHELL,大部分 Linux 的发行套件使用的都是这种 SHELL。

(3) Korn SHELL:是对 Bourne SHELL 的发展,在大部分内容上与 Bourne SHELL 兼容。

(4) C SHELL:是 Sun 公司 SHELL 的 BSD 版本。

1.1.3　Linux 文件系统

文件系统是文件存放在磁盘等存储设备上的组织方法。Linux 系统能支持多种目前流行的文件系统,如 EXT2、EXT3、FAT、FAT32、VFAT 和 ISO 9660。

1. 文件类型

Linux 的主要文件类型有如下几种。

(1) 普通文件:C 语言源代码、SHELL 脚本、二进制的可执行文件等。分为纯文本和二进制。

(2) 目录文件:目录,存储文件的唯一地方。

(3) 链接文件:指向同一个文件或目录的文件。

(4) 设备文件:与系统外设相关的,通常在/dev 下面。分为块设备和字符设备。

(5) 管道(FIFO)文件:提供进程间通信的一种方式。

(6) 套接字(socket)文件:该文件类型与网络通信有关。

2. Linux 目录

文件结构是文件存放在磁盘等存储设备上的组织方法。主要体现在对文件和目录的组织上。目录提供了管理文件的一个方便而有效的途径。

Linux 使用标准的目录结构,在安装的时候,安装程序就已经为用户创建了文件系统和完整而固定的目录组成形式,并指定了每个目录的作用和其中的文件类型。

完整的目录树可划分为小的部分,这些小部分又可以单独存放在自己的磁盘或分区上。这样，相对稳定的部分和经常变化的部分可单独存放在不同的分区中，从而方便备份或系统管理。目录树的主要部分有 root、/usr、/var、/home 等，如图 1-4 所示。这样的布局可方便在 Linux 计算机之间共享文件系统的某些部分。

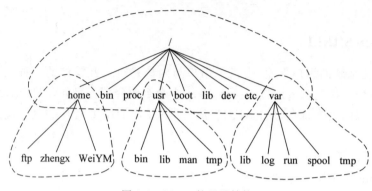

图 1-4　Linux 的目录结构

Linux 采用的是树状结构。最上层是根目录，其他的所有目录都是从根目录出发而生成的。

微软的 DOS 和 Windows 也是采用树状结构，但是在 DOS 和 Windows 中这样的树状结构的根是磁盘分区的盘符，有几个分区就有几个树状结构，它们之间的关系是并列的。最顶部的是不同的磁盘(分区)，如 C、D、E、F 等。

但是在 Linux 中，无论操作系统管理几个磁盘分区，这样的目录树只有一个。从结构上讲，各个磁盘分区上的树状目录不一定是并列的。

3. Linux 磁盘分区

1) 主分区，扩展分区和逻辑分区

Linux 分区不同于 Windows，硬盘和硬盘分区在 Linux 都表示为设备。硬盘分区共有 3 种：主分区、扩展分区和逻辑分区。

硬盘的分区主要分为主分区(Primary Partion)和扩展分区(Extension Partion)两种，主分区和扩展分区的数目之和不能大于 4 个。

① 主分区(Primary Partion)：可以马上被使用但不能再分区。

② 扩展分区(Extension Partion)：必须再进行分区后才能使用，也就是说它必须还要进行二次分区。

③ 逻辑分区(Logical Partion)：由扩展分区建立起来的分区。逻辑分区没有数量上限制。

扩展分区只不过是逻辑分区的"容器"，实际上只有主分区和逻辑分区进行数据存储。

2) Linux 下硬盘分区的标识

硬盘分区的标识一般使用/dev/hd[a-z]X 或者/dev/sd[a-z]X 来标识，其中[a-z]代表硬盘号，X 代表硬盘内的分区号。

① 整块硬盘分区的块号标识：Linux 下用 hda、hdb、sda、sdb 等来标识不同的硬盘；

其中,IDE 接口硬盘表示为/dev/hda1、/dev/hdb …;SCSI 接口的硬盘、SATA 接口的硬盘表示为/dev/sda、/dev/sdb…

②　硬盘内的分区:如果 X 的值是 1 到 4,表示硬盘的主分区(包含扩展分区);逻辑分区是从 5 开始的,比如/dev/hda5 肯定是逻辑分区了。

例如,用 hda1、hda2、hda5、hda6 来标识不同的分区。其中,字母 a 代表第一块硬盘,b 代表第二块硬盘,依次类推。而数字 1 代表一块硬盘的第一个分区,2 代表第二个分区,依次类推。1 到 4 对应的是主分区或扩展分区。从 5 开始,对应的都是硬盘的逻辑分区。一块硬盘即使只有一个主分区,逻辑分区也是从 5 开始编号的,这点应特别注意。

Linux 下磁盘分区和目录的关系如下:

- 任何一个分区都必须挂载到某个目录上。
- 目录是逻辑上的区分。分区是物理上的区分。
- 磁盘 Linux 分区都必须挂载到目录树中的某个具体的目录上才能进行读写操作。
- 根目录是所有 Linux 的文件和目录所在的地方,需要挂载上一个磁盘分区。

4. Linux 主要目录的功用

/bin 二进制可执行命令。

/dev 设备特殊文件。

/etc 系统管理和配置文件。

/etc/rc.d 启动的配置文件和脚本。

/home 用户主目录的基点,比如用户 user 的主目录就是/home/user,可以用～user 表示。

/lib 标准程序设计库,又叫动态链接共享库,作用类似 Windows 里的.dll 文件。

/sbin 系统管理命令,这里存放的是系统管理员使用的管理程序。

/tmp 公用的临时文件存储点。

/root 系统管理员的主目录。

/mnt 系统提供这个目录是让用户临时挂载其他的文件系统。

/lost+found 这个目录平时是空的,系统非正常关机而留下"无家可归"的文件就在这里。

/proc 虚拟的目录,是系统内存的映射。可直接访问这个目录来获取系统信息。

/var 某些大文件的溢出区,比如说各种服务的日志文件。

/usr 最庞大的目录,要用到的应用程序和文件几乎都在这个目录。其中包含:

/usr/X11R6 存放 X Window 的目录。

/usr/bin 众多的应用程序。

/usr/sbin 超级用户的一些管理程序。

/usr/doc Linux 文档。

/usr/include Linux 下开发和编译应用程序所需要的头文件。

/usr/lib 常用的动态链接库和软件包的配置文件。

/usr/man 帮助文档。

/usr/src 源代码，Linux 内核的源代码就放在/usr/src/Linux 里。

/usr/local/bin 本地增加的命令。

/usr/local/lib 本地增加的库。

1.1.4 Linux 应用程序

标准的 Linux 系统一般都有一套称为应用程序的程序集，它包括文本编辑器、编程语言、X Window、办公套件、Internet 工具和数据库等。

1.2 计算机存储体系

1. 存储器概述

存储器是计算机系统中的记忆设备，用来存放程序和数据。构成存储器的存储介质，目前主要采用半导体器件和磁性材料。存储器中最小的存储单位就是一个双稳态半导体电路或一个 CMOS 晶体管或磁性材料的存储元，它可存储一个二进制代码。由若干个存储元组成一个存储单元，然后再由许多存储单元组成一个存储器。

2. 存储器分类

根据存储材料的性能及使用方法不同，存储器有各种不同的分类方法。

1）按存储介质分

半导体存储器：用半导体器件组成的存储器。

磁表面存储器：用磁性材料做成的存储器。

2）按存储方式分

随机存储器：任何存储单元的内容都能被随机存取，且存取时间和存储单元的物理位置无关。

顺序存储器：只能按某种顺序来存取，存取时间和存储单元的物理位置有关。

3）按存储器的读写功能分

只读存储器（ROM）：存储的内容是固定不变的，只能读出而不能写入的半导体存储器。

随机读写存储器（RAM）：既能读出又能写入的半导体存储器。

4）按信息的可保存性分

非永久记忆的存储器：断电后信息即消失的存储器。

永久记忆性存储器：断电后仍能保存信息的存储器。

5）按在计算机系统中的作用分

根据存储器在计算机系统中所起的作用，可分为主存储器、辅助存储器、高速缓冲存储器、控制存储器等。

3. 存储器的分级结构

为了解决对存储器要求容量大、速度快、成本低三者之间的矛盾，目前通常采用多级存储器体系结构，即使用高速缓冲存储器、主存储器和外存储器，如表 1-1 和图 1-5 所示。

表 1-1　计算机存储层次及特点

名　　称	简称	用　　途	特　　点
高速缓冲存储器	Cache	高速存取指令和数据	存取速度快，但存储容量小
主存储器	主存	存放计算机运行期间的大量程序和数据	存取速度较快，存储容量不大
外存储器	外存	存放系统程序和大型数据文件及数据库	存储容量大，位成本低

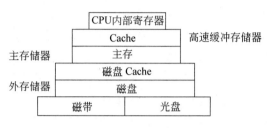

图 1-5　存储器系统的分级结构

1.3　Linux 系统启动流程

Linux 启动过程的基本流程如图 1-6 所示。

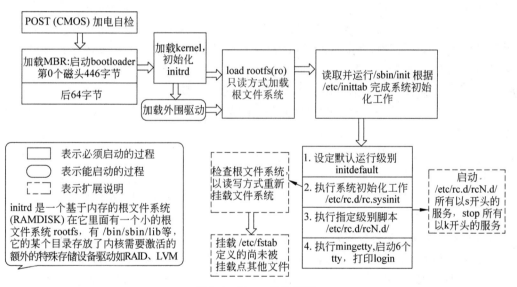

图 1-6　Linux 启动流程

第一步，BIOS 自检。

启动 Linux 操作系统时，系统首先加载 BIOS 信息，BIOS 中包含了 CPU 的相关信息、设备启动顺序信息、内存检验、内存信息、时钟信息、键盘检查等，然后在 UMB(Upper Memory Block)中扫描，看是否有合法的 ROM 存在(比如 SCSI 卡上的 ROM)，如果存在，就到 ROM 中去执行这些固化的指令，执行完成后再继续运行，最后 BIOS 自检完毕。

第二步,读取 MBR。

BIOS 自检完毕后,就会读取硬盘上第 0 磁道第一个扇区,被称为 MBR (MasterBootRecord),即主引导记录,它的大小为 512 字节,里面存储着预启动信息、分区表信息。

系统找到 BIOS 所指定硬盘的 MBR 后,将 BootLoader 复制到 0x7c00 地址所在的物理内存中。

第三步,BootLoader。

BootLoader 是在操作系统内核运行之前运行的一段小程序。通过这段小程序可以初始化硬设备、建立内存空间的映像图,从而将系统的软硬件环境带到一个合适的状态,以便为最终调用操作系统内核做好准备。

在安装 Linux 时,安装软件会提示用户选择今后所用的引导程序装载器,BootLoader 有若干种,其中 GRUB、LILO 和 SPFDISK 是常见的 Loader,早期的 Linux 多用 LILO,现在多用 GRUB,如果 GRUB 安装在主引导区的记录中,那么 Pre-Boot 区中的指令就是 GRUB 启动指令,完成用户信息的显示、操作系统的选择、命令行参数的传递,然后加载对应操作系统的内核映像文件,最后将控制权交给加载入内存的操作系统内核映像。

第四步,内核运行。

根据 GRUB 设定的内核映像所在路径,系统读取内存映像,并进行解压缩操作。此时,屏幕一般会输出"UncompressingLinux"的提示。当解压缩内核完成后,屏幕输出"OK,bootingthekernel"。

系统将解压后的内核放置在内存之中,并调用 start_kernel()函数来启动一系列的初始化函数并初始化各种设备,完成 Linux 核心环境的建立。至此,Linux 内核已经建立起来了,基于 Linux 的程序可以正常运行了。

第五步,用户层 init 依据 inittab 文件来设定运行等级。

内核被加载后,第一个运行的程序便是/sbin/init,它的 PID 是 1,是所有进程的父进程。init 进程运行时将用到系统引导配置文件/etc/inittab 中的信息,并依据该信息完成操作系统初始化工作,其中包括登录时要启动的 getty 进程、NFS 守护进程、FTP 守护进程,以及任何需要在 boot 时启动的服务。

/etc/inittab 文档最主要的作用是设定 Linux 的运行等级,其设定形式是":id:5:initdefault:",这就表明 Linux 需要运行在等级 5 上。

Linux 系统有 7 个运行级别(runlevel)。

① 运行级别 0:系统停机状态,系统默认运行级别不能设为 0,否则不能正常启动。

② 运行级别 1:单用户工作状态,root 权限,用于系统维护,禁止远程登录。

③ 运行级别 2:多用户状态(没有 NFS)。

④ 运行级别 3:完全的多用户状态(有 NFS),登录后进入控制台命令行模式。

⑤ 运行级别 4:系统未使用,保留。

⑥ 运行级别 5:X11 控制台,登录后进入图形 GUI 模式。

⑦ 运行级别 6:系统正常关闭并重启,默认运行级别不能设为 6,否则不能正常启动。

第六步,init 进程执行 rc.sysinit。

设定运行等级后,Linux 系统执行的第一个文档就是/etc/rc. d/rc. sysinit 脚本程序,它的工作包括设定 PATH、设定网络配置(/etc/sysconfig/network)、启动 swap 分区、设定/proc 等。

第七步,启动内核模块。

具体是依据/etc/modules. conf 文件或/etc/modules. d 目录下的文件来装载内核模块。

第八步,执行不同运行级别的脚本程序。

根据运行级别的不同,系统会运行 rc0. d 到 rc6. d 中的相应的脚本程序,来完成相应的初始化工作和启动相应的服务。

第九步,执行/etc/rc. d/rc. local。

打开文件显示内容如下:

♯ Thisscriptwillbeexecuted ∗ after ∗ alltheotherinitscripts.

♯ Youcanputyourowninitializationstuffinhereifyoudon't

♯ wanttodothefullSysVstyleinitstuff.

rc. local 是在一切初始化工作后,Linux 留给用户进行个性化的地方。使用者可以将想设置和启动的内容放到该档中。

第十步,执行/bin/login 程序,进入登录状态。

此时,系统已经进入到了等待用户输入 username 和 password 的状态,用户可以使用自己的账号登录系统。

1.4　计算机存储体系

对于计算机来说,所谓的数据就是 0 和 1 的序列。这样的一个序列可以存储在内存中,但内存中的数据会随着关机而消失。为了将数据长久保存,我们把数据存储在光盘或者硬盘中。根据我们的需要,我们通常会将数据分开保存到文件这样一个个的小单位中(所谓的小,是相对于所有的数据而言)。但如果数据只能组织为文件,而不能分类,档还是会杂乱无章。每次我们搜索某一个档,就要一个档又一个档地检查,太过麻烦。文件系统(file system)就是文件在逻辑上的组织形式,它以一种更加清晰的方式来存放各个档。存储管理子系统是操作系统中最重要的组成部分之一,它的目的是方便用户使用和提高内存利用率。本部分带你深入了解内存管理。

登录系统后,在当前命令窗口下输入命令: ls /。

结果如图 1-7 所示。

图 1-7　系统目录结构

树状目录结构如图 1-8 所示。

以下是对这些目录的解释。

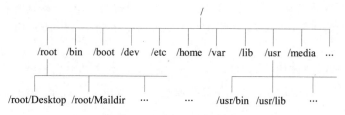

图 1-8　系统树状目录结构

/bin：bin 是 Binary 的缩写，这个目录存放着最经常使用的命令。

/boot：这里存放的是启动 Linux 时使用的一些核心文件，包括一些连接文件以及镜像文件。

/dev：dev 是 Device（设备）的缩写，该目录下存放的是 Linux 的外部设备，在 Linux 中访问设备的方式和访问文件的方式是相同的。

/etc：这个目录用来存放所有的系统管理所需要的配置文件和子目录。

/home：用户的主目录，在 Linux 中，每个用户都有一个自己的目录，一般该目录名是以用户的账号命名的。

/lib：这个目录里存放着系统最基本的动态链接共享库，其作用类似于 Windows 中的 DLL 文件。几乎所有的应用程序都需要用到这些共享库。

/lost+found：这个目录一般情况下是空的，当系统非法关机后，这里就存放了一些文件。

/media：Linux 系统会自动识别一些设备，例如 U 盘、光驱等，当识别后，Linux 会把识别的设备挂载到这个目录下。

/mnt：系统提供该目录是为了让用户临时挂载别的文件系统的，可以将光驱挂载在 /mnt 上，然后进入该目录就可以查看光驱里的内容了。

/opt：这是给主机额外安装软件所摆放的目录。比如用户安装一个 Oracle 数据库就可以放到这个目录下。默认是空的。

/proc：这个目录是一个虚拟的目录，它是系统内存的映射，用户可以通过直接访问这个目录来获取系统信息。

这个目录的内容不在硬盘上而是在内存中，也可以直接修改里面的某些文件，比如可以通过下面的命令来屏蔽主机的 ping 命令，使别人无法 ping 你的机器：

```
echo 1 > /proc/sys/net/ipv4/icmp_echo_ignore_all
```

/root：该目录为系统管理员，也称作超级权限者的用户主目录。

/sbin：s 就是 Super User 的意思，这里存放的是系统管理员使用的系统管理程序。

/SELinux：这个目录是 Redhat/CentOS 所特有的目录，SELinux 是一个安全机制，类似于 Windows 的防火墙，但是这套机制比较复杂，这个目录就是存放 SELinux 相关的文件的。

/srv：该目录存放一些服务启动之后需要提取的数据。

/sys：这是 Linux 2.6 内核的一个很大的变化。该目录下安装了 2.6 内核中新出现的一个文件系统 sysfs。

　　sysfs 文件系统集成了 3 种文件系统的信息：针对进程信息的 proc 文件系统、针对设备的 devfs 文件系统以及针对伪终端的 devpts 文件系统。

　　该文件系统是内核设备树的一个直观反映。

　　当一个内核对象被创建的时候，对应的文件和目录也在内核对象子系统中被创建。

　　/tmp：这个目录是用来存放一些临时文件的。

　　/usr：这是一个非常重要的目录，用户的很多应用程序和文件都放在这个目录下，类似于 Windows 下的 program files 目录。

　　/usr/bin：系统用户使用的应用程序。

　　/usr/sbin：超级用户使用的比较高级的管理程序和系统守护程序。

　　/usr/src：内核源代码默认的放置目录。

　　/var：这个目录中存放着在不断扩充的东西，经常将那些被修改的目录放在这个目录下。包括各种日志文件。

　　在 Linux 系统中，有几个目录是比较重要的，平时需要注意不要误删除或者随意更改内部文件。

　　/etc：这个是系统中的配置文件，如果更改了该目录下的某个文件可能会导致系统不能启动。

　　/bin，/sbin，/usr/bin，/usr/sbin：这是系统预设的执行文件的放置目录，ls 就是在/bin/ls 目录下的。

　　值得提出的是，/bin，/usr/bin 是给系统用户使用的指令（除 root 外的通用户），而/sbin，/usr/sbin 则是给 root 使用的指令。

　　/var：这是一个非常重要的目录，系统上运行了很多程序，那么每个程序都会有相应的日志产生，而这些日志就被记录到这个目录下，具体在/var/log 目录下，另外 mail 的预设放置也是在这里。

1.5　单用户模式及应用

　　在使用 Linux 系统的过程中，如果忘记 root 密码，可以不用重新安装系统，进入单用户模式更改一下 root 密码即可。

　　进入单用户模式的前提是系统引导器能正常工作。步骤如下。

　　(1) 重启 Linux 系统，如图 1-9 所示。

图 1-9　Linux 重启界面

　　(2) 3s 之内按一下 Enter 键，出现界面如图 1-10 所示。

　　(3) 在 GRUB 启动菜单中有 a、e 和 c 三个操作按键，使用这三个按键均可进入单用户模式，如图 1-11 所示。

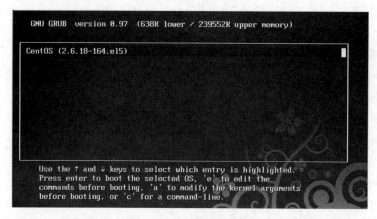

图 1-10　Linux 引导界面

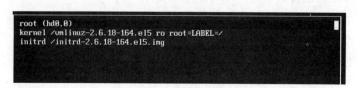

图 1-11　启动界面

方法 1，使用 a 按键进入单用户模式。这是推荐使用的简单操作。

这是进入单用户模式最快速的方法。在 GRUB 启动菜单中输入 a，然后编辑 kernel 参数，在行末输入 single，以告诉 Linux 内核后续的启动过程需要进入单用户模式，按 Enter 键即可。

方法 2，使用 e 按键进入单用户模式。

在 GRUB 启动菜单中输入 e 进入 CentOS 的启动菜单，如图 1-11 所示。

在第二行最后边输入 single。具体方法为按向下箭头移动到第二行，按 e 键进入编辑模式，在后边加上 single 后按 Enter 键，如图 1-12 和图 1-13 所示。

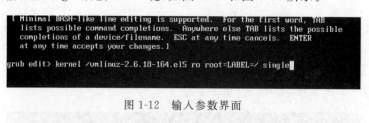

图 1-12　输入参数界面

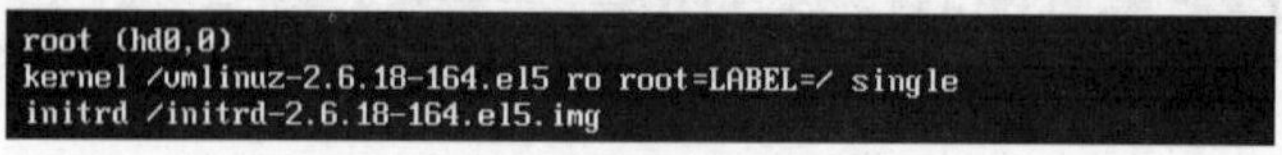

root (hd0,0)
kernel /vmlinuz-2.6.18-164.el5 ro root=LABEL=/ single
initrd /initrd-2.6.18-164.el5.img

图 1-13　输入参数界面

最后按 b 键启动，启动后就进入单用户模式，如图 1-14 所示。

此时已经进入到单用户模式，可以更改 root 密码，更改密码的命令为 passwd，如图 1-15 所示。

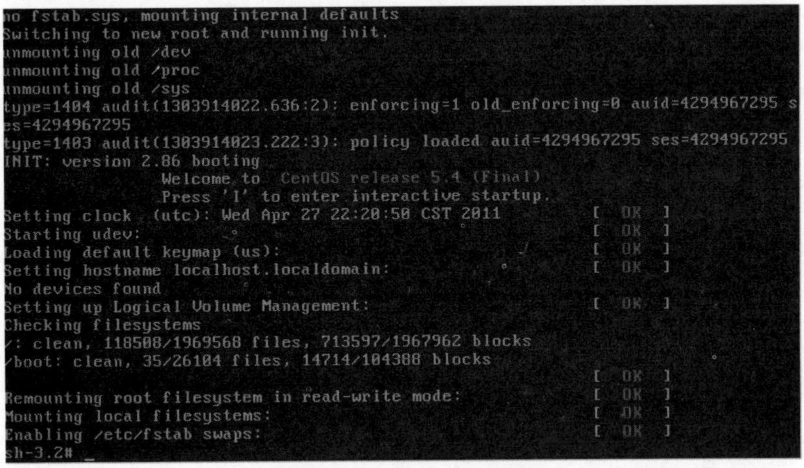

图 1-14　单用户模式界面

图 1-15　修改密码界面

方法 3，使用 c 按键进入单用户模式

通过编辑 GRUB 启动参数可以轻松地进入单用户模式从而修改 root 密码，这对于一台多用户的计算机或服务器来说，无疑增加了安全隐患。我们可以通过 GRUB 的 password 参数对 GRUB 设置密码，修改/boot/grub/grub. conf 或者/etc/grub. conf（/etc/grub. conf 是/boot/grub/grub. conf 的符号链接），例如 vi/boot/grub/grub. conf 进入配置文件编辑。

① 明文方式。

在 splashimage 这个参数下一行添加：password＝密码。保存后重新启动计算机，再次登录到 GRUB 菜单页面的时候就会发现，这时已经不能直接使用 e 命令编辑启动标签了，须先使用 p 命令，输入正确的密码后才能够对启动标签进行编辑。但是设置了明文密码也不是很安全，如果他人得到了明文密码，仍然可以修改 GRUB 启动卷标从而修改 root 密码。

② MD5 加密方式。

在终端中输入 grub-md5-crypt 按 Enter 键，这时系统会要求输入两次相同的密码，之后系统便会输出 MD5 码。只需要将生成的 MD5 密文复制下来，在 splashimage 这个参数下一行添加：

```
password--md5$1$AKO18/$7EaafQPtx.7y2UdZyL5cp0//centos 的 md5
hiddenmenu
```

保存后重新启动计算机，再次登录到 GRUB 菜单页面的时候就会发现，这时已经不能直接使用 e 命令编辑启动标签了，须先使用 p 命令，输入正确的密码后才能够对启动标签进行编辑。

第2章 文件系统及动态磁盘管理

2.1 文件系统概述

文件系统是操作系统用于明确存储设备(常见的是磁盘,也有基于 NAND Flash 的固态硬盘)或分区上的文件的存放方法和数据结构,当然也有像内存这种虚拟的文件系统(vmfs),也可以说是操作系统或软件对文件在存储设备上的一种组织和管理方式。

2.1.1 Linux 与 Windows 文件系统的区别

我们知道不同的操作系统所使用的文件系统是不一样的。举例来说,Windows 98 以前所使用的是文件系统 FAT,Windows 2000 以后的版本有 NTFS 文件系统。至于 Linux 的正规文件系统则为 EXT2(Linux second extended file system,Ext2fs)。之后又出现了改进版的 EXT3 和 EXT4,总体上变化不大。

根据文件系统类型分类,Windows 属于多根目录文件系统,Linux 属于根目录文件系统。由于长期使用 Windows 操作系统,用户已经形成了一种惯性思维,各种文件分类都是按照 C、D、E 这种盘符进行大分类的文件系统,Windows 系统每个盘符都对应一个根目录,所以 Windows 更倾向于像基于硬盘分区的文件系统,即先有分区,再有 Windows 的文件系统;Linux 文件系统更倾向于先有固定的目录结构,然后再有分区,分区(或网络上任何一个硬件)再挂到不同的目录上。

由此会带来一个使用上的区别,本来应该是 Linux 设计的根文件系统更加符合人的思维方式,但长期的使用习惯,以及不熟悉手动挂载的方式,计算机用户思维已经固化为多根目录结构的 Windows 系统了,其实 Windows 文件系统也有挂载的概念,只不过 Windows 会自动挂载分区到不同的目录上,即所谓的 C、D 盘。

2.1.2 文件系统层次分析

文件系统由上而下主要分为用户层、VFS 层、文件系统层、缓存层、块设备层、磁盘驱动层、磁盘物理层,如图 2-1 所示。

① 用户层:最上面用户层就是日常使用的各种程序,需要的接口主要是文件的创建、删除、打开、关闭、写、读等。

② VFS 层:Linux 分为用户态和内核态,用户态请求硬件资源需要调用 System Call 通过内核态去实现。用户的这些文件相关操作都有对应的 System Call 函数接口,接

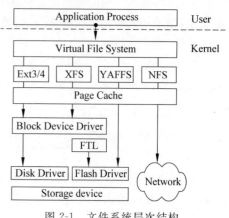

图 2-1 文件系统层次结构

口调用 VFS 对应的函数。

③ 文件系统层：不同的文件系统实现了 VFS 的这些函数，通过指针注册到 VFS 里面。所以，用户的操作通过 VFS 转到各种文件系统。文件系统把文件读写命令转化为对磁盘 LBA 的操作，起了一个翻译和磁盘管理的作用。

④ 缓存层：文件系统底下有缓存（Page Cache），加速性能。对磁盘 LBA 的读写数据缓存到这里。

⑤ 块设备层：块设备接口 Block Device 是用来访问磁盘 LBA 的层级，读写命令组合之后插入到命令队列，磁盘的驱动从队列读命令执行。Linux 设计了电梯算法等算法对很多 LBA 的读写进行优化排序，尽量把连续地址放在一起。

⑥ 磁盘驱动层：磁盘的驱动程序把对 LBA 的读写命令转化为各自的协议，比如变成 ATA 命令、SCSI 命令，或者是自己硬件可以识别的自定义命令，发送给磁盘控制器。Host Based SSD 甚至在块设备层和磁盘驱动层实现了 FTL，变成对 Flash 芯片的操作。

⑦ 磁盘物理层：读写物理数据到磁盘介质。

2.1.3 索引式文件系统

操作系统上的文件数据，除了实际内容外，通常含有非常多的属性，例如 Linux 上的文件权限（rwx）和文件属性（拥有者、群组、时间参数等）。

索引式文件系统通常会把文件实际内容和文件权限属性分别存放在不同的磁盘块。文件权限与属性存放在 inode 中；实际内容存放在 data block 块（简称 block）中；每个文件系统还有一个超级块（superblock）。每个 inode 和 block 都有编号，不同文件系统的 inode、block 编号是独立的。inode 和 block 在格式化后不再变动，除非重新格式化或文件系统大小变动。

- superblock：记录此文件系统的整体信息，如 inode、block 的总量、使用量、剩余量，文件系统的格式等。superblock 非常重要，一旦损坏整个文件系统就无法使用。
- inode：又称"索引节点"，每一个 inode 对应一个文件或目录，记录了文件的大小、所占用的 block 以及目录的 directory block 信息。
- block：文件系统中存储数据的最小单元，ext3 文件系统中，创建时默认 4KB，分为存储文件数据的 data block 和存储目录数据的 directory block。

由于每个 inode 和 block 都有编号，每个文件都会占用一个 inode，inode 会记录文件数据放置的 block 号码。因此，如果能够找到文件的 inode，就可以知道这个文件所放置数据的 block 号码，当然也就可以读出该文件的实际数据了。这是个比较有效率的方法，这样磁盘就能够在短时间内读取出全部的数据，读写的效率比较高，如图 2-2 所示。

假设某一个文件的属性和权限信息存放在 3 号的 inode 上，而这个 inode 记录了文件实际数据点为 1、4、6、11 这 4 个 block 号码，此时操作系统就能够据此来排列磁盘的阅读顺序，并且可以扫描一次就将 4 个 block 内容读出来，读取如图 2-2 所示，此方法称为索引式文件系统（indexed allocation）。索引式文件系统在每两个文件之间都留有相当巨大的空闲空间。当文件被修改、体积增加时,通常有足够的空间来扩展。因此在一定程度上保证了 block 的访问范围不会跨度很大,减小了磁头的移动距离。

　　FAT 格式的文件系统没有 inode,所以 FAT 无法将这个文件的所有 block 在一开始就读取出来。每个 block 号码都记录在前一个 block 当中,它的读取方式如图 2-3 所示。

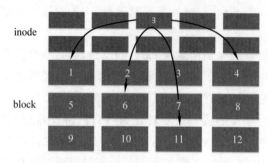

　　图 2-2　索引式文件系统存取示意图　　　　　　图 2-3　FAT 文件系统存取示意图

　　我们假设文件的数据依次写入 1→6→3→12 号这 4 个 block 号码中,但这个文件系统无法同时知道 4 个 block 的号码,它需要一个一个地将 block 读出后,才会知道下一个 block 在何处。如果同一个文件数据写入的 block 分散得太多时,磁头将无法在磁盘转一圈就读到所有的数据,而需要转好几圈才能完整地读到这个文件的内容。对于 FAT 文件系统,需要经常进行碎片整理的原因就是由于文件写入的 block 太分散了,导致磁盘读取效率大大降低,通过碎片整理将同一个文件所属的 block 汇集在一起,这样数据的读取会比较快,而对于索引式文件系统来说基本不太需要进行碎片整理。

2.1.4　Linux 文件系统的运作

　　所有的数据都需要加载到内存后 CPU 才能够对该数据进行处理。对于编辑量很大的文件,在编辑的过程中需要频繁地写入到磁盘中,而磁盘的写入速度比内存慢很多,所以需要等待硬盘的读取和写入,大大降低了 CPU 的执行效率。为了解决这个问题,Linux 使用的是一个称为异步处理(asynchronously)的方式。异步处理的方案如下:

　　当系统加载一个文件到内存后,如果该文件没有被更改过,则在内存区段的文件数据会被设定为干净(clean)的。但如果内存中的文件数据被更改过了(例如你用 nano 去编辑过这个文件),该内存中的数据会被设定为脏的(dirty)。此时所有的更改都还在内存中执行,并没有写入到磁盘中。系统会不定时地将内存中设定为(dirty)的数据写回磁盘,以保持磁盘与内存数据的一致性。

　　内存的速度要比硬盘快很多,因此将待用的文件放置到内存当中,可以大大地提高系统的效率。

　　① 系统将常用的文件数据放置到主存储器的缓冲区,以加速文件系统的读写,因此 Linux 的物理内存最后都会被用光以便于加速系统效能;

　　② 可以使用 sync 来强行将内存中设定为 dirty 的文件回写到磁盘中;

　　③ 若正常关机,关机指令会主动调用 sync 来将内存的数据回写入磁盘内;

④ 若非正常关机,由于数据尚未来得及回写到磁盘内,因此重新启动后可能会花很多时间进行磁盘检验,甚至可能导致文件系统的损坏。

2.2　EXT 文件系统

EXT(Extended file system)是 Linux 支持的正规文件系统,文件系统是用来管理和组织保存在磁盘驱动器上数据的系统软件,它使用文件和树形目录的抽象逻辑概念,用户使用文件系统来保存数据时不必关心数据实际保存在硬盘上地址为多少的数据块上,只需要记住这个文件的所属目录和文件名。

2.2.1　EXT 文件系统结构

Linux 的 EXT 系列文件系统就是一种索引式文件系统。当 inode 与 block 过多时,为便于管理,EXT 文件系统在格式化时,划分了多个块组(block group)。每个块组都有独立的 superblock、inode 和 block。

EXT 文件系统最前端,有一个启动扇区 (boot sector),可安装引导程序(bootloader),从而制作出多重引导环境(安装不同操作系统),而不用覆盖整块磁盘唯一的 MBR。EXT 文件系统总体结构如图 2-4 所示。

启动扇区	block group1	block group2	block group n...

图 2-4　EXT 文件系统总体结构

每个块组结构如图 2-5 所示。

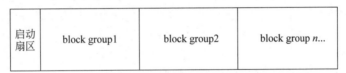

super block	文件系统描述	块对应表	inode 对应表	inode table	data block

图 2-5　各组块结构

1. superblock

superblock 记录的信息主要有:

- inode 与 block 的总量;
- 已使用和未使用的 inode、block 数量;
- block 与 inode 的大小。block 大小只能是 1KB、2KB 或 4KB,inode 大小为 128B 或 256B(EXT4);
- 最近一次挂载、写入、检验时间;
- 文件系统是否已被挂载等。

每个文件系统仅有一个 superblock。结合图 2-5,除了第一个块组有 superblock 外,其他块组没有。其他块组如果有,也是为了备份,内容和第一个块组中的 superblock 一样,因为 superblock 记录的信息很重要。

2. 文件系统描述(GDT)

记录每个块组开始与结束的 block 号码,及各块组中 6 个区段的开始与结束的 block。

3. 块对应表

记录哪些号码的 block 未使用,哪些已经使用。

4. inode 对应表

记录哪些号码的 inode 未使用,哪些已经使用。

5. inode table

inode 保存的信息,至少有:
- 访问权限(rwx),包括特殊权限(SUID 等);
- 属主、属组;
- 时间戳;
- 文件大小;
- 文件的实际内容指向,即实际内容在哪些 block 中。

每个 inode 大小是固定的,EXT2、EXT3 是 128B,EXT4 是 256B。

每个文件对应一个 inode,所以 inode 的个数决定了一个文件系统上能创建的文件个数。用户在读取文件时,系统先找到 inode,然后分析这个 inode 记录的权限是否与用户符合,若符合即读取该 inode 指向的 block 的内容。

inode 本身也是存储在磁盘 block 上的,比如 EXT3 的每个 inode 大小 128B,那么一个 1KB 的 block 可存储 8 个 inode。

6. data block

存储文件内容,每个 block 大小只能是 1KB、2KB 或 4KB,具体使用的大小会在 superblock 中记录;每个 block 只能存一个文件的数据。若文件内容大于 1 个 block,则使用多个 block 存储;若文件内容小于一个 block,比如一个 1KB 的文件,文件系统的 block 大小使用的是 2KB,那么这个 block 有 1KB 是浪费的。

2.2.2　查看文件系统命令

1. 命令 df

用于显示当前已挂载的各文件系统对应的磁盘空间使用情况,如图 2-6 所示。

```
[root@localhost ~]# df
Filesystem      1K-blocks    Used Available Use% Mounted on
/dev/sda2        18175756 2350152  14895660  14% /
tmpfs              508128       0    508128   0% /dev/shm
/dev/sda1          289293   28478    245455  11% /boot
```

图 2-6　df 命令执行结果

各字段意义如下。

- Filesystem：当前已挂载的所有文件系统；
- 1K-blocks：文件系统大小，单位为 KB；
- Used：已使用大小；
- Available：剩余可使用大小；
- Use%：已使用的百分比；
- Mounted on：文件系统的挂载点。

df 后的参数也可以是目录，则显示的是该目录所在文件系统的已使用大小与空闲大小，而这也就是该目录下目前可使用的空闲大小。选项-h 表示以人易读方式显示，选项-i 则显示文件系统的 inode 的使用量与剩余量，如图 2-7 和图 2-8 所示。

```
[root@localhost ~]# df -h /boot/grub/
Filesystem      Size  Used Avail Use% Mounted on
/dev/sda1       283M   28M  240M  11% /boot
```

图 2-7　df 参数 h 执行结果

```
[root@localhost ~]# df -ih /dev/sda1
Filesystem     Inodes IUsed IFree IUse% Mounted on
/dev/sda1         76K    38   76K    1% /boot
```

图 2-8　df 命令参数 i 执行结果

2. 命令 du

用于显示目录、文件所占用的磁盘空间，如图 2-9 所示的情况。

```
[root@local ~]# ls -lR aaa
aaa:
total 40
drwxr-xr-x. 2 root root  4096 Dec  4 12:33 b_dir
-rw-r--r--. 1 root root   805 Dec  4 11:32 fstab.bak
-rw-r--r--. 1 root root 25419 Dec  4 12:42 functions.bak
-rw-r--r--. 1 root root   264 Dec  4 11:33 mtab.bak

aaa/b_dir:
total 32
-rw-r--r--. 1 root root   805 Dec  4 12:04 c_file
-rw-r--r--. 1 root root 25419 Dec  4 12:33 d_file
```

图 2-9　du 命令执行结果

命令 ls -l 结果的第 5 字段是文件的实际大小；而使用命令 du 可知文件占用磁盘空间的大小：

```
[root@local ~]#du -h aaa        #默认显示目录 aaa 及其子目录所占空间
```

```
36K aaa/b_dir
76K aaa
[root@local ~]#du -sh aaa          #选项-s,最为常用,显示目录 aaa 下所有文件占用空间大
                                     小之和,包括目录 aaa

76K aaa
[root@local ~]#du -Sh aaa          #选项-S,目录 aaa 的子目录不计入 aaa 所占用的空间
36K aaa/b_dir
40K aaa
[root@local ~]#du -ah aaa          #选项-a,分别显示目录 aaa 下所有目录、文件所占空间
4.0K    aaa/mtab.bak
28K aaa/b_dir/d_file
4.0K    aaa/b_dir/c_file
36K aaa/b_dir
4.0K    aaa/fstab.bak
28K aaa/functions.bak
76K aaa
```

3. 命令 dumpe2fs

用于显示某 EXT 文件系统信息。例如显示上述的挂载点为/boot 的文件系统信息,参数就是其对应的设备文件/dev/sda1:

```
dumpe2fs /dev/sda1
```

显示结果的开头部分如图 2-10 所示。

```
Filesystem OS type:      Linux
Inode count:             128016
Block count:             512000
Reserved block count:    25600
Free blocks:             454140
Free inodes:             127978
First block:             1
Block size:              1024
```

图 2-10 dumpe2fs 命令执行结果一

命令执行结果开头部分是该文件系统 superblock 的信息,限于篇幅这里仅截取一小部分。可以看到 superblock 记录的该文件系统 inode 数、block 数、block 大小等文件系统总体信息。

显示结果的后部分如图 2-11 所示。

由于块组数量过多,仅截取前两块组。可以看到各块组中的块对应表、inode 对应表所在位置信息,空闲 inode、block 信息等。

该命令的显示结果中,块组中的所有数字都表示 block 号码。如上截取的命令显示结果中,块组 0 信息显示,超级块在 1 号 block 中,也可看到每个块组都紧接上一个块组,同上述描述的 EXT 文件系统总体结构是一致的。

```
Group 0: (Blocks 1-8192) [ITABLE_ZEROED]
  Checksum 0x8d3d, unused inodes 2015
  Primary superblock at 1, Group descriptors at 2-3
  Reserved GDT blocks at 4-259
  Block bitmap at 260 (+259), Inode bitmap at 276 (+275)
  Inode table at 292-545 (+291)
  3820 free blocks, 2015 free inodes, 2 directories, 2015 unused inodes
  Free blocks: 4373-8192
  Free inodes: 18-2032
Group 1: (Blocks 8193-16384) [INODE_UNINIT, ITABLE_ZEROED]
  Checksum 0x15e7, unused inodes 2032
  Backup superblock at 8193, Group descriptors at 8194-8195
  Reserved GDT blocks at 8196-8451
  Block bitmap at 261 (+4294959364), Inode bitmap at 277 (+4294959380)
  Inode table at 546-799 (+4294959649)
  896 free blocks, 2032 free inodes, 0 directories, 2032 unused inodes
  Free blocks: 15489-16384
  Free inodes: 2033-4064
```

图 2-11　dumpe2fs 命令执行结果二

2.2.3　EXT 文件系统存储和读取文件

1. 存储文件

1）对于目录

（1）目录文件的 inode。

每个文件对应一个 inode，目录文件也一样。其中记录了该目录的权限、属性、保存目录实际内容的 block 的号码。

（2）目录文件的 block。

目录的 block 记录的是在该目录下的文件名和这些文件名对应的 inode 号。当文件数量过多，则用多个 block 记录。

由此可知，目录并不是存储文件的"容器"，它的实际内容仅是文件名和 inode 号的关联，文件实际内容并不在目录内。

2）对于文件

文件的 inode 也是存储权限、属性、保存文件实际内容的 block 的号码；文件实际内容存储在这些 block 中。

2. 读取文件过程

以文件/etc/group 为例，相关目录和文件 inode 号如图 2-12 所示。

```
[root@localhost ~]# ls -dil / /etc /etc/group
      2 dr-xr-xr-x. 22 root root 4096 Aug 23 06:19 /
3145729 drwxr-xr-x. 63 root root 4096 Aug 23 11:01 /etc
3146660 -rw-r--r--.  1 root root  455 Aug 21 00:04 /etc/group
```

图 2-12　显示目录及文件

其读取过程如图 2-13 所示。

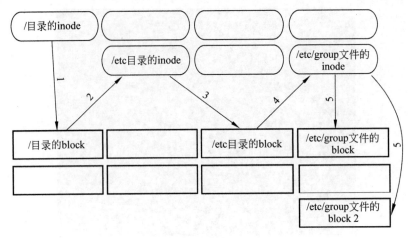

图 2-13　读取文件过程

椭圆框表示 inode,方框表示数据 block,读取步骤如下:

(1) 目录树由根目录开始,系统通过挂载的信息可找到挂载点的 inode 号码为 26,从而找到根目录的 inode。根目录的 inode 保存了根目录的属性、权限、根目录内容的 block 号码;

(2) 若用户对于根目录有相关权限,则访问根目录的 block,从而可知目录/etc 的 inode 号码为 3145729;

(3) 找到目录/etc 的 inode,它保存了其属性、权限、实际内容的 block 号码;

(4) 若用户对于/etc 目录有相关权限,则访问/etc 目录的 block,从而可知文件/etc/group 的 inode 号码为 3146660;

(5) 找到文件/etc/group 的 inode,它保存了其属性、权限、实际内容的 block 号码;

(6) 若用户对于/etc/group 文件有相关权限,则可读取其内容。

2.2.4　创建文件过程与日志文件系统

1. 创建文件过程

(1) 用户执行创建命令后,系统先检查用户对于创建文件的目录是否具有 w、x 权限,有则可创建。

(2) 检查 inode 对应表,找到空 inode,把新文件的权限属性写入其中。

(3) 检查块对应表,把文件实际内容写入空 block,然后更新 inode 的数据,使其指向这些 block。

(4) 创建完毕后,更新 inode 对应表、块对应表、superblock 的内容。

2. 数据不一致状态

如果上述创建文件的过程中,内容都已写入完毕,此时突然断电导致 inode 对应表、块对应表、superblock 没有更新完毕,则会造成数据不一致状态,也就是 superblock 和两份对应表记录的信息与实际不符。

3. 日志文件系统

数据不一致状态若出现,如果无法确定是哪个文件数据不一致,则需检查整个文件系统的 superblock、inode 对应表、块对应表与实际数据进行对比。

为避免这种情况,可使用专门的块(即日志记录块)来记录文件写入时的步骤,记录大致如下:

(1) 文件准备写入时,系统会先在该块记录"某文件准备写入"。

(2) 写入权限属性信息到文件的 inode,写入实际数据到文件的 block。然后更新 superblock、inode 对应表、块对应表信息。

(3) superblock、inode 对应表、块对应表信息更新完毕后,日志记录块完成记录。

显然第(2)步就是写入的全部操作,可通过(1)、(3)步日志记录块的不同信息来判断写入操作是否完全完成。如果某文件没有完全写入完成,则日志记录块记录的就会是某文件在第(1)步的"准备写入"状态,系统可以根据日志记录块判断出是哪个文件数据不一致而不用检查整个文件系统,大大提高效率。

EXT3 之后的文件系统均为日志文件系统。

2.2.5　链接文件

1. 硬链接

目录的实际内容是文件名和 inode 的对应,那么如果多个文件名对应同一个 inode,则它们互为硬链接。

创建硬链接,也就是在目录下创建一个新文件名对应到已有的一个 inode,比如在 root 目录下创建/etc/fstab 的硬链接,使用命令 ln,如图 2-14 所示。

```
[root@localhost ~]# ln /etc/fstab
[root@localhost ~]# ls -li fstab /etc/fstab
3145735 -rw-r--r--. 2 root root 860 Aug 20 21:02 /etc/fstab
3145735 -rw-r--r--. 2 root root 860 Aug 20 21:02 fstab
```

图 2-14　创建硬链接

可以看到这两个文件的 inode 号码是一样的,所以它们的权限、属性、实际内容也是一样的。上述结果,两文件的第三字段均为 2,表示该文件被硬链接的次数(即有多少文件名对应到这个 inode 号码)。

读取这两个文件过程如图 2-15 所示(由根目录到/etc、/root 的过程略去)。

用哪个文件名访问是一样的。硬链接的好处是安全,如果把文件/etc/fstab 删除,则仍可通过文件/root/fstab 访问。

注意:

① 硬链接不能跨文件系统。

因为各文件系统的 inode 号码是独立的。一个目录的数据 block 中的文件名,无法对应到别的文件系统的 inode 号码。

② 不能对目录创建硬链接。

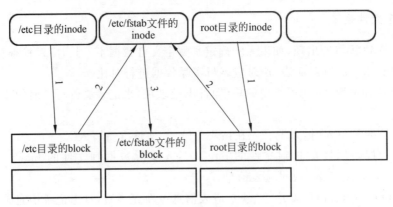

图 2-15 读取文件过程

因为目录的内容保存的是文件名和对应 inode,如果两个目录指向同一个 inode,它们的内容应是一致的,可以认为这两个目录下的文件名和对应的 inode 也完全一样,也就是说两个目录下的所有文件互为硬链接。但是一个空目录在创建后,硬链接次数却为 2,如图 2-16 所示。

这是因为每个目录下都有". "这个目录,指的就是当前目录,相当于硬链接。

若一个目录下有 n 个子目录,则这个目录硬链接次数就是 $n+1$($+1$ 是因为上述的". "),如图 2-17 所示。

```
[root@localhost ~]# mkdir bdir_test
[root@localhost ~]# ls -ld bdir_test
drwxr-xr-x. 2 root root 4096 Aug 23 16:25 bdir_test
```

图 2-16 空目录硬链接

```
[root@localhost ~]# ls -ld bdir_test/
drwxr-xr-x. 2 root root 4096 Aug 23 16:34 bdir_test/
[root@localhost ~]# cd bdir_test/
[root@localhost bdir_test]# mkdir cdir_test
[root@localhost bdir_test]# ls -ld ../bdir_test/
drwxr-xr-x. 3 root root 4096 Aug 23 16:34 ../bdir_test/
```

图 2-17 硬链接示意图

这是因为每个目录下都有".."这个目录,表示当前目录的上一层目录。所以一个目录 A 下的每个子目录的".."都相当于硬链接 A。一个目录有 n 个子目录就被硬链接 $n+1$ 次。

2. 软链接

软链接也称符号链接(Symbolic Link),就相当于 Windows 下的快捷方式。与硬链接不同,软链接是独立的文件,只是其内容保存的是指向的文件名,也可以指向目录。

创建软链接,如图 2-18 所示。

```
[root@localhost ~]# ln -s /root/a /root/a_link
[root@localhost ~]# ls -l a a_link
-rw-r--r--. 1 root root 4 Aug 23 17:20 a
lrwxrwxrwx. 1 root root 7 Aug 23 17:27 a_link -> /root/a
```

图 2-18 软链接

链接文件 a_link 大小为 7B,因为它保留的内容是文件/root/a 的文件名。

链接文件访问过程,如图 2-19 所示。

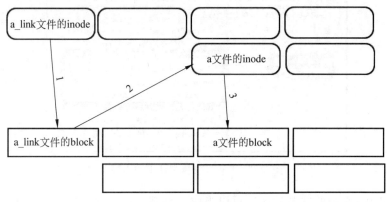

图 2-19 软链接访问过程

主要说明软链接的访问过程,通过 a_link 文件的所在目录找到其 inode 的过程略去。所以过程大致是:

(1) 通过文件 a_link 的 inode 找到其 block;

(2) a_link 的 block 中保存了文件 a 的文件名,所以可找到其 inode(通过文件 a 的文件名一级级找到其 inode,这里略去了过程);

(3) 通过文件 a 的 inode 找到其 block。

因为软链接是指向目标文件的,如果目标文件被删除,则访问软链接会报错。这个由图 2-19 访问过程也可看出,如果文件 a 被删除,即文件名 a 不存在了,则它与 inode 也就不再关联,则访问步骤就中断了。

2.3 文件操作管理

在 Windows 上安装一个软件,可以通过 360 管家实现。因为 360 管家提供了软件的安装、卸载,并且解决了软件之间的依赖等相关问题,实现了软件的一键安装。在 Linux 上有一个提供了和 360 管家类似功能的工具,叫做 yum。使用 yum 就可以做到一个命令安装软件,并且不同版本的 Linux 有不同的工具,例如红帽(read hat)。Linux 就使用的 rpm(read hat package manager,红帽软件包管理工具)。

yum 源是什么呢? 安装软件的时候需要下载软件,将很多软件放在一起就是源。所以 yum 源就是软件安装包的来源。如果是在线的,会在网上下载安装包,如果是离线的,就只能配置本地的 yum 源。

2.3.1 配置本地 yum 源

上面说过 yum 源就是软件安装包的来源,但是这些安装包哪里有呢? 其实在 Linux 的安装镜像中就有,Linux 已经将常见的安装包放到了 Linux 镜像中。如果使用压缩文件打开 Linux 的 iso 镜像文件,会发现在根目录下有个文件夹 Packages,如图 2-20 所示。

图 2-20 就是使用压缩软件打开的系统盘内部情况,比如常用的工具 vim,就是在这

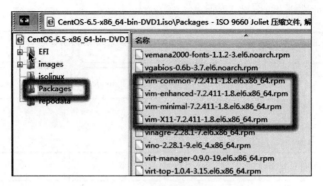

图 2-20　Linux 镜像文件中的内容

里面的。所以说，系统的安装镜像就可以当作 yum 源。

配置本地 yum 源步骤如下。

（1）创建挂载文件。

```
[root@centos7 ~]#mkdir /mnt/cdrom                        #创建文件
```

（2）挂载光驱。

```
[root@centos7 ~]#mount /dev/cdrom /mnt/cdrom/           #挂载光驱
mount: /dev/sr0 is write-protected, mounting read-only  #挂载成功
[root@centos7 ~]#ll /mnt/cdrom/                         #查看挂载的文件夹
total 1550
-rw-r--r--. 1 root root 14 Dec 5 21:02 CentOS_BuildTag
drwxr-xr-x. 3 root root 2048 Dec 5 21:20 EFI
-rw-r--r--. 1 root root 215 Dec 10 2015 EULA
-rw-r--r--. 1 root root 18009 Dec 10 2015 GPL
drwxr-xr-x. 3 root root 2048 Dec 5 21:47 images
drwxr-xr-x. 2 root root 2048 Dec 5 21:20 isolinux
drwxr-xr-x. 2 root root 2048 Dec 5 21:20 LiveOS
drwxrwxr-x. 2 root root 1548288 Dec 5 20:59 Packages
drwxrwxr-x. 2 root root 4096 Dec 5 21:42 repodata
-rw-r--r--. 1 root root 1690 Dec 10 2015 RPM-GPG-KEY-CentOS-7
-rw-r--r--. 1 root root 1690 Dec 10 2015 RPM-GPG-KEY-CentOS-Testing-7 -r--r
--r--. 1 root root 2883 Dec 5 21:52 TRANS.TBL
```

（3）查看 yum 目录。

```
[root@centos7 ~]#ll /etc/yum.repos.d/
total 28
-rw-r--r--. 1 root root 1664 Nov 30 02:12 CentOS-Base.repo          #网络 yum 源文件
-rw-r--r--. 1 root root 1309 Nov 30 02:12 CentOS-CR.repo
-rw-r--r--. 1 root root 649 Nov 30 02:12 CentOS-Debuginfo.repo
-rw-r--r--. 1 root root 314 Nov 30 02:12 CentOS-fasttrack.repo
```

```
-rw-r--r--. 1 root root 656 May 18 10:05 CentOS-Media.repo        #本地 yum 源文件
-rw-r--r--. 1 root root 1331 Nov 30 02:12 CentOS-Sources.repo
-rw-r--r--. 1 root root 2893 Nov 30 02:12 CentOS-Vault.repo
```

（4）修改 yum 源文件。

```
[root@centos7 ~]#nano /etc/yum.repos.d/CentOS-Media.repo #修改本地 yum 源文件
#CentOS-Media.repo
#
#This repo can be used with mounted DVD media, verify the mount point for
#CentOS-7. You can use this repo and yum to install items directly off the #DVD
ISO that we release.
#
#To use this repo, put in your DVD and use it with the other repos too:
#yum --enablerepo=c7-media [command]
#
#or for ONLY the media repo, do this:
#
#yum --disablerepo=\* --enablerepo=c7-media [command]
[c7-media]                              #库名称
name=CentOS-$ releasever - Media        #名称描述
baseurl=file:///media/CentOS/           #yum 源目录,源地址
file:///media/cdrom/                    #这三个是系统的默认本地 yum 源的地址
file:///media/cdrecorder/
gpgcheck=1                              #检查 GPG-KEY,0 为不检查,1 为检查#
enabled=0                               #是否用该 yum 源,0 为禁用,1 为使用
gpgkey= file:///etc/pki/rpm - gpg/RPM - GPG - KEY - CentOS - 7   # GPG - KEY 密钥,
gpgcheck 的值为 0 时不需要配置
```

（5）修改后结果。

```
[c7-media]
baseurl=file:///mnt/cdrom/              #在这里加一行刚才光盘挂载的路径
file:///media/CentOS/
file:///mdia/cdrom/
file:///media/cdrecorder/
gpgcheck=1
enabled=1                               #把 enabled 的值改为 1,启用这个 yum 源
```

（6）修改网络 yum 源文件。

```
[root@centos7 ~]#mv /etc/yum.repos.d/CentOS-Base.repo{,.bak}   #这个文件后面
加上 .bak 绕过网络 yum 源
```

（7）清除本地缓存。

```
[root@centos7 ~]#yum clean all
```

（8）查看本机 yum 源。

```
[root@centos7 ~]#yum repolist
Loaded plugins: fastestmirror, langpacks
c7-media                                        | 3.6 kB 00:00:00 (1/2):
c7-media/group_gz                               | 155 kB 00:00:00 (2/2):
c7-media/primary_db                             | 5.6 MB 00:00:00 Determining
fastest mirrors
 * c7-media:
repo id          repo name              status
c7-media     CentOS-7-Media          9,363        #创建的本地 yum 源已经识别出来
repolist: 9,363
```

（9）查看 yum 源里的安装包。

```
[root@centos7 ~]#yum list
```

```
telnet.x86_64                     1:0.17-60.el7                    c7-media 这些
#文件的库名可以看到是本地 yum 源的库名
telnet-server.x86_64              1:0.17-60.el7                    c7-media
testng.noarch                     6.8.7-3.el7                      c7-media
testng-javadoc.noarch             6.8.7-3.el7                      c7-media
tex-fonts-hebrew.noarch           0.1-21.el7                       c7-media
tex-preview.noarch                11.87-4.el7                      c7-media
texi2html.noarch                  1.82-10.el7                      c7-media
texinfo.x86_64                    5.1-4.el7                        c7-media
texinfo-tex.x86_64                5.1-4.el7                        c7-media
texlive.x86_64                    2:2012-38.20130427_r30134.el7 c7-media
texlive-adjustbox.noarch          2:svn26555.0-38.el7              c7-media
texlive-adjustbox-doc.noarch 2:svn26555.0-38.el7                   c7-media
texlive-ae.noarch                 2:svn15878.1.4-38.el7            c7-media
texlive-ae-doc.noarch             2:svn15878.1.4-38.el7            c7-media
texlive-algorithms.noarch         2:svn15878.0.1-38.el7            c7-media
```

通过上面的操作步骤，已经可以使用本地 yum 源了。有需要进行安装的软件包就可以直接运行 yum install xxx 进行安装了。

2.3.2　利用 yum 进行查询、安装、升级和移除功能

1. 查询

```
yum [list|info|search|provides|whatprovides] 参数
```

利用 yum 来查询原版 distribution 所提供的软件，或者已知某软件的名称，知道软件的功能，可以使用 yum 相关的参数。

```
[root@www ~]#yum [option] [查询工作项目] [相关参数]
```

选项与参数。

[option]主要的选项有如下两个。

-y：当 yum 等待用户输入时，这个选项可以自动提供 yes 的响应；

--installroot＝/some/path：将该软件安装在 /some/path 而不使用默认路径。

[查询工作项目][相关参数]，这方面的参数有如下 4 个。

search：搜寻某个软件名称或者是描述(description)的重要关键字；

list：列出目前 yum 所管理的所有的软件名称和版本；

info：同上，不过有点类似 rpm -qai 的执行结果；

provides：从文件去搜寻软件，功能类似 rpm -qf。

【实例 2-1】　搜寻磁盘阵列(raid)相关的软件。

```
[root@www ~]#yum search raid
⋮
mdadm.i386 : mdadm controls Linux md devices (software RAID arrays)
lvm2.i386 : Userland logical volume management tools
⋮
```

♯冒号左边的是软件名称，右边的则是在 RPM 内的 name 设定(软件名)。

【实例 2-2】　找出 mdadm 这个软件的功能。

```
[root@www ~]#yum info mdadm
Installed Packages      <==说明已安装该软件
Name : mdadm            <==软件的名称
Arch : i386             <==软件的编译架构
Version: 2.6.4          <==软件的版本
Release: 1.el5          <==释出的版本
Size : 1.7 M            <==此软件的文件总容量
Repo : installed        <==容器回报说已安装的
```

【实例 2-3】　列出 yum 服务器上面提供的所有软件名称。

```
[root@www ~]#yum list
Installed Packages      <==已安装软件
Deployment_Guide-en-US.noarch        5.2-9.el5.centos    installed
Deployment_Guide-zh-CN.noarch        5.2-9.el5.centos    installed
Deployment_Guide-zh-TW.noarch        5.2-9.el5.centos    installed
⋮
Available Packages      <==还可以安装的其他软件
Cluster_Administration-as-IN.noarch  5.2-1.el5.centos    base
Cluster_Administration-bn-IN.noarch  5.2-1.el5.centos    base
```

【实例 2-4】　列出服务器上可供本机进行升级的软件。

```
[root@www ~]#yum list updates
Updated Packages
```

```
Deployment_Guide-en-US.noarch        5.2-11.el5.centos      base
Deployment_Guide-zh-CN.noarch        5.2-11.el5.centos      base
Deployment_Guide-zh-TW.noarch        5.2-11.el5.centos      base
```

【实例 2-5】　列出提供 passwd 文件的软件。

```
[root@www ~]#yum provides passwd
passwd.i386 : The passwd utility for setting/changing passwords using PAM
passwd.i386 : The passwd utility for setting/changing passwords using PAM
```

【实例 2-6】　利用 yum 的功能，找出以 pam 开头的软件名称和其中尚未安装的软件。

```
[root@www ~]#yum list pam*
Installed Packages
pam.i386        0.99.6.2-3.27.el5       installed
pam_ccreds.i386    3-5               installed
pam_krb5.i386      2.2.14-1            installed
pam_passwdqc.i386 1.0.2-1.2.2 installed
pam_pkcs11.i386 0.5.3-23 installed
pam_smb.i386 1.1.7-7.2.1 installed
Available Packages
pam.i386        0.99.6.2-4.el5        base
pam-devel.i386     0.99.6.2-4.el5       base
pam_krb5.i386      2.2.14-10          base
```

如上所示，可以升级的软件有 pam 和 pam_krb5，没有安装的软件是 pam-devel。

2. 安装和升级

```
yum [install|update] 软件
[root@www ~]#yum [option] [查询工作项目] [相关参数]
```

选项与参数如下。

install：后面接要安装的软件名称。

update：后面接要升级的软件名称，若要整个系统都升级，就直接 update 即可。

【实例 2-7】　安装前一个练习中未安装的软件 pam-devel。

```
[root@www ~]#yum install pam-devel
Setting up Install Process
Parsing package install arguments
Resolving Dependencies <==先检查软件的属性相依问题
--> Running transaction check
---> Package pam-devel.i386 0:0.99.6.2-4.el5 set to be updated
--> Processing Dependency: pam =0.99.6.2-4.el5 for package: pam-devel
--> Running transaction check
---> Package pam.i386 0:0.99.6.2-4.el5 set to be updated
```

```
filelists.xml.gz 100%  |========================| 1.6 MB 00:05
filelists.xml.gz 100%  |========================| 138 kB 00:00
-> Finished Dependency Resolution
Dependencies Resolved
=====================================================
Package      Arch      Version        Repository  Size
=====================================================
Installing:
pam-devel    i386     0.99.6.2-4.el5    base      186k
Updating:
Pam          i386     0.99.6.2-4.el5    base      965k
Transaction Summary
================================================
Install     1 Package(s)<==结果发现要安装此软件需要升级另一个依赖的软件
Update      1 Package(s)
Remove      0 Package(s)
Total download size: 1.1 M
Is this ok [y/N]: y <==确定要安装
Downloading Packages: <==先下载
(1/2): pam-0.99.6.2-4.el5 100%  |==================| 965 kB 00:05
(2/2): pam-devel-0.99.6.2 100%  |==================| 186 kB 00:01
Running rpm_check_debug
Running Transaction Test
Finished Transaction Test
Transaction Test Succeeded
Running Transaction <==开始安装
Updating : pam                ########### [1/3]
Installing: pam-devel         ########## [2/3]
Cleanup : pam                 ########## [3/3]
Installed: pam-devel.i386 0:0.99.6.2-4.el5
Updated: pam.i386 0:0.99.6.2-4.el5
Complete!
```

通过该功能,不必知道软件所在的位置,不必手动下载软件。

3. 移除

yum [remove] 软件

将上面安装软件移除的方法如下。

```
[root@www ~]# yum remove pam-devel
Setting up Remove Process
Resolving Dependencies     <==先解决属性相互依赖问题
--> Running transaction check
---> Package pam-devel.i386 0:0.99.6.2-4.el5 set to be erased
```

```
--> Finished Dependency Resolution
Dependencies Resolved
=======================================================
Package      Arch      Version      Repository      Size
=======================================================
Removing:
pam-devel    i386     0.99.6.2-4.el5    installed        495k
Transaction Summary
=======================================================
Install      0 Package(s):
Update       0 Package(s)
Remove       1 Package(s)    <==无属性依赖问题,单纯移除一个软件
Is this ok [y/N]: y
Downloading Packages:
Running rpm_check_debug
Running Transaction Test
Finished Transaction Test
Transaction Test Succeeded
Running Transaction
Erasing : pam-devel        #######################[1/1]
Removed: pam-devel.i386 0:0.99.6.2-4.el5
Complete!
```

2.3.3　yum 的软件群组功能

通过 yum 在线安装一个软件是非常简单的,但是,如果要安装的是一个大型项目,例如我们使用预设安装的方式安装了测试机,这台主机只有 GNOME 这个窗口管理员,如果想要安装 KDE,不用重新安装,通过 yum 的软件群组功能即可。命令如下。

```
[root@www ~]# yum [群组功能] [软件群组]
```

选项与参数如下。

grouplist:列出所有可使用的套件组,例如 Development Tools;

groupinfo:后面接 group_name,则可了解该 group 内含的所有套件名;

groupinstall:可以安装一整组的套件群组;

groupremove:移除某个套件群组。

【实例 2-8】　查阅当前容器与本机上面的可用与安装过的软件群组有哪些?

```
[root@www ~]# yum grouplist
Installed Groups:
  Office/Productivity
  Editors
  System Tools
Available Groups:
```

```
Tomboy
Cluster Storage
Engineering and Scientific
```

　　系统上的软件大多是以群组的方式一次性安装的,全新安装 CentOS 时,是可以选择所需要的软件的,软件是通过用 GNOME/KDE/X Window 等之类的名称存在的,这就是软件群组,执行上述的指令后,在 Available Groups 底下应该会看到一个 XFCE-4.4 的软件群组,命令如下。

```
[root@www ~]#yum groupinfo XFCE-4.4
Setting up Group Process
Group: XFCE-4.4
Description: This group contains the XFCE desktop environment.
Mandatory Packages:
xfce4-session
Default Packages:
xfce4-websearch-plugin
Optional Packages:
xfce-mcs-manager-devel
xfce4-panel-devel
```

　　这就是一个桌面环境(desktop environment),也就是一个窗口管理员,下面列出了软件名称。直接安装命令如下:

```
[root@www ~]#yum groupinstall XFCE-4.4
```

2.3.4　全系统自动升级

　　升级可以手动选择,也可以让系统自动升级,使系统随时保持最新的状态,通过 yum -y update 可以自动升级,-y 表示可以自动回答 yes 来开始下载并安装,然后再通过 crontab 的功能来处理即可。假设每天在北京时间 3:00am 网络带宽比较轻松的时候进行升级,可以这样做。

```
[root@www ~]#vim /etc/crontab
0 3 * * * root /usr/bin/yum -y update
```

2.4　存 储 基 础

　　本节简要介绍了存储领域的若干重要术语。

1. DA(Disk Array)

　　磁盘阵列,简称盘阵,是把多块独立的硬盘组合成一个硬盘组,这个硬盘组和单个硬盘一样,可以进行分区、格式化等操作。但是硬盘组相对于单个硬盘来说,它的存储性能会好很多,而且还可以提供数据备份,以保障数据的安全性。

2. LD(Logical Disk)

逻辑磁盘又称逻辑硬盘,是将 PC 中真实存在的硬盘(物理硬盘)划分为若干个逻辑硬盘。逻辑硬盘并不是真实存在的,它是创建分区之后代表各个分区的逻辑盘符。

3. RAID(Redundant Array of Independent/InexpensiveDisks)

独立磁盘冗余阵列,是一种将多块独立的硬盘(物理硬盘)按不同的组合方式形成一个硬盘组(逻辑硬盘),从而提供比单块硬盘更大的存储容量、更高的可靠性和更快的读写性能等。这个概念最早由加州大学伯克利分校的几名教授于 1987 年提出。早期主要通过 RAID 控制器等硬件来实现 RAID 磁盘阵列,后来出现了基于软件实现的 RAID,比如 mdadm 等。按照磁盘阵列的不同组合方式,可以将 RAID 分为不同级别,包括 RAID 0 到 RAID 6 等 7 个基本级别,以及 RAID 0+1 和 RAID 10 等扩展级别。不同 RAID 级别代表着不同的存储性能、数据安全性和存储成本等。下面简单介绍常用的几种 RAID 级别。

(1) RAID 0。简单地说,RAID 0 主要通过将多块硬盘串联起来,从而形成一个更大容量的逻辑硬盘。RAID 0 通过一条带化(striping)将数据分成不同的数据块,并依次将这些数据块写到不同的硬盘上。因为数据分布在不同的硬盘上,所以数据吞吐量得到大大提升。但是,很容易看出 RAID 0 没有任何数据冗余,因此其可靠性不高。

(2) RAID 1。如果说 RAID 0 是 RAID 中一种只注重存储容量而没有任何容错的极端形式,那么 RAID 1 则是有充分容错而不关心存储利用率的另一种极端表现。RAID 1 通过镜像(mirroring),将每一份数据都同时写到多块硬盘(一般是两块)上去,从而实现了数据的完全备份。因此,RAID 1 支持"热替换",即在不断电的情况下对故障磁盘进行更换。一般情况下,RAID 1 控制器在读取数据时支持负载平衡,允许数据从不同磁盘上同时读取,从而提高数据的读取速度。但是,RAID 1 写数据的性能没有改善。

(3) RAID 5。是一种存储性能、数据安全和存储成本兼顾的存储解决方案。RAID 5 可以理解为是 RAID 0 和 RAID 1 的折中方案。RAID 5 具有和 RAID 0 相近似的数据读取速度,只是多了一个奇偶校验信息,写入数据的速度比对单个磁盘进行写入操作稍慢。同时由于多个数据对应一个奇偶校验信息,RAID 5 的磁盘空间利用率要比 RAID 1 高,存储成本相对较低,是目前运用较多的一种解决方案。

4. SCSI(Small Computer System Interface)

小型计算机系统接口,是一种智能的通用接口标准,定义了一系列用于连接计算机和各种外部设备的命令、协议以及接口规范等,常用于硬盘和磁带等设备。

SCSI initiator 和 target:在一个 SCSI 会话(session)中,负责发起会话和发送 SCSI 命令的一端被称作 initiator。而另一端主要负责接收、处理各种 SCSI 命令,并负责数据的传输,被称作 target。简单地讲,可以分别将 initiator 和 target 类比于 C/S 架构中的客户端(client)和服务端(server)。一般情况下,用户计算机或服务器扮演 initiator 的角色,而存储设备承担了 target 的角色。

SCSI ID 和 LUN:依照不同版本的 SCSI 标准,一个 SCSI 总线最多可以连接 8 个或 16 个 SCSI 设备。实际情况中,在总线的末端一般要安装一个 SCSI 终结器 (terminator),所以最多可用的 SCSI 设备为 7 个或 15 个。每个连接在 SCSI 总线上的设备都有一个唯一的 ID 号。鉴于一个 SCSI 总线上设备数量的限制,一般 SCSI 存储设备都会由若干个子设备组成,比如 RAID 磁盘阵列、磁带库等。为了标识这些子设备,SCSI 标准引入了 LUN 的概念,即逻辑单元号(LogicalUnit Number)。所以,一个 SCSI 会话中,为了标识一个 SCSI target,需要同时指明 SCSI 控制器 ID、SCSI ID 和 LUN。

5. FC(Fibre Channel)

光纤信道,是一种用光纤作为媒质的光传输通道,是一种高速网络技术标准。光纤信道具有长距离、高速率、低延迟和低错误率等特点。

6. NAS(Network-Attached Storage)

网络附属存储是指连接到计算机网络的文件级别计算机数据存储,可以为不同客户端提供数据存取。NAS 系统是包含一个或多个硬盘驱动器的网络设备,这些硬盘驱动器通常安排为逻辑的、冗余的存储容器或者 RAID 阵列。NAS 通常采用 NFS、SMB/CIFS 等网络文件共享协议提供文件存取。

7. NFS(Network File System)

网络文件系统,是一个最早在 1984 年由 Sun 公司提出的网络文件系统协议,它允许客户计算机上的用户按照类似于存取本地文件的方式来存取位于网络上的文件。类似于其他很多协议,NFS 建立在开放网络计算远程过程调用(Open Network Computing Remote Procedure Call ,ONC RPC)系统之上。NFS 是一个按照 RFCs 定义的公开标准,允许任何人实现。

8. CIFS(Common Internet File System)/SMB(Server Message Block)

CIFS 又被认为是 SMB,是一个应用程序层的网络协议,这种协议主要用于提供对文件、打印机、串口和各种网络节点之间通信的共享存取。它还提供了一种认证的过程内通信机制。微软使用 CIFS 在所有 Windows 上提供网络功能,UNIX/Linux 也通过 SMB 使用 CIFS,Apple 也有一些可以使用 CIFS 的客户端和服务器。因此,它是一个允许各操作系统之间相互协作的协议。

2.5　基于多路径的块设备配置

普通的计算机主机都是一个硬盘挂接到一个总线上,这是一对一的关系。而主机和存储通过光纤或者以太网进行连接时,大多数情况下都会做链路冗余。这样,存储与服务器间的连接就不再是唯一的路径,这就形成了多路径存储策略。

多路径的主要功能就是和存储设备一起配合,实现如下功能:

① 故障的切换和恢复;

② I/O 流量的负载均衡;

③ 磁盘的虚拟化。

块设备的多路径配置要求应用服务器端至少是双网卡,磁盘阵列端至少有两个活跃的端口(在磁盘阵列管理端,本节默认在 System 入口配置)。

2.5.1　iSCSI 方式的多路径存储

iSCSI,即 Internet SCSI,是 IETF 制定的一项标准,用于将 SCSI 数据块映射为以太网数据包。从根本上说,它是一种基于 IP Storage 理论的新型存储技术,该技术将存储行业广泛应用的 SCSI 接口技术与 IP 网络技术相结合,可以在 IP 网络上构建 SAN(Storage Area Networking)。简单地说,iSCSI 就是在 IP 网络上运行 SCSI 协议的一种网络存储技术。

iSCSI 配置流程如图 2-21 所示。

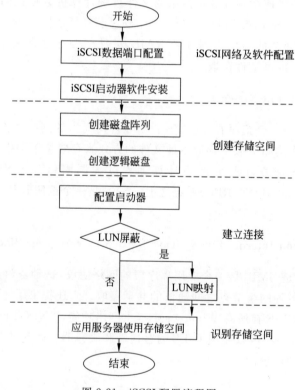

图 2-21　iSCSI 配置流程图

配置步骤(以曙光 DS600-G20 磁盘阵列为例)如下。

1. 配置 iSCSI 数据端口

应用服务器与磁盘阵列的 iSCSI 端口进行数据传输,需要根据应用场景规划 iSCSI

网络。首先，在存储的控制界面操作。iSCSI 端口在【Device】→【IO Network Management】中进行设置，如图 2-22 所示。

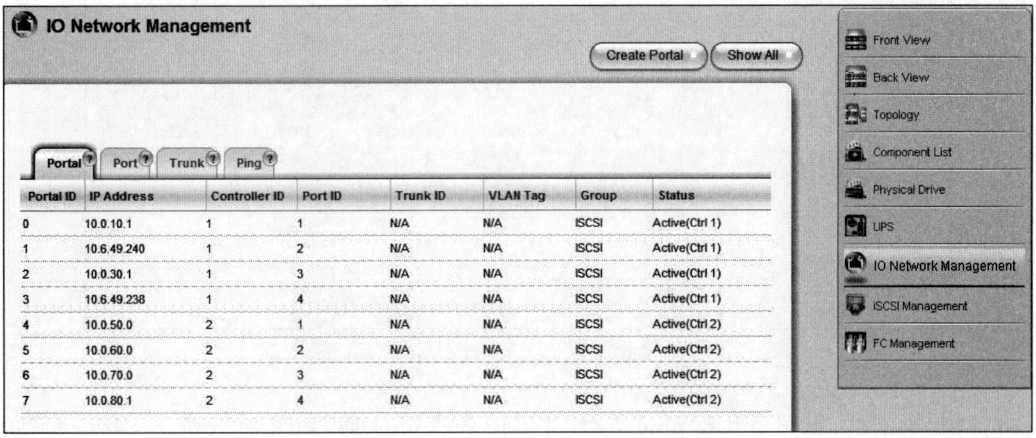

图 2-22　IO Network Management 中入口界面

步骤 1：将网线连接至盘阵的 iSCSI 端口（至少连接两个端口）；

步骤 2：在【IO Network Management】界面，单击【Port】标签页，查看数据端口的"链路状态"是否是 Up，Active，当前速度是否为 1000Mbps。本例为控制器 1，端口 2 和 4，如图 2-23 所示。

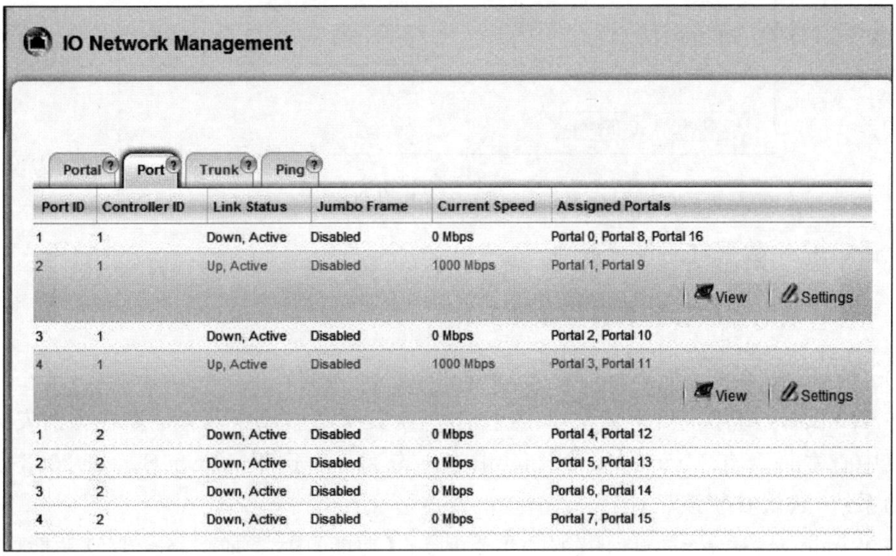

图 2-23　Network Management 中端口界面

步骤 3：单击【Portal】标签页，可以看到控制器 1，端口 2 的入口 IP 为 10.6.49.240，控制器 1 端口 4 的入口 IP 为 10.6.49.238，如图 2-24 所示。

步骤 4：配置应用服务器的相应网口 IP 地址，使其可以 ping 通刚设置的入口 IP。本示例中双网卡的应用服务器 IP 地址是 10.6.49.242 和 10.6.49.243。每个网卡 IP 都要

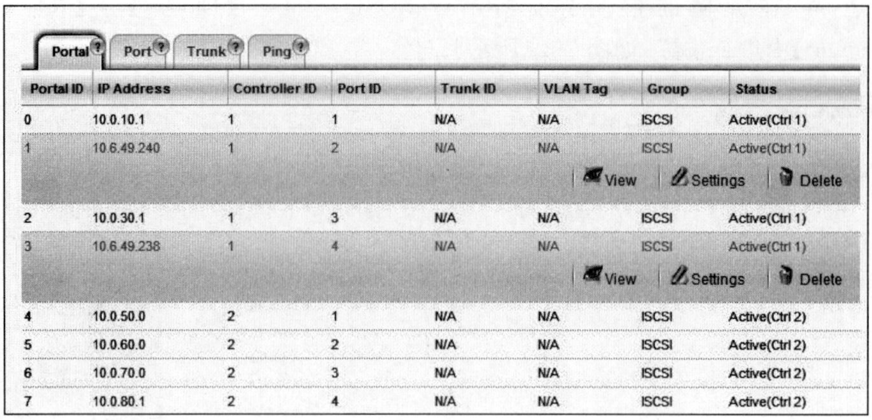

图 2-24　iSCSI 入口 IP

ping 通每个端口,本例中共要 ping 4 次,并保证全能 ping 通,如图 2-25 所示。

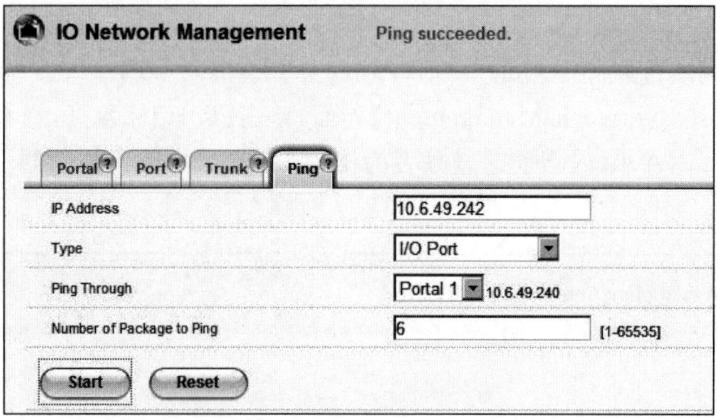

图 2-25　ping 功能

至此,iSCSI 数据链路设置成功。

2. iSCSI 启动器软件和多路径软件安装

1) Windows 系统(以 Windows Server 2008 R2 为例)

在 Windows 应用主机上依次单击【控制面板】→【添加或删除程序】,在当前安装的程序列表中查看是否有 Microsoft iSCSI Initiator 软件(对于 Windows Server 2008 及以上版本的系统,默认安装该软件)。

在 Windows Server 2008 的【服务器管理】的【功能】中,添加多路径 I/O 功能,下载安装并在 MPIO 中启用对硬件设备的支持。

2) Linux 系统(以 CentOS 6.6 为例)

CentOS 6.6 默认没有安装 iSCSI 启动软件,所以要进行手动安装。

安装 initiator:yum -y install iscsi-initiator-utils

iscsi 服务设为开机自动启动:chkconfig iscsi on

iscsid 服务设为开机自动启动：chkconfig iscsid on

对于多路径软件，所需安装包为 device-mapper-multipath。

安装 multipath：yum -y install device-mapper-multipath

启动 multipath 服务：service multipathd start

multipath 服务设为开机自动启动：chkconfig multipathd on

3. 创建磁盘阵列（DA）

依次进入【Storage】→【Disk Array】，单击【Create Disk Array】按钮。设置磁盘阵列的别名，单击要加入 DA 的磁盘（斜纹阴影的硬盘表明已经配置 RAID，无法选择），如图 2-26 所示。

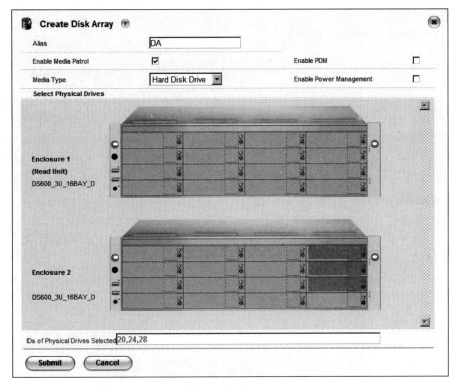

图 2-26　创建磁盘阵列

创建的 DA 默认启用介质巡查，可以选择是否启用预测数据迁移（PDM）、电源管理等高级功能。

4. 创建逻辑磁盘（LD）

进入【Logical Drive】界面，单击【Create Logical Drive】按钮，选择之前创建的 DA，单击【Next】按钮，弹出的对话框中，设置逻辑磁盘的参数，包括别名、RAID 级别、容量、磁条大小、扇区、读策略、写策略等，单击【添加】按钮，LD 添加至右侧的列表中，如图 2-27 所示。

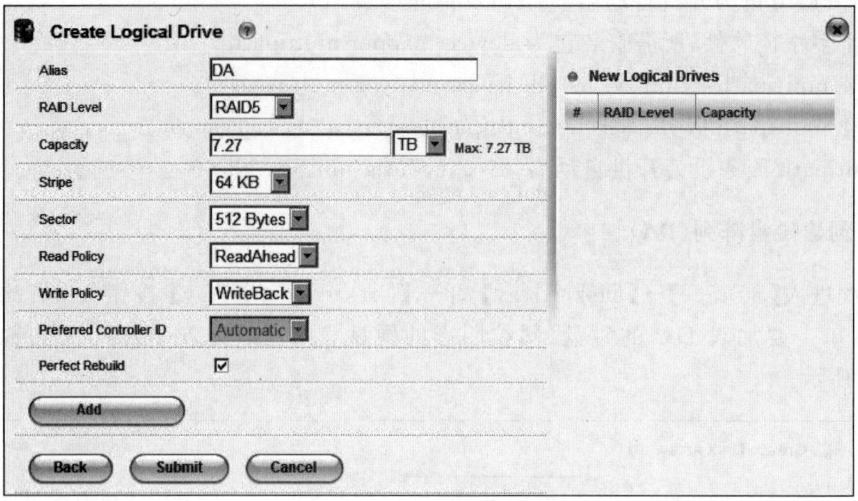

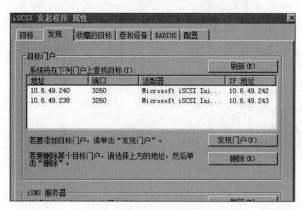

图 2-27 创建逻辑磁盘

5. 配置启动器

应用服务器的业务网口与盘阵的 iSCSI 端口通过网络设备进行物理连接后,为了建立两者的 iSCSI 连接,需要在应用服务器上配置 iSCSI 启动器,并且将启动器添加到盘阵,进而进行 LUN 映射,实现数据通信。

1) Windows 方式

步骤 1:运行 iSCSI 发起程序,在其中添加目标门户,如图 2-28 所示。

图 2-28 iSCSI 发起程序

步骤 2:在【目标】标签页,查看到状态为"不活动"的 iSCSI 链接,单击【连接】按钮。注意:在弹出的对话框中勾选【启用多路径】复选框,单击【高级】按钮,连接方式指定发起程序 IP 和目标门户 IP,即指定第一条 iSCSI 链路对应的 IP,这里首先选择 10.6.49.242 和 10.6.49.240,如图 2-29 所示。

步骤 3:第一条 iSCSI 链路状态变为"已连接",再次单击【连接】按钮,勾选【启用多路

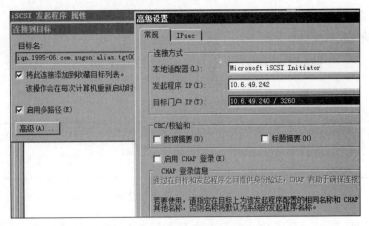

图 2-29　设置第一个 IP

径】复选框，单击【高级】按钮，弹出的对话框中选择第二条 iSCSI 连接的发起程序 IP 和目标门户 IP，此处为 10.6.49.243 和 10.6.49.238，如图 2-30 所示。

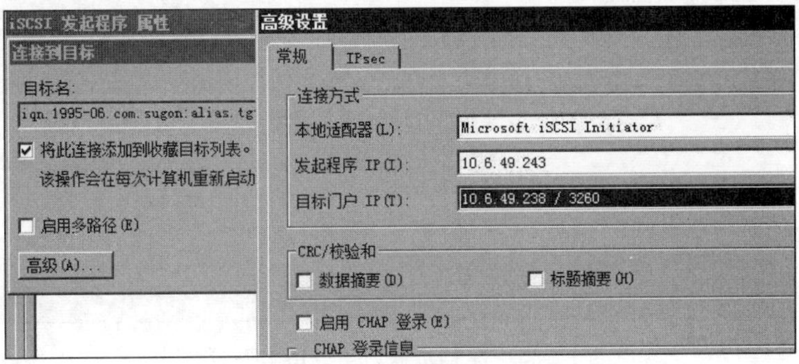

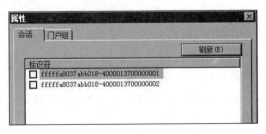

图 2-30　设置第二个 IP

此时，单击【属性】按钮，可以看到当前会话为两条，如图 2-31 所示。

图 2-31　查看属性中会话记录

步骤 4：登录磁盘阵列 Web 管理界面，依次进入【System】→【Device】→【iSCSI Management】，选择【Logged In Device】标签页，查看已登录设备，单击右上角的【Add to Initiator List】按钮，勾选"启动器名"前的复选框，单击【Add to Initiator List】按钮，复选框为灰色，表明添加成功，如图 2-32 所示。

步骤 5：依次进入【Storage】→【LUN Mapping & Masking】，勾选【Enable LUN

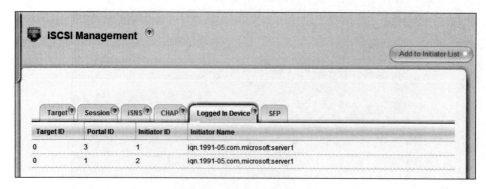

图 2-32　查看已登录的设备

【Masking】复选框,提示更改成功。单击右上角的【LUN Mapping】按钮,在弹出的配置界面中选择启动器,本示例中首先选择 Windows 主机的启动器,单击【Next】按钮,然后将 LD 映射给 Windows 主机的 iSCSI 启动器,如图 2-33 所示。

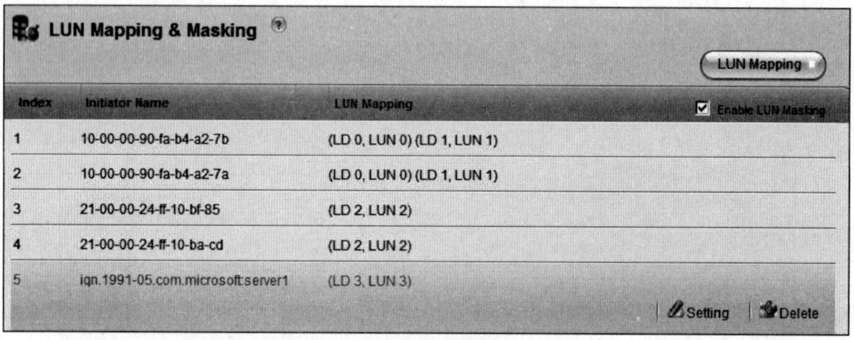

图 2-33　将 LD3 映射给应用服务器

步骤 6:打开 Windows 应用服务器的【设备管理器】→【磁盘驱动器】,查看是否识别到 Sugon DS600 G20 Multi-Path Disk Device;右击该设备,选择【属性】命令。弹出的【属性】对话框中,单击进入 MPIO 标签页,可以看到两条链路,如图 2-34 所示。

接下来,要选择具体的 MPIO 策略。

① 仅故障转移(failover only),这是最简单的一种模式,一条路径出现问题了,就会切到另一条。它是自动切换 active/standby 模式。

② 协商会议(round robin),这个模式就是负载均衡,每条路径都会写 I/O,不能浪费服务器性能,active/active 模式。

③ 带子集的协商会议,比协商会议更高级一点,主要是提高存储的读写性能和可靠性。active/active 模式。

④ 最少队列深度,沿着当前未完成的 I/O 请求最少的路径发送 I/O 的负载平衡策略。

⑤ 加权路径(weighted path),沿着当前处理的数据块数最少的路径发送 I/O 的负载平衡策略。

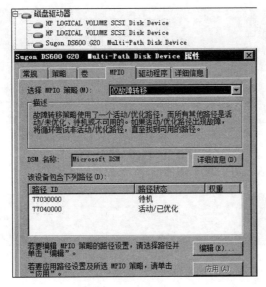

图 2-34　多路径配置

2) Linux 方式

步骤 1：使用 iscsiadm 工具发现目标节点。

命令：

iscsiadm -m discovery -p 10.5.198.7 -t st

iscsiadm -m discovery -p 10.5.198.10 -t st

发现目标节点如图 2-35 所示。

```
[root@server ~]# iscsiadm -m discovery -p 10.6.49.238 -t st
10.0.10.1:3260,1 iqn.1995-06.com.sugon:alias.tgt0000.20000001555b6cb9
10.6.49.240:3260,1 iqn.1995-06.com.sugon:alias.tgt0000.20000001555b6cb9
10.0.30.1:3260,1 iqn.1995-06.com.sugon:alias.tgt0000.20000001555b6cb9
10.6.49.238:3260,1 iqn.1995-06.com.sugon:alias.tgt0000.20000001555b6cb9
10.0.50.0:3260,2 iqn.1995-06.com.sugon:alias.tgt0000.20000001555b6cb9
10.0.60.0:3260,2 iqn.1995-06.com.sugon:alias.tgt0000.20000001555b6cb9
10.0.70.0:3260,2 iqn.1995-06.com.sugon:alias.tgt0000.20000001555b6cb9
10.0.30.1:3260,2 iqn.1995-06.com.sugon:alias.tgt0000.20000001555b6cb9
```

图 2-35　发现目标节点

步骤 2：使用 iscsiadm 工具建立两条连接。

命令：

iscsiadm -m node -p 10.0.30.1 -l

iscsiadm -m node -p 10.0.50.1 -l

建立连接，如图 2-36 所示。

步骤 3：使用 iscsiadm 工具查看当前连接的会话（session）。

命令：

iscsiadm -m session

图 2-36　建立连接

查看当前连接会话,如图 2-37 所示。

图 2-37　查看连接会话

步骤 4:在盘阵 Web 管理界面中,添加 Linux 主机的启动器,并将 LD 映射给 Linux 主机的 iSCSI 启动器(添加和映射方式与 Windows 相同),如图 2-38 所示。

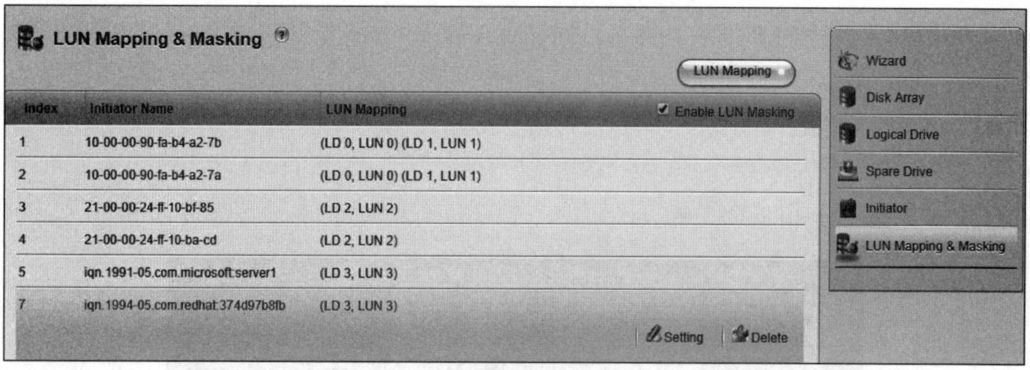

图 2-38　逻辑磁盘映射给启动器

步骤 5:配置 multipath. conf 文件,具体步骤如下。

① 将 multipath. conf 文件拷贝至/etc/目录下。

命令:

```
cp /usr/share/doc/device-mapper-multipath-0.4.9/multipath.conf /etc/
```

② 修改/etc/multipath. conf 文件。

命令:

```
vim /etc/multipath.conf
```

如图 2-39 所示进行修改。

其中,path_grouping_policy 用以设置路径冗余策略,failover 表示故障转移策略,多条链路中仅有一条处于活动状态,用于数据传输,其余均作为备用链路;将该参数设置为

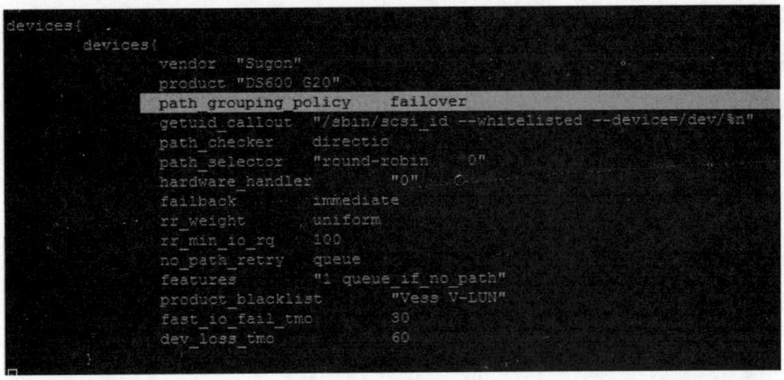

```
devices{
        devices{
                vendor  "Sugon"
                product "DS600 G20"
                path_grouping_policy    failover
                getuid_callout  "/sbin/scsi_id --whitelisted --device=/dev/%n"
                path_checker    directio
                path_selector   "round-robin    0"
                hardware_handler        "0"
                failback        immediate
                rr_weight       uniform
                rr_min_io_rq    100
                no_path_retry   queue
                features        "1 queue_if_no_path"
                product_blacklist       "Vess V-LUN"
                fast_io_fail_tmo        30
                dev_loss_tmo            60
        }
```

图 2-39　配置文件

multibus，所有链路均是活动状态。根据实际情况选择路径冗余策略，一般建议控制器内部的链路采用 multibus 策略，控制器之间的链路采用 failover 策略。

③ 修改完成后重启 multipathd 服务。

命令：

```
service multipathd restart
```

步骤 6：应用服务器识别存储空间，一般需要重新启动应用主机。若未设置 multipathd 服务开机自启动，主机重启后，需要重新启动该服务。

使用 fdisk -l 查看识别到的存储设备，如图 2-40 所示。

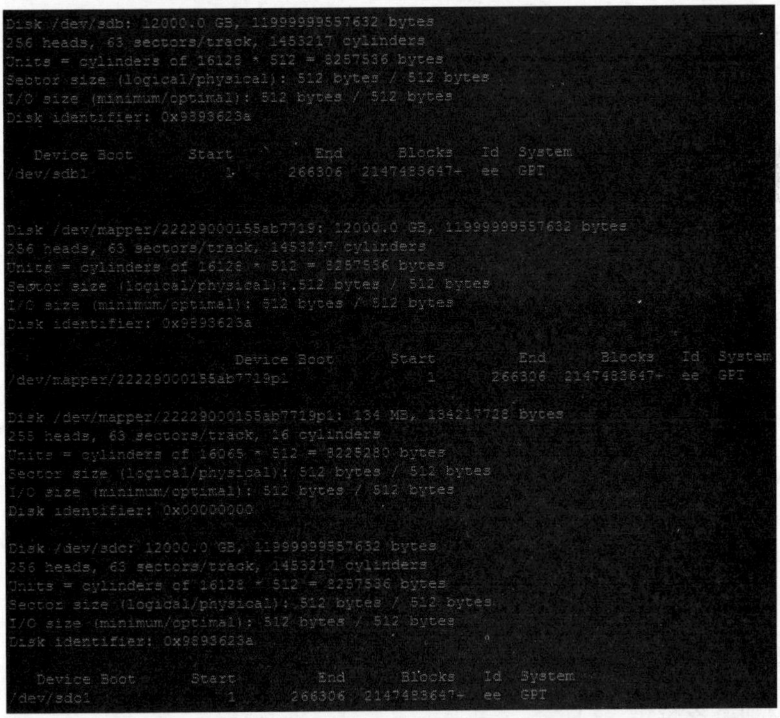

```
Disk /dev/sdb: 12000.0 GB, 11999999557632 bytes
256 heads, 63 sectors/track, 1453217 cylinders
Units = cylinders of 16128 * 512 = 8257536 bytes
Sector size (logical/physical): 512 bytes / 512 bytes
I/O size (minimum/optimal): 512 bytes / 512 bytes
Disk identifier: 0x9893623a

   Device Boot      Start         End      Blocks   Id  System
/dev/sdb1               1      266306  2147483647+  ee  GPT


Disk /dev/mapper/22229000155ab7719: 12000.0 GB, 11999999557632 bytes
256 heads, 63 sectors/track, 1453217 cylinders
Units = cylinders of 16128 * 512 = 8257536 bytes
Sector size (logical/physical): 512 bytes / 512 bytes
I/O size (minimum/optimal): 512 bytes / 512 bytes
Disk identifier: 0x9893623a

                        Device Boot      Start         End      Blocks   Id  System
/dev/mapper/22229000155ab7719p1               1      266306  2147483647+  ee  GPT

Disk /dev/mapper/22229000155ab7719p1: 134 MB, 134217728 bytes
255 heads, 63 sectors/track, 16 cylinders
Units = cylinders of 16065 * 512 = 8225280 bytes
Sector size (logical/physical): 512 bytes / 512 bytes
I/O size (minimum/optimal): 512 bytes / 512 bytes
Disk identifier: 0x00000000

Disk /dev/sdc: 12000.0 GB, 11999999557632 bytes
256 heads, 63 sectors/track, 1453217 cylinders
Units = cylinders of 16128 * 512 = 8257536 bytes
Sector size (logical/physical): 512 bytes / 512 bytes
I/O size (minimum/optimal): 512 bytes / 512 bytes
Disk identifier: 0x9893623a

   Device Boot      Start         End      Blocks   Id  System
/dev/sdc1               1      266306  2147483647+  ee  GPT
```

图 2-40　Linux 系统下合并分区查看

其中/dev/mapper/mpathX 是合并分区，可以对其进行格式化、挂载等操作。此外，另外两个容量相同的分区/dev/sdb、/dev/sdc 是两条链路各自映射的分区，不能对其进行挂载使用。

步骤 7：使用 multipath -ll 查看当前链路的状态，如图 2-41 所示。

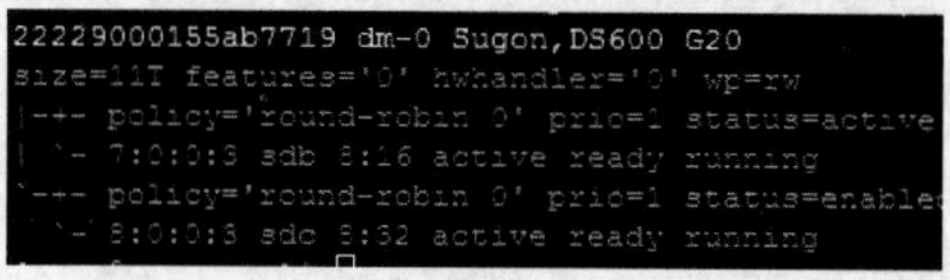

图 2-41　Linux 系统下 failover 策略

可以看出，当 path_grouping_policy 选择 failover 时，两条链路中一条状态为 active，另一条状态为 enabled。

iscsiadm 常用命令如下。

① 发现目标节点（目标门户）：

```
iscsiadm -m discovery -t st -p iSCSI_Target_IP
```

② 查看发现到的目标节点：

```
iscsiadm -m node
```

③ 建立 iSCSI 连接：

```
iscsiadm -m node -p iSCSI_Target_IP -l
```

④ 查看当前会话：

```
iscsiadm -m session
```

⑤ 断开 iSCSI 连接：

```
iscsiadm -m node -p iSCSI_Target_IP --logout
```

⑥ 删除目标节点文件：

```
service iscsi stop                      #先停止 iSCSI 服务
rm -rf /var/lib/iscsi/nodes/ *          #删除节点
rm -rf /var/lib/iscsi/send_targets/ *   #删除目标端
```

device-mapper-multipath 常用命令如下。

① 服务启停：

```
service multipathd status|start|stop|restart
```

② 清除多路径缓存：

```
multipath -F
```

③ 重新加载多路径：

```
multipath -v3
```

④ 查看多路径：

```
multipath -ll
```

2.5.2　FC 方式的多路径存储

配置步骤(以曙光 DS600-G20 磁盘阵列为例)如下。

1. FC 链路配置

将应用服务器 FC HBA 卡与盘阵 FC 端口相连,可以是直连或者连接 FC 交换机,连接好后检查各 FC 端口指示灯是否亮起。

2. 创建磁盘阵列(DA)

与 iSCSI 配置方式相同。

3. 创建逻辑磁盘(LD)

与 iSCSI 配置方式相同。

4. 配置启动器

不同于 iSCSI 连接,应用服务器端无须针对 FC Initiator 做相关的设置,主机与盘阵建立物理连接后,盘阵端可以自动识别到 FC HBA 卡的 WWPN(World Wide Port Name)。

在盘阵管理界面,依次进入【System】→【Device】→【FC Management】→【Logged In Device】中,查看识别的到应用服务器 FC HBA 卡的 WWPN。勾选应用服务器的 WWPN,添加到启动器中,如图 2-42 所示。

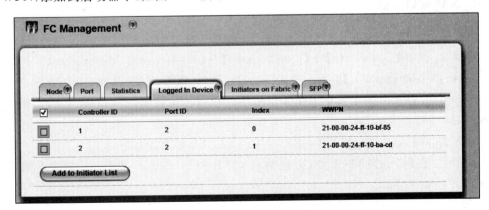

图 2-42　已添加完启动器

5. LUN 映射

存储分区通过多条链路映射给应用服务器时,Windows 主机、Linux 主机端多路径管理软件配置方法同 iSCSI 多路径设置,此处不再赘述。

应用服务器 FC HBA 卡的每个 FC 端口均对应唯一的 WWPN,因此多个 FC 端口与盘阵建立连接后,盘阵端将识别到对应的 WWPN,将同一存储分区映射给多个 WWPN 即可,如图 2-43 所示。

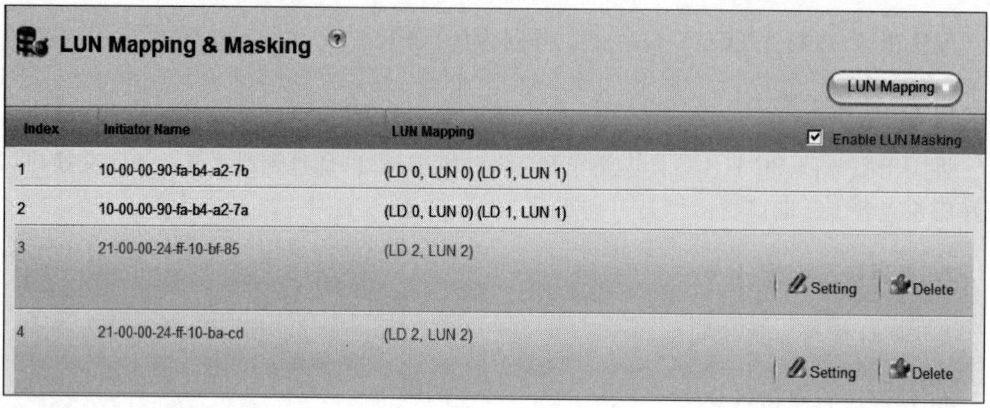

图 2-43   LUN 映射

2.6   NAS 配置

NAS 设备允许用户在网络上存取数据,无须应用服务器的干预,这样既可减小 CPU 的开销,也能显著改善网络的性能。本节默认在 NAS 入口配置。

NAS 配置流程如图 2-44 所示。

配置步骤(以曙光 DS600-G20 磁盘阵列为例)如下。

1. NAS 端口配置

步骤 1:在 NAS 端口插入网线。

步骤 2:选择【Dashboard】→【Quick Links】→【IO Network Management】,进入到【IO Network Management】页面。单击【Port】标签页,查看 NAS 数据端口链路状态是否是 Up,Active,当前速度是否是 1000Mbps,本例中以控制器 1 的端口 4 为例,如图 2-45 所示。

步骤 3:在【Portal】标签页中,查看对应的入口 IP,如图 2-46 所示。

步骤 4:在【Ping】标签页中,分别输入 CIFS 和 NFS 客户端的 IP,检查是否可以 ping 通。

2. 创建磁盘池(Disk Pool)

在【Dashboard】界面左侧的快速链接中选择【Disk Pool】,进入磁盘池配置界面,单击【Create】按钮创建。选择空闲磁盘,设置磁盘池的名称、RAID 级别、磁条大小、所属控制器,如图 2-47 和图 2-48 所示。

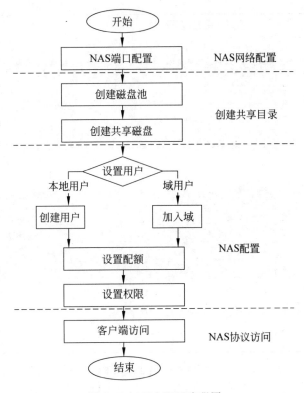

图 2-44　NAS 配置流程图

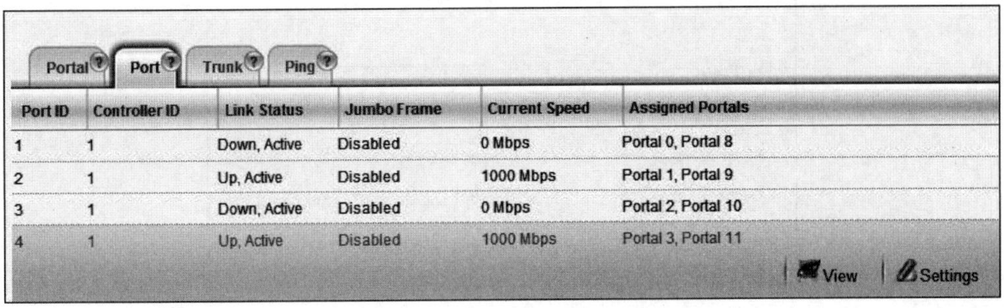

Port ID	Controller ID	Link Status	Jumbo Frame	Current Speed	Assigned Portals
1	1	Down, Active	Disabled	0 Mbps	Portal 0, Portal 8
2	1	Up, Active	Disabled	1000 Mbps	Portal 1, Portal 9
3	1	Down, Active	Disabled	0 Mbps	Portal 2, Portal 10
4	1	Up, Active	Disabled	1000 Mbps	Portal 3, Portal 11

Portal　Port　Trunk　Ping

View　Settings

图 2-45　NAS 下端口界面

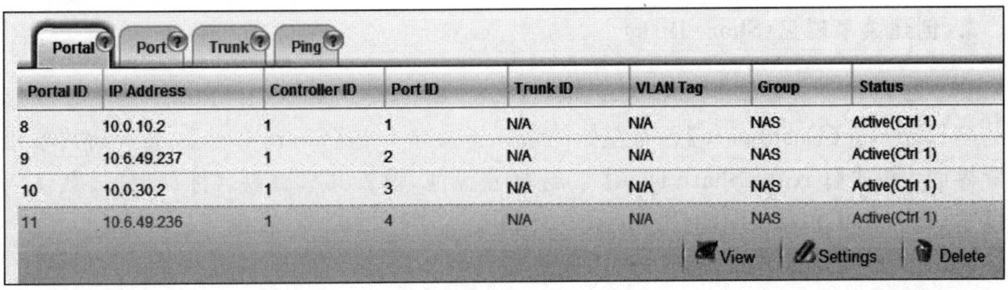

Portal ID	IP Address	Controller ID	Port ID	Trunk ID	VLAN Tag	Group	Status
8	10.0.10.2	1	1	N/A	N/A	NAS	Active(Ctrl 1)
9	10.6.49.237	1	2	N/A	N/A	NAS	Active(Ctrl 1)
10	10.0.30.2	1	3	N/A	N/A	NAS	Active(Ctrl 1)
11	10.6.49.236	1	4	N/A	N/A	NAS	Active(Ctrl 1)

Portal　Port　Trunk　Ping

View　Settings　Delete

图 2-46　查看入口 IP

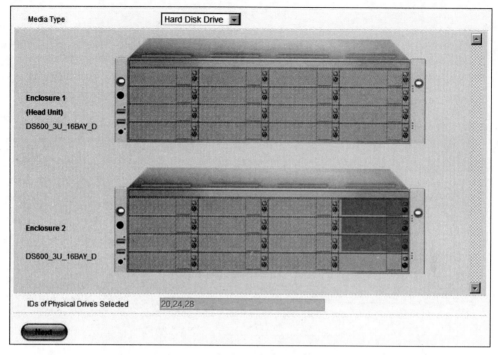

图 2-47　创建磁盘池

图 2-48　设置磁盘池

3. 创建共享磁盘(Share Disk)

共享磁盘建立在磁盘池基础之上,是对外提供 CIFS、NFS、FTP 等广义 NAS 服务的共享目录。在【Dashboard】界面左侧的快速链接中单击【Share Disk】,进入到共享磁盘配置界面,单击【Create Share Disk】。选择磁盘池,设置共享磁盘名称、容量。默认权限是读写,支持协议包括 SMB/CIFS、NFS、AFP、FTP 等,如图 2-49 所示。

NFS 客户端认证方式是 IP 地址,此处先设置 NFS 客户端认证方式。

单击新建的共享磁盘,在展开的隐藏子菜单中,选择【Share Setting】选项,保证 NFS 协议启用,查看 NFS 安装点名称(客户端需要挂载的共享目录),在【Allow IP remaining amount】中输入 NFS 客户端的 IP 地址,单击【Add】按钮,如图 2-50 所示。在【Allow IP

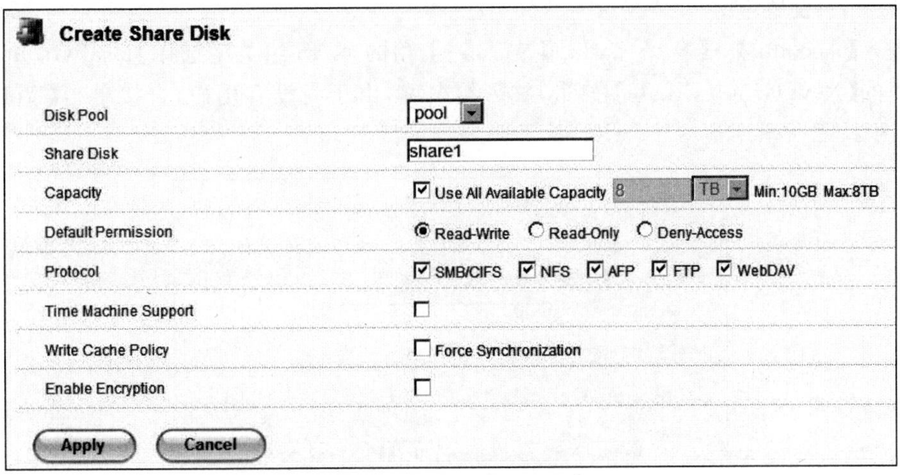

图 2-49　创建共享磁盘

remaining amount】中可以输入单个客户端 IP，也可以使用通配符 * 表示同一局域网内 IP，如示例 10.6.49. * ，表示 10.6.49.0～10.6.49.255。这里若输入 * ，则表示任意合法 IP。

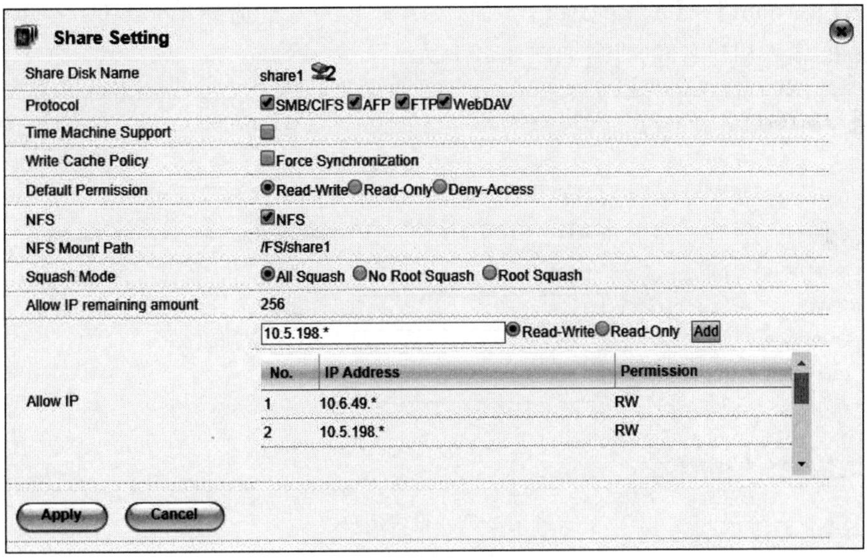

图 2-50　设置共享磁盘

4. 设置用户

DS600-G20 的 NAS 用户支持本地用户和域用户，这里仅介绍本地用户的创建。DS600-G20 的默认 CIFS 用户名是 adminitrator，密码是 password，可以使用默认用户访问。administrator 属于超级用户，权限和配额均无法修改，建议创建普通用户组及普通用户。

步骤 1：设置组。

进入【Account】→【NAS Group】界面，左上角的 NAS 组类型选择 Local Group，单击右上角的【New Group Create】按钮，输入组名称，由于尚没有用户，直接单击【Apply】按钮，如图 2-51 所示。

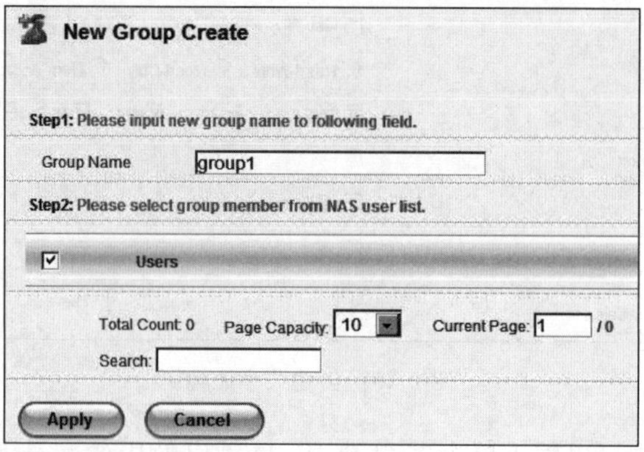

图 2-51　设置组

步骤 2：设置用户。

进入【Account】→【NAS User】界面，NAS 用户类型选择 Local User，单击【Add User】按钮，输入用户名和密码，如图 2-52 所示。

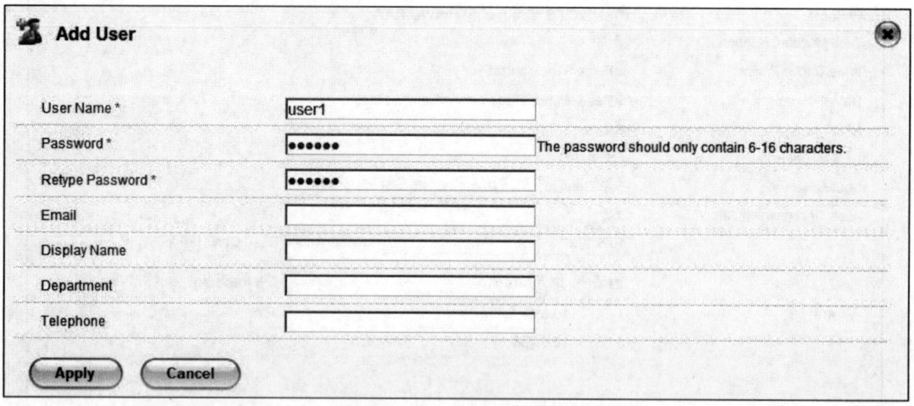

图 2-52　设置用户

步骤 3：设置用户 user1 隶属于用户组 group1。

单击用户组 group1，在展开的隐藏子菜单中选择【Settings】选项，勾选用户 user1 前的复选框，单击【Apply】按钮，如图 2-53 所示。

5. 设置配额

配额限制了用户可以使用共享磁盘的容量，如果不设置，用户允许使用的容量等同于共享磁盘的容量。

进入【File System】→【Quota】界面，选择共享磁盘，类型选择 Local User，单击

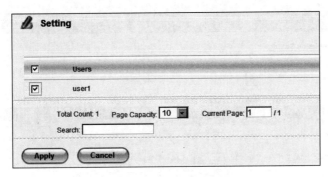

图 2-53　将指定用户添加到指定组

【Quota Setting】按钮，Quota Size(GB)为 0，表明不设置配额，选中用户名，输入配额值，单击【Apply】按钮，完成配置，如图 2-54 所示。

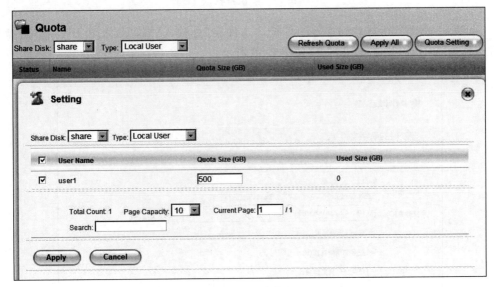

图 2-54　设置配额

6. 设置权限

在不设置用户组、用户权限的情况下，组合权限等同于共享磁盘的默认权限。

进入【Account】→【File & Permission Management】界面，显示所有的共享磁盘，选中待设置权限的共享磁盘，右击显示 Mode 和 Permission，单击 Permission，进入权限配置界面，选择 Local User，单击右侧的【Setting】按钮，弹出如图 2-55 所示的界面，勾选用户名 user1 前的复选框，设置用户权限。同样的步骤设置用户组 group1 的权限。

7. 客户端访问

(1) CIFS 客户端。

步骤 1：在 Windows 客户端，右击"计算机"图标，选择"映射网络驱动器"选项；

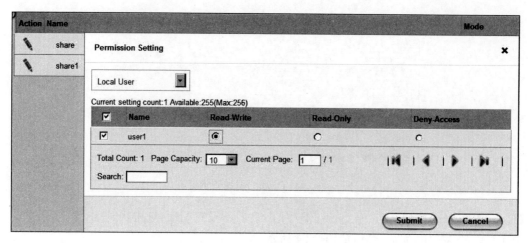

图 2-55　设置权限

步骤 2：驱动器为挂载到本地的盘符，"文件夹"处输入\\NAS 入口 IP\共享磁盘名称，此处为\\10.6.49.236\share1，如图 2-56 所示。

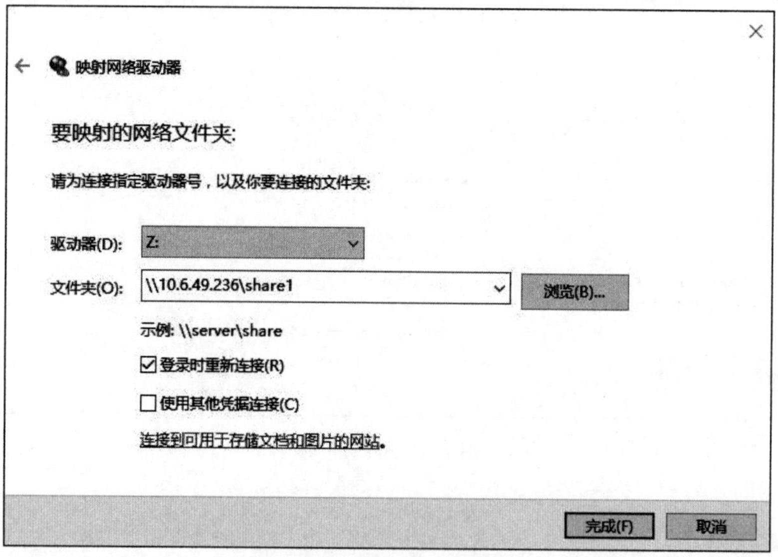

图 2-56　CIFS 客户端访问

步骤 3：输入用户名和密码，认证成功后，即可进入共享目录，如图 2-57 所示。

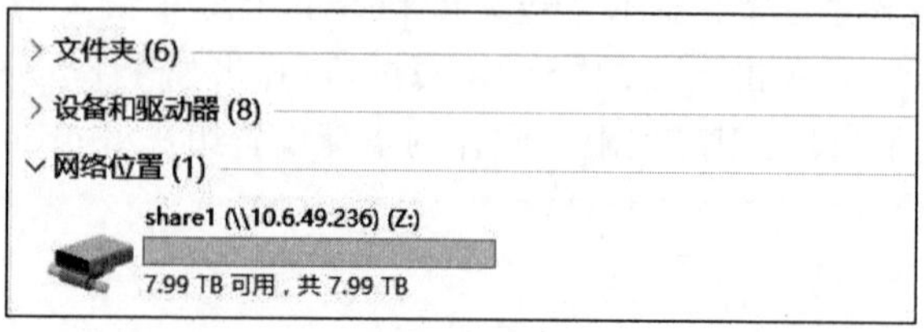

图 2-57　进入共享目录

（2）NFS 客户端。

设置 NFS 共享磁盘时，可以查看到 NFS 安装点目录为/FS/share（share 是设置的共享磁盘名称）。

使用 mount 命令挂载到/mnt 目录：mount -t nfs 10.6.49.236:/FS/share1　/mnt，如图 2-58 所示。

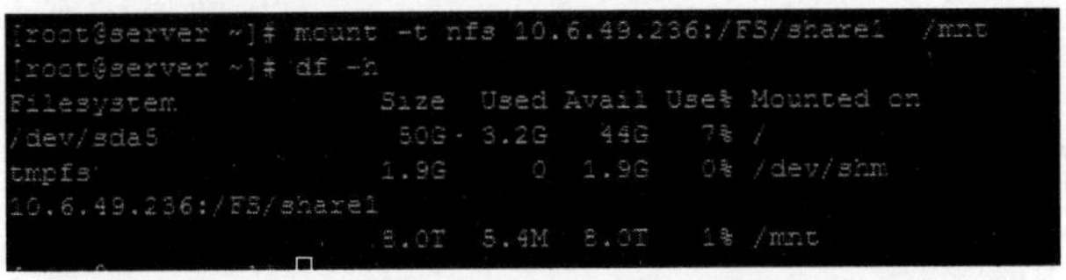

图 2-58　NFS 客户端访问

至此，CIFS、NFS 客户端可以对共享目录进行读写操作。

第3章 域名系统——DNS&BIND

域名系统(Domain Name System,DNS)是 Internet 基础架构服务,在 Internet 上当一台主机要访问另外一台主机时,必须首先获知其地址,TCP/IP 中的 IP 地址是由 4 段以.分开的数字组成,记起来总是不如名字那么方便,所以,就采用了域名系统来管理名字和 IP 的对应关系。因此,DNS 是因特网的一项核心服务,它作为可以将域名和 IP 地址相互映射的一个分布式数据库,能够让用户更方便地访问互联网,而不用去记住能够被机器直接读取的 IP 数串。

实现 DNS 服务的软件包有多种,本章主要介绍 Linux 环境下 DNS 软件包——BIND(Berkeley Internet Name Domain)的安装、配置与管理。

3.1 BIND 概述

BIND 是 Linux 系统中实现 DNS 服务的软件包。几乎所有 Linux 发行版都包含BIND,它的功能有了很大的改善和提高,已成为 Internet 上使用最多的 DNS 服务器软件。由于负责开发与维护开源 BIND 的互联网系统协会(Internet Systems Consortium,ISC)没有足够的资源维持项目的开发,所以在 2013 年发布了 BIND 的最后一个版本 10.1.2。

3.1.1 BIND 的安装

在 BIND 的发行版本中 BIND 9 的普及度最高,所以本书介绍在 CentOS 中 BIND 9的安装。在 CentOS 中 BIND 的安装很容易,可以在系统安装阶段中选中 DNS 软件,也可以在系统安装完毕后再单独安装 BIND 软件包。CentOS 的软件包一般都采用 rpm 软件包的形式,可以从安装光盘中找到 BIND 软件包,也可以直接借助网络安装。本书采用yum 命令直接下载安装 BIND,步骤如下。

安装之前首先使用 rpm 命令检测一下系统中是否已安装了 BIND。

```
[root@abc1 ~]#rpm -qa | grep BIND
samba-winBIND-3.6.23-12.el6.x86_64
samba-winBIND-clients-3.6.23-12.el6.x86_64
```

返回结果显示当前系统中没有安装 BIND 相关的组件。接下来我们借助网络安装的方式。

```
[root@abc1 ~]#yum -y install BIND BIND-chroot BIND-utils
```

安装过程如图 3-1 所示。

3.1.2 配置文件

在成功安装上述软件包后,还需要配置一些文件来实现域名解析。与域名解析相关

```
Loaded plugins: fastestmirror, security
Setting up Install Process
Determining fastest mirrors
 * base: mirrors.btte.net
 * extras: mirrors.nwsuaf.edu.cn
 * updates: mirrors.btte.net
base                                              | 3.7 kB     00:00
extras                                            | 3.4 kB     00:00
extras/primary_db                                 |  29 kB     00:00
updates                                           | 3.4 kB     00:00
updates/primary_db                                | 4.7 MB     00:06
Resolving Dependencies
--> Running transaction check
---> Package bind.x86_64 32:9.8.2-0.62.rc1.el6_9.4 will be installed
--> Processing Dependency: bind-libs = 32:9.8.2-0.62.rc1.el6_9.4 for package: 32
:bind-9.8.2-0.62.rc1.el6_9.4.x86_64
--> Processing Dependency: liblwres.so.80()(64bit) for package: 32:bind-9.8.2-0.
62.rc1.el6_9.4.x86_64
--> Processing Dependency: libisccfg.so.82()(64bit) for package: 32:bind-9.8.2-0
.62.rc1.el6_9.4.x86_64
--> Processing Dependency: libisccc.so.80()(64bit) for package: 32:bind-9.8.2-0.
62.rc1.el6_9.4.x86_64
--> Processing Dependency: libisc.so.83()(64bit) for package: 32:bind-9.8.2-0.62
.rc1.el6_9.4.x86_64
--> Processing Dependency: libdns.so.81()(64bit) for package: 32:bind-9.8.2-0.62
.rc1.el6_9.4.x86_64
--> Processing Dependency: libbind9.so.80()(64bit) for package: 32:bind-9.8.2-0.
62.rc1.el6_9.4.x86_64
---> Package bind-chroot.x86_64 32:9.8.2-0.62.rc1.el6_9.4 will be installed
---> Package bind-utils.x86_64 32:9.8.2-0.62.rc1.el6_9.4 will be installed
--> Running transaction check
---> Package bind-libs.x86_64 32:9.8.2-0.62.rc1.el6_9.4 will be installed
--> Finished Dependency Resolution

Dependencies Resolved

================================================================================
 Package          Arch         Version                    Repository     Size
================================================================================
Installing:
 bind             x86_64       32:9.8.2-0.62.rc1.el6_9.4  updates        4.0 M
 bind-chroot      x86_64       32:9.8.2-0.62.rc1.el6_9.4  updates         77 k
 bind-utils       x86_64       32:9.8.2-0.62.rc1.el6_9.4  updates        189 k
Installing for dependencies:
 bind-libs        x86_64       32:9.8.2-0.62.rc1.el6_9.4  updates        892 k

Transaction Summary
================================================================================
Install       4 Package(s)

Total download size: 5.1 M
Installed size: 10 M
Downloading Packages:
(1/4): bind-9.8.2-0.62.rc1.el6_9.4.x86_64.rpm          | 4.0 MB     00:05
(2/4): bind-chroot-9.8.2-0.62.rc1.el6_9.4.x86_64.rpm   |  77 kB     00:00
(3/4): bind-libs-9.8.2-0.62.rc1.el6_9.4.x86_64.rpm     | 892 kB     00:01
(4/4): bind-utils-9.8.2-0.62.rc1.el6_9.4.x86_64.rpm    | 189 kB     00:00
--------------------------------------------------------------------------------
Total                                   619 kB/s | 5.1 MB     00:08
Running rpm_check_debug
Running Transaction Test
Transaction Test Succeeded
Running Transaction
  Installing : 32:bind-libs-9.8.2-0.62.rc1.el6_9.4.x86_64               1/4
  Installing : 32:bind-9.8.2-0.62.rc1.el6_9.4.x86_64                    2/4
  Installing : 32:bind-chroot-9.8.2-0.62.rc1.el6_9.4.x86_64             3/4
  Installing : 32:bind-utils-9.8.2-0.62.rc1.el6_9.4.x86_64              4/4
  Verifying  : 32:bind-libs-9.8.2-0.62.rc1.el6_9.4.x86_64               1/4
  Verifying  : 32:bind-9.8.2-0.62.rc1.el6_9.4.x86_64                    2/4
  Verifying  : 32:bind-utils-9.8.2-0.62.rc1.el6_9.4.x86_64              3/4
  Verifying  : 32:bind-chroot-9.8.2-0.62.rc1.el6_9.4.x86_64             4/4

Installed:
  bind.x86_64 32:9.8.2-0.62.rc1.el6_9.4
  bind-chroot.x86_64 32:9.8.2-0.62.rc1.el6_9.4
  bind-utils.x86_64 32:9.8.2-0.62.rc1.el6_9.4

Dependency Installed:
  bind-libs.x86_64 32:9.8.2-0.62.rc1.el6_9.4

Complete!
```

图 3-1　BIND 安装过程

的文件有/etc/hosts、/etc/host.conf 和/etc/resolv.conf。下面分别介绍每个文件的主要功能。

1. /etc/hosts

hosts 文件是 Linux 系统中一个负责 IP 地址与域名快速解析的文件,以 ASCII 格式保存在/etc 目录下。hosts 文件包含了 IP 地址和主机名之间的映射,还包括主机名的别名。在没有域名服务器的情况下,系统上的所有网络程序都通过查询该文件来解析对应于某个主机名的 IP 地址,否则就需要使用 DNS 服务程序来解决。通常可以将常用的域名和 IP 地址映射加入到 hosts 文件中,实现快速方便的访问。利用 hosts 文件通信的主机都应该包含相同的记录,即所有主机都应该包含相同的 hosts 文件。随着网络中主机数量的不断增加,维护起来非常烦琐,因此,hosts 文件只适合于主机数量很少的网络。目前,虽然在系统中仍然可以看到 hosts 文件,但一般也仅限于本机解析环回地址使用,或少数几台主机通信。下面是 hosts 文件的主要内容:

```
IP 地址              本机默认域名                别名
127.0.0.1           localhost.localdomain      localhost
```

一般情况下,hosts 文件中只包含这一条记录。hosts 文件的每行为一个主机,每行由网络 IP 地址、主机名/域名、主机名别名 3 部分组成,每个部分由空格隔开。主机名通常在局域网内使用,通过 hosts 文件主机名就被解析到对应 IP;域名通常在 Internet 上使用,但如果本机不想使用 Internet 上的域名解析,就可以更改 hosts 文件,加入自己的域名解析。每行也可以是两部分,即主机 IP 地址和主机名,例如 192.168.1.100 test100。

2. /etc/host.conf

/etc/host.conf 是解析器配置文件,用来指定如何解析主机名。Linux 通过解析库(resolver library)来获得主机名对应的 IP 地址。

```
order hosts,BIND        #关键字 order 用来指明主机查询的顺序,先在 hosts 文件中查询,如
                          果未找到,再利用 DNS 查询
```

3. /etc/resolv.conf

/etc/resolv.conf 是 DNS 客户端的配置文件,用于设置 DNS 服务器的 IP 地址及 DNS 域名,还包含了主机的域名搜索顺序。该文件是由域名解析器(resolver,一个根据主机名解析 IP 地址的库)使用的配置文件。它的格式很简单,每行以一个关键字开头,后接一个或多个由空格隔开的参数。

```
domain test.com               #定义本地域名
search test.com               #定义域名的搜索列表
nameserver 192.168.1.111      #服务器 IP 地址
nameserver 192.168.1.112      #服务器备用 IP 地址
```

3.2 BIND 主配置文件

BIND 的主配置文件 named. conf 和/etc/named. rfc1912. zones 用来实现域名服务的关键配置文件,包括 DNS 服务器的类型、特性、区域的名称等。

3.2.1 named. conf 的默认配置

named. conf 是 DNS 服务器的全局配置文件,由一个个子句组成,每个子句都有一个头跟一对大括号组成,大括号里面是该子句中的因子和值。下面的代码是 named. conf 的一个默认配置,其中//为注释符号。

```
[root@abc1 ~]#cat /etc/named.conf
//
// named.conf
//
// Provided by Red Hat BIND package to configure the ISC BIND named(8) DNS
// server as a caching only nameserver (as a localhost DNS resolver only).
//
// See /usr/share/doc/BIND*/sample/ for example named configuration files.
//

options {
listen-on port 53 { 127.0.0.1; };
listen-on-v6 port 53 { ::1; };
directory     "/var/named";                          //指定区域数据库文件存放的位置
dump-file    "/var/named/data/cache_dump.db"; //指定转储文件存放的位置及文件名
        statistics-file "/var/named/data/named_stats.txt";
        memstatistics-file "/var/named/data/named_mem_stats.txt";
allow-query     { localhost; };                      //允许哪些主机可以查询本服务器
recursion yes;                                        //开启递归解析

dnssec-enable yes;                                    //开启 DNS 安全特性
dnssec-validation yes;                                //开启 DNS 安全合法性检验

/* Path to ISC DLV key */
BINDkeys-file "/etc/named.iscdlv.key";

managed-keys-directory "/var/named/dynamic";
};

logging {
        channel default_debug {
```

```
            file "data/named.run";
            severity dynamic;
        };
    };

    zone "." IN {                          //关键字 zone 用来定义区域,此处定义根"."区域
        type hint;                         //定义区域类型为提示类型
        file "named.ca";                   //指定该区域的数据库文件为 named.ca
    };

    include "/etc/named.rfc1912.zones"; //将区域定义文件包含进来,关键文件
    include "/etc/named.root.key";
```

3.2.2 修改 named. conf

1. 修改监听的端口号和 IP

```
listen-on port 53 { any; };                //监听来自任意 IP 地址上 53 号端口的数据包
listen-on port 53 { 192.168.233.128; };   //监听来自 IP192.168.233.128 上 53 号端口
                                             的数据包
```

2. 查询本服务器的主机列表

```
allow-query     { any; };                  //允许任意主机进行 DNS 查询
```

3.2.3 默认区域配置文件/etc/named. rfc1912. zones

/etc/named. rfc1912. zones 是 DNS 服务器的区域配置文件,默认配置代码如下所示。

```
// named.rfc1912.zones:
//
// Provided by Red Hat caching-nameserver package
//
// ISC BIND named zone configuration for zones recommended by
// RFC 1912 section 4.1 : localhost TLDs and address zones
// and afts/draft-ietf-dnsop-default-local-zones-02.txt
// (c)2007 R W Franks
//
// See /usr/share/doc/BIND*/sample/ for example named configuration files.
//

zone "localhost.localdomain" IN {   //定义区域 localhost.localdomain
type master;                        //定义区域类型为主要类型
file "named.localhost";             //指定该区域的数据库文件为 named.localhost
allow-update { none; };             //不允许更新
```

```
};

zone "localhost" IN {                    //定义区域 localhost
type master;                             //定义区域类型为主要类型
file "named.localhost";                  //指定该区域的数据库文件为 named.localhost
allow-update { none; };                  //不允许更新
};

zone "1.0.0.0.0.0.0.0.0.0.0.0.0.0.0.0.0.0.0.0.0.0.0.0.0.0.0.0.0.0.0.0.ip6.
arpa" IN {
//定义反向区域,该区域为 IPv6 的地址表示方法
type master;                             //定义区域类型为主要类型
file "named.loopback";                   //指定该区域的数据库文件为 named.loopback
allow-update { none; };                  //不允许更新
};

zone "1.0.0.127.in-addr.arpa" IN {       //定义反向区域 1.0.0.127.in-addr.arpa
type master;                             //定义区域类型为主要类型
file "named.loopback";                   //指定该区域的数据库文件为 named.loopback
allow-update { none; };                  //不允许更新
};

zone "0.in-addr.arpa" IN {               //定义反向区域 0.in-addr.arpa
type master;                             //定义区域类型为主要类型
file "named.empty";                      //指定该区域的数据库文件为 named.empty
allow-update { none; };                  //不允许更新
};
```

3.2.4 自定义区域

DNS 服务器是以区域为单位来进行管理的,用 zone 关键字来定义区域。一个区域是一个连续的域名空间,区域名称一般用双引号引起来。下面自定义一个区域:区域名为 test.com,区域类型为 master 类型,区域数据库文件名为 test.com.zone。zone 段配置代码如下。

```
zone "test.com" IN {
        type master;
        file "test.com.zone";
};
```

区域 test.com 为正向区域,同样的方法,再来定义一个用来实现 IP 地址到域名翻译的反向区域。反向区域的名称是网络地址的"逆序",即若反向区域的 IP 是 192.168.233.128,那么反向区域的名称应该是 233.168.192.in-addr.arpa,其中 .in-addr.arpa 必

须加上,arpa 表示反向域名空间的顶级域名,in-addr 表示 arpa 的下一级域名。下面自定义一个反向区域:区域名 233.168.192.in-addr.arpa,区域类型为 master 类型,区域数据库文件名为 test.com.rezone。zone 段配置代码如下。

```
zone "233.168.192.in-addr.arpa" IN {
    type master;
    file "test.com.rev";
};
```

3.3 正向区域数据库文件

上面定义了区域 test.com,接下来在/var/named 目录下需要定义区域数据库的文件 test.com.zone,配置代码如下。

```
$TTL 86400
@  IN  SOA dns.test.com. admin.test.com.(
   201810101
        1800
        3600
        604800
        86400
)
        IN  NS  dns.test.com.
dns IN  A   192.168.233.128
www     IN  A  192.168.233.127
mail IN  A   192.168.233.126
ftp  IN  CNAME  www
```

文件中首先定义了 SOA 类型的资源记录。一般情况下,SOA(Start of Authority)起始授权记录是区域数据库文件中第一条资源记录,用来表示某区域的授权服务器是哪台主机及相关参数。SOA 记录的含义如表 3-1 所示。

表 3-1　SOA 记录的含义

标　　识	含　　　　义
@	区域名称
IN	Internet 类
SOA	起始授权类型,将某区域授权给某台服务器
serial	区域数据库文件的版本号
refresh	刷新间隔,即辅 DNS 与主 DNS 服务器的同步时间间隔
retry	重试间隔
expiry	过期时间
minmum	最小生存期

文件后面还定义了几种典型的正向资源记录,具体标识含义如表 3-2 所示。

表 3-2　zheng'xiang 记录的含义

标　识	含　义
NS 记录	名字服务器类型的记录
A 记录	主机类型的记录
CNAME 记录	别名记录

使用 named-checkconf 和 named-checkzone 命令,来检查配置文件的语法是否有错误。

```
[root@abc1 ~]named-checkconf /etc/named.conf
[root@abc1 ~]#named-checkzone "test.com.zone" /var/named/test.com.zone
zone test.com.zone/IN: loaded serial 201810101
OK
```

3.4　反向区域数据库文件

正向区域数据库文件定义好后,接下来建立反向区域文件。

```
[root@abc1 ~]#vi /var/named/test.com.rev
$ TTL 86400
@  IN   SOA dns.test.com. admin.test.com.(
           201810101
           1800
           3600
           604800
           86400
)
IN    NS  dns.test.com.
128   IN  PTR dns.test.com.
127   IN  PTR www.test.com.
126   IN  PTR mail.test.com.
ftp   IN  CNAME  www
```

一般情况下,正、反向区域数据库文件的 SOA 与 NS 记录是相同的,所以只需用 PTR 类型来定义由 IP 地址到域名翻译的记录即可。

3.5　测试 DNS 服务

DNS 服务器端配置好后,接下来开始运行及测试工作。

1. 重启 DNS 服务

```
[root@abc1 ~]#service named restart
Stopping named:                              [ OK ]
```

```
Starting named:                                            [ OK ]
```

2. 测试 DNS 服务

常用的测试 DNS 服务命令有 3 种，分别是 nslookup、host 和 dig。

1）nslookup 命令

nslookup 命令后跟上要解析的域名或 IP 地址。

```
[root@abc1 ~]#nslookup dns.test.com
Server:        192.168.233.128
Address:   192.168.233.128#53

Name:      dns.test.com
Address: 192.168.233.128
```

2）host 命令

host 命令后跟上要解析的域名或 IP 地址，也可加上-a 参数，列出详细信息。

```
[root@abc1 ~]#host www.test.com
www.test.com has address 192.168.233.127
[root@abc1 ~]#host -a www.test.com
Trying "www.test.com"
;; -> > HEADER<<-opcode: QUERY, status: NOERROR, id: 63233
;; flags: qr aa rd ra; QUERY: 1, ANSWER: 1, AUTHORITY: 1, ADDITIONAL: 1

;; QUESTION SECTION:
;www.test.com.        IN   ANY

;; ANSWER SECTION:
www.test.com.    86400   IN   A   192.168.233.127

;; AUTHORITY SECTION:
test.com.    86400   IN   NS   dns.test.com.

;; ADDITIONAL SECTION:
dns.test.com.    86400   IN   A   192.168.233.128

Received 80 bytes from 192.168.233.128#53 in 0 ms
```

3）dig 命令

dig 命令后跟上要解析的域名，来显示从受请求的域名服务器返回的答复。如要进行反向查询需要加上-x 参数。

```
[root@abc1 ~]#dig mail.test.com

; <<>>DiG 9.8.2rc1-RedHat-9.8.2-0.62.rc1.el6_9.4 <<>>mail.test.com
```

```
;; global options: + cmd
;; Got answer:
;; ->>HEADER<<-opcode: QUERY, status: NOERROR, id: 47984
;; flags: qr aa rd ra; QUERY: 1, ANSWER: 1, AUTHORITY: 1, ADDITIONAL: 1

;; QUESTION SECTION:
;mail.test.com.          IN   A

;; ANSWER SECTION:
mail.test.com.    86400  IN   A   192.168.233.126

;; AUTHORITY SECTION:
test.com.    86400  IN   NS   dns.test.com.

;; ADDITIONAL SECTION:
dns.test.com.    86400   IN   A   192.168.233.128

;; Query time: 0 msec
;; SERVER: 192.168.233.128#53(192.168.233.128)
;; WHEN: Sat Feb 3 21:07:33 2018
;; MSG SIZE rcvd: 81

[root@abc1 ~]#dig -x 192.168.233.128

; <<>>DiG 9.8.2rc1-RedHat-9.8.2-0.62.rc1.el6_9.4 <<>>-x 192.168.233.128
;; global options: + cmd
;; Got answer:
;; ->>HEADER<<-opcode: QUERY, status: NOERROR, id: 18857
;; flags: qr aa rd ra; QUERY: 1, ANSWER: 1, AUTHORITY: 1, ADDITIONAL: 1

;; QUESTION SECTION:
;128.233.168.192.in-addr.arpa.   IN   PTR

;; ANSWER SECTION:
128.233.168.192.in-addr.arpa. 86400 IN   PTR   dns.test.com.

;; AUTHORITY SECTION:
233.168.192.in-addr.arpa. 86400  IN   NS   dns.test.com.

;; ADDITIONAL SECTION:
dns.test.com.    86400   IN   A   192.168.233.128

;; Query time: 0 msec
;; SERVER: 192.168.233.128#53(192.168.233.128)
```

```
;; WHEN: Sat Feb 3 21:09:06 2018
;; MSG SIZE rcvd: 102
```

3.6　辅 DNS

主 DNS 服务器(master DNS)保存的是某个区域的数据,并对此区域数据是可读可写的,即可以在该服务器上直接修改区域数据库的内容。而辅 DNS 服务器(slave DNS)保存的是某个区域的辅助版本(只读版本),它只能提供查询服务而不能在该服务器上修改该区域的内容。一般来说,辅 DNS 服务器一是作为主 DNS 服务器的备份,二是分担主 DNS 服务器的负载。

3.6.1　辅 DNS 的配置

辅 DNS 服务器的区域数据库文件是从主 DNS 服务器复制过来的,所以配置辅 DNS 服务器只需编辑 DNS 的区域配置文件即可,无须建立区域数据库文件。

1. 配置辅 DNS

配置辅 DNS 的区域配置文件,zone 段代码如下。

```
[root@abc2 ~]#vi /etc/named.rfc1912.zones
zone "test.com" IN {
type slave;
file "slaves/test.com.zone.slave";
masters {192.168.233.128;};
};

zone "233.168.192.in-addr.arpa" IN {
type slave;
file "slaves/test.com.rev.slave";
masters {192.168.233.128;};
};
```

注意,这两个区域的名称应与主 DNS 服务器中区域的名称一致。

2. 配置主 DNS

首先在主 DNS 的区域配置文件里加上辅 DNS 的信息,zone 段代码如下。

```
[root@abc1 ~]#vi /etc/named.rfc1912.zones
zone "test.com" IN {
type master;
file "test.com.zone";
allow-transfer {192.168.233.129;};
};
```

```
zone "233.168.192.in-addr.arpa" IN {
type master;
file "test.com.rev";
allow-transfer {192.168.233.129;};
};
```

然后分别在正、反向区域数据库文件里加上辅 DNS 的 NS 记录,代码如下。

```
[root@abc1 ~]#vi /var/named/test.com.zone
$TTL 86400
@  IN  SOA dns.test.com. admin.test.com. (
       201810101
       1800
       3600
       604800
       86400
)
        IN  NS  dns.test.com.
        IN  NS  dns2.test.com.
dns IN   A   192.168.233.128
www      IN  A  192.168.233.127
mail IN  A   192.168.233.126
dns2 IN  A   192.168.233.129
ftp  IN  CNAME  www
[root@abc1 ~]#vi /var/named/test.com.rev
$TTL 86400
@  IN  SOA dns.test.com. admin.test.com. (
         201810101
         1800
         3600
         604800
         86400
)
IN  NS  dns.test.com.
IN  NS  dns2.test.com.
128  IN  PTR  dns.test.com.
129  IN  PTR  dns2.test.com.
127  IN  PTR  www.test.com.
126  IN  PTR  mail.test.com.
ftp  IN  CNAME  www
```

修改好后,重新运行 DNS 服务。

```
[root@abc1 ~]#service named restart
Stopping named:                          [ OK ]
Starting named:                          [ OK ]
```

3. 启动辅 DNS 服务

```
[root@abc2 ~]#service named start
Starting named:                              [ OK ]
```

此时,辅 DNS 服务器已从主 DNS 服务器上将正、反区域数据库文件复制到了/var/named/slaves/目录下。

```
[root@abc2 ~]#ls /var/named/slaves
test.com.rev.slave test.com.zone.slave
```

3.6.2 测试辅 DNS

在辅 DNS 上,利用 dig 命令正反向查询来测试辅 DNS 服务器。

```
[root@abc2 ~]#dig -t A www.test.com @192.168.233.128


; <<>>DiG 9.8.2rc1-RedHat-9.8.2-0.62.rc1.el6_9.4 <<>>-t A www.test.com @192.
168.233.128
;; global options: + cmd
;; Got answer:
;; ->>HEADER<<-opcode: QUERY, status: NOERROR, id: 45445
;; flags: qr aa rd ra; QUERY: 1, ANSWER: 1, AUTHORITY: 2, ADDITIONAL: 2

;; QUESTION SECTION:
;www.test.com.        IN   A

;; ANSWER SECTION:
www.test.com.    86400  IN  A  192.168.233.127

;; AUTHORITY SECTION:
test.com.    86400   IN  NS  dns2.test.com.
test.com.    86400   IN  NS  dns.test.com.

;; ADDITIONAL SECTION:
dns.test.com.    86400   IN  A  192.168.233.128
dns2.test.com.   86400   IN  A  192.168.233.129

;; Query time: 0 msec
;; SERVER: 192.168.233.128#53(192.168.233.128)
;; WHEN: Sat Feb 3 23:49:26 2018
;; MSG SIZE rcvd: 115


[root@abc2 ~]#dig -x 192.168.233.129 @192.168.233.128
```

```
; <<>>DiG 9.8.2rc1-RedHat-9.8.2-0.62.rc1.el6_9.4 <<>>-x 192.168.233.129 @
192.168.233.128
;; global options: + cmd
;; Got answer:
;; ->>HEADER<<-opcode: QUERY, status: NOERROR, id: 27363
;; flags: qr aa rd ra; QUERY: 1, ANSWER: 1, AUTHORITY: 2, ADDITIONAL: 2

;; QUESTION SECTION:
;129.233.168.192.in-addr.arpa.   IN   PTR

;; ANSWER SECTION:
129.233.168.192.in-addr.arpa. 86400 IN  PTR   dns2.test.com.

;; AUTHORITY SECTION:
233.168.192.in-addr.arpa. 86400  IN  NS  dns.test.com.
233.168.192.in-addr.arpa. 86400  IN  NS  dns2.test.com.

;; ADDITIONAL SECTION:
dns.test.com.    86400  IN  A  192.168.233.128
dns2.test.com.   86400  IN  A  192.168.233.129

;; Query time: 0 msec
;; SERVER: 192.168.233.128#53(192.168.233.128)
;; WHEN: Sat Feb 3 23:51:09 2018
;; MSG SIZE rcvd: 137
```

从测试结果可以看出,辅 DNS 已经正常工作。

3.7 子   域

子域(Subdomain)是域名层次结构中的一个术语,是对某一个域进行细分时的下一级域,从而实现 DNS 的层次化和分布式。例如,test.com 是一个顶级域名,可以把 sub.test.com 配置成是它的一个子域。配置子域可以有两种方式,一种是把子域配置放在另一台 DNS 服务器上,即子域和父域在不同的 DNS 服务器上。还有一种是子域配置与父域配置放在一起,即子域和父域在同一台 DNS 服务器上。

3.7.1 父子域在同一台 DNS 服务器上

父子域在同一台 DNS 服务器上的情况又称为虚拟子域,配置方法如下。

1. 配置父域的正向区域数据库

在父域的正向区域数据库中增加子域的记录,配置代码如下。

```
$TTL 86400
```

```
@  IN  SOA dns.test.com. admin.test.com.(
201810101
        1800
        3600
        604800
        86400
)
        IN  NS  dns.test.com.
        IN  NS  dns2.test.com.
dns IN   A   192.168.233.128
www      IN  A  192.168.233.127
mail IN  A   192.168.233.126
dns2 IN  A   192.168.233.129
dns.sub1.test.com.  IN  A  192.168.233.130   //以下两行代码为直接增加的子域记录
sub1.test.com.  IN  CNAME  dns.sub1.test.com.
ftp  IN  CNAME  www
```

2. 配置父域的反向区域数据库

在父域的反向区域数据库中增加子域的 PRT 记录，配置代码如下。

```
$TTL 86400
@  IN  SOA dns.test.com. admin.test.com.(
        201810101
        1800
        3600
        604800
        86400
)
IN  NS  dns.test.com.
IN  NS  dns2.test.com.
128 IN  PTR dns.test.com.
129 IN  PTR dns2.test.com.
127 IN  PTR www.test.com.
126 IN  PTR mail.test.com.
130 IN  PTR dns.sub1.test.com.        //以下两行代码为直接增加子域的 PRT 记录
130 IN  PTR sub1.test.com.
ftp IN  CNAME www
```

3. 测试子域

重新启动 named 进程，进行测试。

```
[root@abc1 ~]#service named restart
Stopping named:                                    [ OK ]
```

```
Starting named:                              [ OK ]
[root@abc1 ~]#nslookup
>sub.test.com
Server:          192.168.233.128
Address:   192.168.233.128#53

sub.test.com   canonical name =dns.sub.test.com.
Name:   dns.sub.test.com
Address: 192.168.233.130
>192.168.233.130
Server:     192.168.233.128
Address:   192.168.233.128#53

130.233.168.192.in-addr.arpa   name =sub.test.com.
130.233.168.192.in-addr.arpa   name =dns.sub.test.com.
>exit
```

从测试结果可以看出,子域建立成功。

3.7.2　父子域在不同 DNS 服务器上

父子域在不同的 DNS 服务器上更能体现出分布式的特点,这种情况又称为区域委派,即父域将子域委派给另一台机器来管理。一般情况下,只需要做正向区域委派,很少进行反向区域委派,所以下面介绍一下正向区域配置方法。

区域委派的实现分为两部分,一是在父域 DNS 服务器的区域数据库文件中设置指向子域的记录;二是在子域 DNS 服务器上建立该子域的数据库文件。其中第二部分就是建立子域的主 DNS 服务器。

例如,建立区域 test.com 的子域 sub2.test.com,其中父域 DNS 服务器的 IP 地址为 192.168.233.128,子的 DNS 服务器为 192.168.233.131。配置方法如下。

1. 配置父域的正向区域数据库

在父域的正向区域数据库中增加指向子域 DNS 的记录,配置代码如下。

```
[root@abc1 /]#vi /var/named/test.com.zone
$TTL 86400
@   IN   SOA dns.test.com. admin.test.com.(
201810101
       1800
       3600
       604800
       86400
)
IN   NS   dns.test.com.
IN   NS   dns2.test.com.
```

```
dns IN  A  192.168.233.128
www  IN  A  192.168.233.127
mail IN  A  192.168.233.126
dns2 IN  A  192.168.233.129
dns.sub1.test.com. IN  A  192.168.233.130
sub1.test.com.  IN  CNAME  dns.sub1.test.com.
sub2.test.com.  IN  NS  dns.sub2.test.com.    //定义子域的 DNS 服务器是
                                                dns.sub2.test.com.
dns.sub2.test.com.  IN  A  192.168.233.131    //增加子域的 DNS 记录
ftp  IN  CNAME  www
```

2. 配置子域的 DNS 服务器

在子域的 DNS 服务器(192.168.233.131)上编辑主配置文件,定义区域.sub2.test.com,配置代码如下。

```
zone "sub2.test.com" IN {
type master;
file "sub2.test.com.zone";
};
```

3. 在子域的 DNS 服务器上创建子域的正向区域数据库文件 sub2.test.com.zone

配置代码如下。

```
[root@abc3 named]#vi /var/named/sub2.test.com.zone
$TTL 86400
@  IN  SOA dns.sub2.test.com. admin.sub2.test.com.(
201810105
      1800
      3600
      604800
      86400
)
IN  NS  dns.sub2.test.com.
dns.sub2.test.com.  IN  A  192.168.233.131
www  IN  A  192.168.233.131
```

4. 测试子域

子域重新启动 named 进程。

```
[root@abc3 ~]#service named restart
Stopping named:                         [ OK ]
Starting named:                         [ OK ]
```

父域重新启动 named 进程。

```
[root@abc1 ~]#serv: ice named restart
Stopping named:                        [ OK ]
Starting named:                        [ OK ]
```

在父域 DNS 服务器上进行测试。

```
[root@abc1 /]#dig -t A www.sub2.test.com @192.168.233.128

; <<>>DiG 9.8.2rc1-RedHat-9.8.2-0.62.rc1.el6_9.5 <<>>-t A www.sub2.test.com
@192.168.233.128
;; global options: + cmd
;; Got answer:
;; ->>HEADER<<-opcode: QUERY, status: NOERROR, id: 5250
;; flags: qr rd ra; QUERY: 1, ANSWER: 1, AUTHORITY: 1, ADDITIONAL: 1

;; QUESTION SECTION:
;www.sub2.test.com.        IN  A

;; ANSWER SECTION:
www.sub2.test.com.  86400  IN  A  192.168.233.131

;; AUTHORITY SECTION:
sub2.test.com.     86400  IN  NS  dns.sub2.test.com.

;; ADDITIONAL SECTION:
dns.sub2.test.com.  86400  IN  A  192.168.233.131

;; Query time: 1 msec
;; SERVER: 192.168.233.128#53(192.168.233.128)
;; WHEN: Thu Apr 12 01:32:29 2018
;; MSG SIZE rcvd: 85
```

通过以上步骤实现了正向区域委派,从测试结果可以看出子域建立成功。

3.8　高级配置

前面讨论了 DNS 服务器的基本配置内容,下面将介绍几个典型的 BIND 高级配置。

3.8.1　DNS 转发

当客户提出查询请求时,首先向自己首选 DNS 发出解析请求,如果该首选 DNS 被配置为 forwarding DNS server,那么 forwarding DNS server 会先在缓存和本地区域数据库中进行查询,若未找到相应记录,则将请求转发给 forwarder DNS server,让 forwarder DNS server 替 forwarding DNS server 进行解析。如果 forwarder DNS server 能够查到结果,则将结果返还给 forwarding DNS server,并且自己缓存一份;接着,由 forwarding

DNS server 将得到的结果应答给客户，并且自己也缓存一份，解析成功完成。如果 forwarder DNS server 没有查到结果，则将"未找到"返还给 forwarding DNS server；接着，forwarding DNS server 自己再进行一次解析，这次不再利用 forwarder DNS server，如果还不能找到，则 forwarder DNS server 返还给客户"未找到"。

　　显然，forwarding DNS server 是要利用 forwarder DNS server 进行解析的，这样可以在很大程度上减少 forwarding DNS server 的工作量。配置使用转发器 forwarder，实际上就是把自己变成 forwarding DNS server。

　　上一小节中，区域委派时只能在父域中查找到子域的记录，而子域中找不到父域的记录。如果想让子域解析父域，可以在子域的配置文件(/etc/namd. conf)中设置转发区域指向父域，这样就可以解析到父域中的主机了。主配置文件中原始内容不变，只增加一个区域文件即可，因为转发不需要数据文件。

　　在子域的 DNS 服务器(192. 168. 233. 131)上编辑文件/etc/named. conf，增加 zone 段代码配置如下。

```
zone "test.com" IN {
        type forward;
        forwarders{192.168.233.128;};
};
```

子域和父域重新启动 named 进程后，在子域上测试。

```
[root@abc3 named]#dig -t A www.test.com @192.168.233.128

; <<>> DiG 9.8.2rc1-RedHat-9.8.2-0.62.rc1.el6_9.5 <<>> -t A www.test.com @192.
168.233.128
;; global options: + cmd
;; Got answer:
;; ->>HEADER<<- opcode: QUERY, status: NOERROR, id: 53245
;; flags: qr aa rd ra; QUERY: 1, ANSWER: 1, AUTHORITY: 2, ADDITIONAL: 2

;; QUESTION SECTION:
;www.test.com.           IN  A

;; ANSWER SECTION:
www.test.com.    86400  IN  A  192.168.233.127

;; AUTHORITY SECTION:
test.com.    86400  IN  NS  dns.test.com.
test.com.    86400  IN  NS  dns2.test.com.

;; ADDITIONAL SECTION:
dns.test.com.    86400  IN  A  192.168.233.128
dns2.test.com.    86400  IN  A  192.168.233.129
```

```
;; Query time: 0 msec
;; SERVER: 192.168.233.128#53(192.168.233.128)
;; WHEN: Mon Apr 16 02:15:26 2018
;; MSG SIZE rcvd: 115
```

从以上结果可以看出,将父域 DNS 服务器作为子域 DNS 服务器的 forwarder DNS server 后,就可以实现在子域 DNS 服务器上"成功解析"父域 DNS 服务器中的记录了。

3.8.2　负载均衡

随着网络的规模越来越大,网络服务器的负担也变得越来越重。一台服务器要同时应付成千上万用户的并发访问,必然会导致服务器过度繁忙,甚至运行不稳定。为了解决这个问题,可以在 DNS 服务器上配置负载均衡功能。

DNS 负载均衡是在 DNS 服务器中为同一个域名配置多个 IP 地址(为一个主机名设置多条 A 资源记录),在应答 DNS 查询时,DNS 服务器对每个查询将以 DNS 文件中主机记录的 IP 地址按顺序返回不同的解析结果,将客户端的访问引导到不同的机器上去,使得不同的客户端访问不同的服务器,从而达到负载均衡的目的。这就是实现负载均衡的最简单的方法——轮询。下面编辑正向区域数据库文件,为域 www.test.com 增加两个 IP 地址,配置代码如下。

```
[root@abc1 named]#vi /var/named/test.com.zone
$TTL 86400
@  IN  SOA dns.test.com. admin.test.com.(
201810101
        1800
        3600
        604800
        86400
)
IN  NS  dns.test.com.
IN  NS  dns2.test.com.
dns IN  A  192.168.233.128
www IN  A  192.168.233.127    //以下两行为域 www.test.com 增加两个 IP 地址
    IN  A  192.168.233.132
    IN  A  192.168.233.133
mailIN  A  192.168.233.126
dns2IN  A  192.168.233.129
dns.sub1.test.com.  IN  A  192.168.233.130
sub1.test.com.  IN  CNAME  dns.sub1.test.com.
sub2.test.com.  IN  NS  dns.sub2.test.com.
dns.sub2.test.com.  IN  A  192.168.233.131
ftp  IN  CNAME  www
```

重新启动 named 进程后,测试。

```
[root@abc1 named]#nslookup
>www.test.com
Server:        192.168.233.128
Address:  192.168.233.128#53

Name:  www.test.com
Address: 192.168.233.127
Name:  www.test.com
Address: 192.168.233.132
Name:  www.test.com
Address: 192.168.233.133
>exit
```

在查询 www.test.com 时,DNS 服务器首先用第一条记录的值 192.168.233.127 来应答,再有查询 www.test.com 时,DNS 服务器会用第二条记录的值 192.168.233.132来应答,依次类推,循环采用相应的记录来应答客户的请求,从而实现最简单的负载均衡。

3.8.3　远程 DNS 管理——RNDC

RNDC(Remote Name Domain Controllerr)是一个远程管理 BIND 的工具,通过这个工具可以在本地或者远程了解当前服务器的运行状况,也可以对服务器进行关闭、重载、刷新缓存、增加删除 zone 等操作。

使用 RNDC 可以在不停止 DNS 服务器工作的情况进行数据的更新,使修改后的配置文件生效。在实际情况下,DNS 服务器是非常繁忙的,任何短时间的停顿都会给用户的使用带来影响。因此,使用 RNDC 工具可以使 DNS 服务器更好地为用户提供服务。在使用 RNDC 管理 BIND 前需要使用 RNDC 生成一对密钥文件,一半保存于 RNDC 的配置文件中,另一半保存于 BIND 主配置文件中。RNDC 的配置文件为/etc/RNDC.conf,在 CentOS 或者 RHEL 中,RNDC 的密钥保存在/etc/RNDC.key 文件中。RNDC默认监听在 953 号端口(TCP),其实在 BIND9 中 RNDC 默认就是可以使用,不需要配置密钥文件。

RNDC 与 DNS 服务器实行连接时,需要通过数字证书进行认证,而不是传统的用户名/密码方式。在当前版本下,RNDC 和 named 都只支持 HMAC-MD5 认证算法,在通信两端使用预共享密钥。在当前版本的 RNDC 和 named 中,唯一支持的认证算法是HMAC-MD5,在连接的两端使用共享密钥。它为命令请求和名字服务器的响应提供TSIG 类型的认证。所有经由通道发送的命令都必须被一个服务器所知道的 key_id 签名。为了生成双方都认可的密钥,可以使用 RNDC-confgen 命令产生密钥和相应的配置,再把这些配置分别放入 named.conf 和 RNDC 的配置文件 RNDC.conf 中。配置代码如下。

1. 主 DNS 端生成 rndc 命令的配置文件

```
[root@abc1 ~]#rndc-confgen >/etc/rndc.conf
```

2. 查看 rndc. conf 文件

```
[root@abc1 ~]#cat /etc/rndc.conf
#Start of rndc.conf
key "rndc-key" {
algorithm hmac-md5;
secret "6uB3kLgUWPx2/3skSJERoA==";
};

options {
default-key "rndc-key";
default-server 127.0.0.1;
default-port 953;
};
#End of rndc.conf

#Use with the following in named.conf, adjusting the allow list as needed:
#key "rndc-key" {
#    algorithm hmac-md5;
#    secret "6uB3kLgUWPx2/3skSJERoA==";
#};
#
#controls {
#    inet 127.0.0.1 port 953
#        allow { 127.0.0.1; } keys { "rndc-key"; };
#};
#End of named.conf
```

3. 配置 named. conf 文件

将 rndc. conf 文件后 11 行内容追加到 named. conf 文件，并修改 controls 字段的配置，允许管理的网络设置成 0.0.0.0，allow 字段里面加入客户端的 IP 地址，代码配置如下。

```
[root@abc1 ~]#tail -11 /etc/rndc.conf >>/etc/named.conf
[root@abc1 ~]#vi /etc/named.conf
#Use with the following in named.conf, adjusting the allow list as needed:
key "rndc-key" {
    algorithm hmac-md5;
    secret "6uB3kLgUWPx2/3skSJERoA==";
};

controls {
    inet 0.0.0.0 port 953 //这里将地址设置为 0.0.0.0,运行所有网络管理 DNS
        allow { 192.168.233.128;192.168.233.129; 127.0.0.1; } keys { "rndc-key"; };
```

```
//限定主机和客户端192.168.233.129管理DNS
};
#End of named.conf
```

4. 客户端配置

将主 DNS 端(192.168.233.128)的密钥文件远程复制到客户端(192.168.233.129)上,并修改 options 字段的配置,将 default-server 设置成主 DNS 服务器的 IP 地址,代码配置如下。

```
[root@abc2 Desktop]#scp 192.168.233.128:/etc/rndc.conf /etc
root@192.168.233.128's password:
rndc.conf                          100%  479   0.5KB/s  00:00
[root@abc2 Desktop]#vi /etc/rndc.conf
options {
default-key "rndc-key";
default-server 192.168.233.128;     //设置为主DNS服务器的IP地址
default-port 953;
};
```

5. 重启服务测试

客户端分别和主 DNS 分别重启 named 服务后,在客户端上验证。

```
[root@abc2 Desktop]#service named restart
Stopping named:                         [ OK ]
Starting named:                         [ OK ]
[root@abc1 ~]#service named restart
Stopping named:                         [ OK ]
Starting named:                         [ OK ]
[root@abc2 Desktop]#rndc -s 192.168.233.128 status
WARNING: key file (/etc/rndc.key) exists, but using default configuration file
(/etc/rndc.conf)
version: 9.8.2rc1-RedHat-9.8.2-0.62.rc1.el6_9.5
CPUs found: 1
worker threads: 1
number of zones: 21
debug level: 0
xfers running: 0
xfers deferred: 0
soa queries in progress: 0
query logging is OFF
recursive clients: 0/0/1000
tcp clients: 0/100
server is up and running
```

第4章 系统安全

4.1 加密与解密

数据加密技术,是为提高信息系统和数据的安全性和保密性,防止秘密数据被外部破译而采用的主要技术手段之一,核心技术是密码学。在实现上分别从软件和硬件两方面采取措施。

一般加密分对称加密、非对称加密、单向加密3种。

4.1.1 加密与解密基本原理

1. 数据加密的术语

任何一个加密系统都由明文、加密(解密)算法、密钥和密文组成。发送方通过加密设备或加密算法,用加密密钥将明文数据加密后变成密文发送出去。接收方在收到密文后,用解密密钥通过解密算法将密文解密为明文。在传输过程中,即使密文被非法分子偷窃获取,得到的也只是无法识别的密文,从而起到数据保密的作用,如图4-1所示。一般加密要依赖密钥的安全,加密解密的算法是公开的。

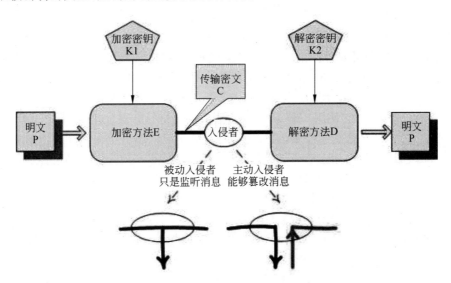

图 4-1 加密解密模型

明文,即原始的或未加密的数据。通过加密算法对其进行加密,加密算法的输入信息为明文和密钥。

密文,明文加密后的格式,是加密算法的输出信息。加密算法是公开的,而密钥则是不公开的。密文不应为无密钥的用户理解,用于数据的存储以及传输。

密钥,是由数字、字母或特殊符号组成的字符串,用它控制数据加密、解密的过程。

加密,把明文转换为密文的过程。

解密,对密文实施与加密相逆的变换,从而获得明文的过程。

加密算法,加密所采用的变换方法。

解密算法,解密所采用的变换方法。

2. 对称加密技术

对称加密采用了对称密码编码技术,它的特点是文件加密和解密使用相同的密钥,即加密密钥也可以用作解密密钥,这种方法在密码学中叫做对称加密算法,对称加密算法使用起来简单快捷,密钥较短,且破译困难,对称加密如图 4-2 所示。

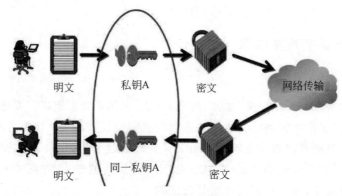

图 4-2　对称加密模型

(1) 数据加密标准(DES-Data Encryption Standard),1977 年被美国联邦政府的国家标准局确定为联邦资料处理标准。DES 算法把 64 位的明文输入块变为 64 位的密文输出块,它所使用的密钥也是 64 位(实际用到了 56 位,第 8 位、16 位、24 位、32 位、40 位、48 位、56 位、64 位是校验位,使得每个密钥都有奇数个 1)。3DES(即 Triple DES)是 DES 向 AES 过渡的加密算法,它使用 3 条 56 位的密钥对数据进行 3 次加密,是 DES 的一个更安全的变形。它以 DES 为基本模块,通过组合分组方法设计出分组加密算法。

(2) 高级加密标准(AES-Advanced Encryption Standard),是美国国家标准技术研究所 NIST 旨在取代 DES 的 21 世纪的加密标准,已经被多方分析且广为使用。AES 的基本要求是,采用对称分组密码体制,密钥的长度最少支持为 128 位、192 位、256 位,分组长度 128 位,算法应易于各种硬件和软件实现。

(3) 国际数据加密算法(IDEA),它比 DES 的加密性好,而且对计算机功能要求也没有那么高,但属于商业加密算法。IDEA 加密标准由 PGP(Pretty Good Privacy)系统使用。

(4) Blowfish 由 Bruce Schneier 发明的一种在世界范围被广泛使用的加密方式。Blowfish 使用 16 到 448 位不同长度的密钥对数据进行 16 次加密,很难对其进行解密。

此外对称加密算法还有 Twofish、RC6 等作为 AES 的候选算法。

3. 非对称加密技术

1976 年,美国学者 Dime 和 Henman 为解决信息公开传送和密钥管理问题,提出一种新的密钥交换协议,允许在不安全的媒体上的通信双方交换信息,安全地达成一致的密钥,这就是"公开密钥系统",如图 4-3 所示。相对于对称加密算法这种方法也叫做非对称加密算法。与对称加密算法不同,非对称加密算法需要两个密钥:公开密钥(publickey)和私有密钥(privatekey)。公开密钥与私有密钥是一对,如果用公开密钥对数据进行加密,只有用对应的私有密钥才能解密;如果用私有密钥对数据进行加密,那么只有用对应的公开密钥才能解密。因为加密和解密使用的是两个不同的密钥,所以这种算法叫做非对称加密算法。

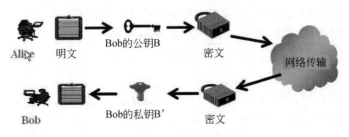

图 4-3　非对称加密模型

4. 单向加密技术

单向加密又称为不可逆加密算法(One-Way),在加密过程中不使用密钥,明文由系统加密处理成密文,密文无法解密。一般适合于验证,在验证过程中,重新输入明文,并经过同样的加密算法处理,得到相同的密文并被系统重新认证,广泛使用于口令加密。

该算法有如下特点:

(1) 对同一消息反复执行加密得到相同的密文,定长输出;

(2) 加密算法生成的密文不可预见,和明文没任何关系;

(3) 明文的任何微小的变化都会对密文产生很大影响,不产生碰撞(Collision-free);

(4) 不可逆,即不能通过密文获取明文。

比较流行的单向加密算法有 MD5、SHA 等。

MD5:MessageDigest Algorigthm 5,信息摘要算法,被广泛应用于各种软件密码认证和钥匙识别,如软件序列号。

SHA:Secure Hash Algorithm,安全哈希算法,主要适用于数字签名标准(Digital Signature Standard,DSS)里面定义的数字签名算法(Digital Signature Algorithm,DSA)。对于长度小于 2^{64} 位的消息,SHA 会产生一个 160 位的消息摘要。

5. 密钥交换算法(IKE,Inernet Key Exchange)

Diffie-Hellman 密钥交换算法是一种确保共享 KEY 安全穿越不安全网络的方法,akley 算法是对 Diffie-Hellman 密钥交换算法的优化。Whitefield 与 Martin Hellman 在 1976 年提出了一个奇妙的密钥交换协议,称为 Diffie-Hellman 密钥交换协议/算法 (Diffie-Hellman Key Exchange/Agreement Algorithm),这个机制的巧妙在于需要安全通信的双方依据各自提供的部分信息计算出双方认可的一致性的对称密钥。

(1) 通信方 A 和通信方 B 约定一个初始数 g,如 g=5,一个质数 p,如 p=23,g 和 p 是公开的,且 1<g<p,g 是 p 的一个原根。

(2) A 生成一个随机数 a,a 是保密的,如 a=6。

(3) A 计算 g^a%p 发送给 B,g^a%p=5^6%23=8。

(4) B 生成一个随机数 b,b 是保密的,如 b=15。

(5) B 计算 g^b%p 发送给 A,g^b%p=5^15%23=19。

(6) A 接收到 g^b%p 后,再使用保密的 a,计算(g^b%p)^a%p=19^6%23=2。

(7) B 接收到 g^a%p 后,再使用保密的 b,计算(g^a%p)^b%p=8^15%23=2。

(8) 这样通信方 A 和 B 得到一个相同的密钥:2。

(g^b%p)^a%p=(g^a%p)^b%p 的证明:

如果 a=2:

(g^b%p)^a%p=(g^b%p)^2%p=(g^b−n*p)^2%p=(g^(2*b)−2*g^b*n*p+(n*p)^2)%p=g^(2*b)%p

可以看出(g^b−n*p)^2 展开后除 g^(2*b)外,其他都是 p 的倍数,所以整个算式的结果是 g^(2*b)%p;

同理对(g^b−n*p)^a 展开后除 g^(a*b)外,其他都是 p 的倍数,所以整个算式的结果是 g^(a*b)%p;

同样可以得出(g^a%p)^b%p=g^(a*b)%p,

所以(g^b%p)^a%p=(g^a%p)^b%p。

整个通信过程中 g、p、g^a%p、g^b%p 是公开的,这时通过 g、p、g^a%p 得到 a 比较难,同样通过 g、p、g^b%p 得到 b 比较难,所以最终的密钥是比较安全的。质数 p 不是随便选择的,需要符合一定的条件。随机数 a、b 的生成算法也必须注意,应使结果尽可能随机,不能出现可预测的规律,否则会使破解变得容易。

6. 数据通信过程解决数据完整性、数据可靠性、数据私密性

具体实现方法如下。

(1) 数据完整性:通过对发送数据进行单向散列加密提取其特征码,对方接收数据后重新计算特征码并与发送时的特征码进行比对以鉴别数据是否被篡改。

(2) 数据可靠性:即身份认证。对提取的特征码用发送方的私钥进行加密后附加在发送数据后一同发送给接收方。接收方能够用(且只能够用)发送方的公钥进行解密,以鉴别发送文的身份。

(3) 数据私密性:发送方为确保数据不被以明文的方式直接传输,利用对称加密算法对(1)、(2)基础上获得的数据进行加密,将对称加密的密钥用接收方的公钥加密后,连同对称加密后的数据传送给接收方。

消息认证 MAC(Message Authenntication Codes):消息认证是指通过对消息或者消息有关的信息进行加密或签名变换进行的认证,目的是为了防止传输和存储的消息被有意无意地篡改,包括消息内容认证(即消息完整性认证)、消息的源和宿认证(即身份认证)及消息的序号和操作时间认证等。它在票据防伪中具有重要应用(如税务的金税系统和

银行的支付密码器）。

消息认证算法：消息认证所用的摘要算法与一般的对称或非对称加密算法不同，它并不用于防止信息被窃取（私密性），而是用于证明原文的完整性和准确性用于防止信息被篡改。消息认证算法含有密钥散列函数算法，兼容了 MD 和 SHA 算法的特性，并在此基础上加上了密钥。因此 MAC 算法也经常被称作 HMAC（Hash-based Message Authentication Code）算法。

4.1.2　数据加密解密的基本实现

用于实现加密解密及 PKI 系统的工具 Openssl 或者 gpg，本书主要介绍 Linux 发行版中的 SSL 的开源实现 Openssl 套件，它主要包括：

libcrypto，通用功能的加密库；

libssl，用于实现 TLX/SSL 的功能；

openssl，多功能命令工具，可用于密钥生成，数字证书创建，手动加密/解密数据。

1. 对称加密/解密

（1）加密：openssl enc -des3 -a -salt -in 明文文件 -out 加密文件

（2）解密：openssl enc -d -dec3 -a -salt -in 加密文件 -out 明文/解密文件

2. 单向加密

定长输出：md5：128bits；sha1：160bits；sha512：512bits

包括以下工具：sha1sum，md5sum，openssl dgst

openssl dgst［-md5 |-md4 |-md2 |-sha1 |-sha |-mdc2 |-ripemd160 |-dss1］［-out filename］/path/to/somefile

3. MAC

信息摘要码，单向加密的延伸，应用于实现在网络通信中保证所传输的数据完整性。MAC 调用单向加密算法实现。其中 CBC-MAC 使用 CRC 算法，HMAC 使用 MD5 和 SHA1 算法。

4. 密码管理

Linux 系统中的用户的密码存放在/etc/shadow 文件中，并且是以加密的方式存放的，根据加密方式的不同，所产生的加密后的密码的位数也不同。密码管理命令格式：

openssl passwd [-crypt] [-1] [-apr1] [-salt string] [-in file] [-stdin] {password}

其中常用的选项如下。

-crypt：生成标准的 UNIX 口令密文，默认选项；

-1：表示采用的是 MD5 加密算法；

-apr1：Apache md5 口令密文；

-in：表示在文件中读取密码；

-stdin：从标准输入读取密码；

-salt：指定 salt 值，8 字节的字符串。默认不指定时采用随机产生的 salt，保证即使不同用户的密码一样，所计算出来的 hash 值也不一样，除非密码一样，salt 值也一样，计算出来的 hash 值才一样。

5. 公钥加密

一般用公钥加密，私钥解密，但较少用于数据加密，主要原因是加密/解密速度慢。采用非对称加密算法进行数据加密，采用 gpg 或者 openssl rsautl 工具。

6. 数字签名

一般用私钥加密，公钥解密，采用 RSA、EIGamal、DSA 算法实现。

7. 数字证书

数字证书是一个经证书授权中心数字签名的包含公开密钥拥有者信息以及公开密钥的文件。最简单的证书包含一个公开密钥、名称以及证书授权中心的数字签名。

Openssl 实现 SSH 互信配置及私有 CA 等具体应用详见后续章节。

4.2　SSH 互信配置

4.2.1　SSH 基本原理

SSH 也是一个网络协议，用来进行安全数据传输，远程 SHELL 服务和命令执行等。Windows 客户端连接 Linux 服务器的命令行工具包括 putty、ssh client、SecureCRT、Xshell 等，Linux 客户端和服务器间相互连接使用默认安装的 OpenSSH 组件，本书先研究基于 Linux 的客户端和服务器连接。

SSH 自下而上由传输层协议、用户认证协议、连接协议 3 个层次构成。

传输层协议（SSH-TRANS）提供了服务器认证，保密性及完整性，此外还提供压缩功能。SSH-TRANS 通常运行在 TCP/IP 连接上，也可能用于其他可靠数据流上。该协议中的认证基于主机，并且该协议不执行用户认证。更高层的用户认证协议可以设计在此协议之上。SSH 的传输协议类似 SSL/TLS（Diffie-Hellman key exchange 以及对称钥匙加密）。

用户认证协议（SSH-USERAUTH）用于向服务器提供客户端用户鉴别功能。它运行在传输层协议上面。当用户认证协议开始后，它从低层协议那里接收会话标识符（从第一次密钥交换中的交换哈希）。会话标识符唯一标识此会话并且适用于标记以证明私钥的所有权。用户认证协议也需要知道低层协议是否提供保密性保护。

连接协议（SSH-CONNECT）将多个加密隧道分成逻辑通道。它运行在用户认证协议上，提供了交互式登录话路、远程命令执行、转发 TCP/IP 连接和转发 X11 连接。

客户端和服务器通过密钥交换获得共享密钥（shared session key），之后所有的传输数据都进行了加密，然后进入认证部分，认证成功后双向连接通道建立，通常是 login shell。

4.2.2　基于 Linux 客户端的 SSH 用户认证

SSH 实现用户认证有密码认证和公钥认证两种常见方法。

1. 密码认证

通过服务器端保存用户名/密码来验证用户的身份,这是最简单常用的用户认证方式,也是 SSH 默认用户认证方式。其认证过程:

SSH 客户端向服务器发起 TCP 连接(一般 22 端口)并发送 username(username 是 SSH 协议的一部分);

服务器的 SSH 守护进程(SSH daemon,sshd)回应需要密码;

SSH 客户端提示用户输入密码并发送到服务器端;

SSH 守护进程密码匹配成功,则认证通过。

基于密码认证的缺点是容易被暴力破解,不适合于管理多台服务器。若不同的服务器使用不同密码,则密码难于记忆,也不可能使用强密码。

2. 公钥认证

公钥认证(RFC4252)需要先在客户端生成公钥/私钥对,然后将客户端公钥上传到服务器的用户家目录下.ssh/authorized_keys 文件中。其认证过程如下:

SSH 客户端向服务器发起 TCP 连接(一般 22 端口);

SSH 客户端提示用户输入私钥的密码(passphrase)以解密私钥,SSH 客户端发送用私钥签名的包含用户名(username)和公钥等信息的消息;

服务器守护进程通过检查消息中指定用户的家目录下.ssh/authorized_keys 文件,确定其公钥是否可认证并验证签名的合法性并通过认证。

如果公钥认证失败,SSH 还会尝试其他认证策略,例如密码认证。多个认证策略的尝试顺序由 SSH 客户端的配置来决定,与服务器无关。

用作认证的私钥最好通过密码进行保护,否则存在安全隐患,只要私钥泄露,别人就能访问你能访问的所有远程机器。由于只有一个私钥,只需设置一个比较强的密码。带来的新问题是,每次登录都必须输入私钥的密码。简单的解决方法是生成公钥/私钥对时为私钥设置空密码,但不利于私钥的安全。

公钥认证的实现方法如下。

(1) 确保客户端 A 和服务器端 B 都安装了 openssh 组件。

```
#rpm-qa | grep openssh
```

保持服务 sshd 为开机自动运行,并默认其配置文件/etc/ssh/sshd_config。

(2) 客户端 A 生成公钥/私钥对,如图 4-4 所示。

```
#ssh-keygen [-t rsa]
```

此操作会自动在用户家目录下生成.ssh 目录和相关公钥和私钥并设置默认权限。若在提示 Enter passphrase(empty for no passphrase)和 Enter same passphrase again:

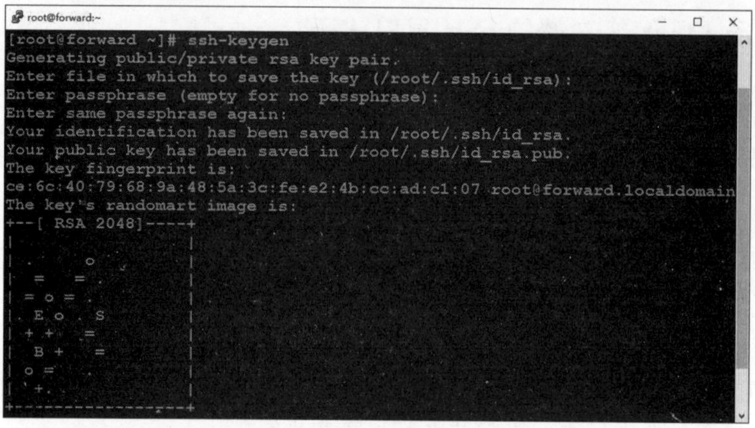

```
[root@forward ~]# ssh-keygen
Generating public/private rsa key pair.
Enter file in which to save the key (/root/.ssh/id_rsa):
Enter passphrase (empty for no passphrase):
Enter same passphrase again:
Your identification has been saved in /root/.ssh/id_rsa.
Your public key has been saved in /root/.ssh/id_rsa.pub.
The key fingerprint is:
ce:6c:40:79:68:9a:48:5a:3c:fe:e2:4b:cc:ad:c1:07 root@forward.localdomain
The key's randomart image is:
+--[ RSA 2048]----+
|                 |
| .      o        |
|  =    = .       |
| = o = .         |
|. E o . S        |
| + +   =         |
|  B +   =        |
| o =   .         |
|  +.             |
+-----------------+
```

图 4-4 生成公钥/私钥对

直接按 Enter 键则为私钥输入空密钥保护,可实现无密码访问。

(3) 将客户端 A 生成的公钥上传到服务器端 B,如图 4-5 所示。

#ssh-copy-id 服务器 IP;将客户端公钥文件追加到服务器端用户家目录下.ssh/authorized_keys 文件中,也可以用复制粘贴方式实现。

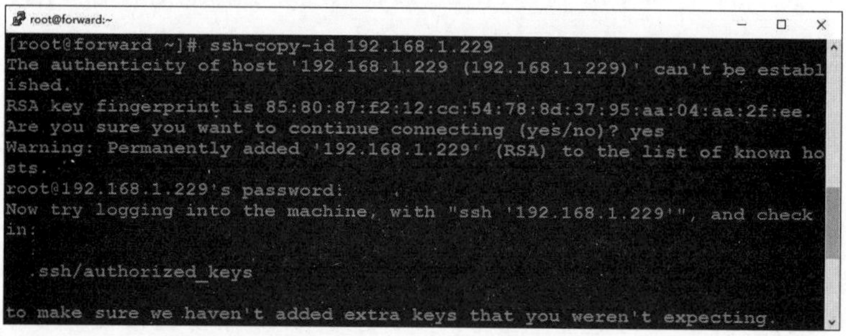

```
[root@forward ~]# ssh-copy-id 192.168.1.229
The authenticity of host '192.168.1.229 (192.168.1.229)' can't be established.
RSA key fingerprint is 85:80:87:f2:12:cc:54:78:8d:37:95:aa:04:aa:2f:ee.
Are you sure you want to continue connecting (yes/no)? yes
Warning: Permanently added '192.168.1.229' (RSA) to the list of known hosts.
root@192.168.1.229's password:
Now try logging into the machine, with "ssh '192.168.1.229'", and check in:

  .ssh/authorized_keys

to make sure we haven't added extra keys that you weren't expecting.
```

图 4-5 上传客户端公钥到服务器

(4) 客户端 A 公钥认证方式登录服务器 B。

```
#ssh 服务器 IP
```

此时若生成公钥/私钥对时提供了私钥保护密码,客户端则提示此私钥密码以实现公钥身份认证。若生成公钥/私钥对时设置空密码,则可直接登录实现无密码访问。

3. 基于 ssh-agent 的公钥认证

为解决每次登录远程机器都需要输入私钥密码的问题,同时提供私钥密码保护,SSH 代理机制 ssh-agent 被引入。ssh-agent 启动后,可通过 ssh-add 方法将私钥加入 ssh-agent 代理队列中。ssh-add 添加私钥时会一次性提示用户输入密码以解密私钥,ssh-agent 可同时管理多个私钥。

(1) 基于 ssh-agent 的公钥认证过程如下。

SSH 客户端向目标机器发起 TCP 连接(一般 22 端口);

SSH 客户端向本地的 ssh-agent 请求,得到私钥签名的包含用户和公钥等信息的消息,向服务器发送此消息和签名;

服务器守护进程通过检查消息中指定用户的家目录下 .ssh/authorized_keys 文件,确定公钥是否可用作认证并验证签名的合法性并通过认证。如果 ssh-agent 中有多个私钥,会依次尝试,直到认证通过或遍历所有私钥。这种认证方式下,私钥只存在于 ssh-agent 的队列(内存中),SSH 客户端并没有获取到私钥。

(2) 基于 ssh-agent 的公钥认证的实现如下。

① 客户端 A 生成公钥/私钥对并提供私钥密码保护,过程同公钥认证实现;

② ♯ eval `ssh-agent`　　　 ;启动 ssh-agent 并显示 Agent pid

③ ♯ ssh-add　　　　　　 ;一次性输入私钥密码,自动将客户端私钥添加到代理队列

④ ♯ ssh-add － L　　　　 ;查看已经添加到队列的密钥

⑤ ♯ ssh 服务器 IP　　　 ;自动登录到服务器 B,不用提供私钥密码

4. ssh-agent forwarding 的公钥认证

客户端 A,能通过公钥分别直接登录服务器 B 和服务器 C,但 B 和 C 之间无公钥登录。如果用户从客户端 A 登录服务器 B 后,又想从 B 登录 C(或从 B 传输文件到 C),仍然需要输入客户端私钥的密码(如果 B 上也配置了客户端用户的私钥)。ssh-agent forwarding 可有效解决这一问题。

则 A 登录 B 后,通过 B 登录 C 的 ssh-agent forwarding 的公钥认证过程如下:

(1) 用户通过基于 ssh-agent 的公钥认证方式登录 B。

用户从 B 向 C 发起 ssh 连接请求:用户通过 SSH 客户端程序向 B 本地的 agent 请求得到私钥签名的包含 username 和公钥等信息的 message。注意 B 上 ssh-agent 就没有启动,SSH 客户端程序只是检查 $SSH_AUTH_SOCK 这个环境变量是否存在,如果存在,则和这个变量指定的 domain socket 进行通信。而这个 domain socket 其实是由 server 上的 sshd 创建的。所以 SSH 客户端程序其实是和 sshd 在通信;

B 转发该请求到 A 的 SSH 客户端:因 B 的 sshd 并没有用户私钥信息,所以 B 的 sshd 其实是转发该请求到 A 的 SSH 客户端程序,再由 A 的 SSH 客户端程序将请求转发给 A 的 agent。该 agent 将需要的消息和签名准备完毕后,再将此数据按原路返回到 B 的 SSH 客户端。路径如下所示:

```
agent_A --($SSH_AUTH_SOCK)-- ssh_A --(tcp)-- \
sshd_B --($SSH_AUTH_SOCK)-- ssh_B --(tcp)-- sshd_C;
```

sh-agent forwarding 就是指所有中间节点的 sshd 和 ssh 都充当了数据转发的角色,一直将私钥的 request 转发到了客户端的 agent,然后再将客户端 agent 的 response 原路返回。事实上,通过 ssh agent forwarding,能实现任意级别的无密码登录。并且私钥只保存在客户端机器上,保证了私钥的安全。

ssh-agent forwarding 的公钥认证实现如下。

准备工作:将客户端用户的公钥分别上传到服务器 B 和 C,使用户可通过客户端 A 以 ssh-agent 的公钥认证方式分别登录服务器 B 和 C,但 B 和 C 间无公钥认证实现。

（2）用户通过客户端 A 以基于 ssh-agent 的公钥认证的方式附加代理转发功能登录服务器 B。ssh-agent forwarding 功能是默认关闭的，为实现任意级别无密码登录有两种方法。

方法一：客户端 A 连接服务器 B 时使用-A 参数

♯ssh-A B服务器的IP;-A 参数打开 ssh-agent forwarding 并在 B 上会生成＄SSH_AUTH_SOCK 环境变量，如图 4-6 所示。

```
root@B:/tmp/ssh-gvzGKR2230                          —  □  ×
[root@B /]# ll /tmp/
total 4
drwx------ 2 root root 4096 Oct  3 22:08 ssh-gvzGKR2230
[root@B /]# cd /tmp/ssh-gvzGKR2230/
[root@B ssh-gvzGKR2230]# ll
total 0
srwxr-xr-x 1 root root 0 Oct  3 22:08 agent.2230
```

图 4-6 启用 agent forwarding 后在目标机器上生成套接字

方法二：在客户端修改 ssh 的配置文件（用户配置文件～/.ssh/config 或者全局配置文件/etc/ssh/ssh_config，用户配置文件权限高于全局配置文件），打开 ssh-agent 转发功能如图 4-7 所示，其中 HostName（或 Host）指服务器 B。

图 4-7 ～/.ssh/config 配置文件

（3）在 B 服务器上通过 ssh-agent forwarding 方式登录 C。

```
#ssh C服务器 IP       ;无须用户密钥密码,直接登录成功
```

Ssh-agent forwarding 打开之后，也会存在安全的风险。如果用户 A 通过 ssh 连接 B 并打开了 agent forwarding，因为 B 上的 root 用户也有权限访问与 agent 通信的套接字，只要 root 用户将＄SSH_AUTH_SOCK 指向用户 A 对应的套接字地址，就可以以 A 的身份访问其他 A 可以访问的机器。因此请确保 agent forwarding 仅在可信任的服务器上打开。

4.2.3 基于 Windows 客户端的 SSH 用户认证

和基于 Linux 客户端的 SSH 用户认证方式类似，以远程连接工具 putty 为例实现基于 Windows 客户端 SSH 互信认证。

下载并安装 Putty 完整版。分 32 位和 64 位两种版本，根据客户端 Windows 操作系统选择下载相应的 msi 安装程序。

运行安装下载的安装程序安装 Putty 完整版，安装后目录主要包括：用于远程登录 Linux 服务器程序——putty 和用于生成 Windows 环境下的密钥程序——puttygen。

密码验证方式远程登录 Linux 服务器：

运行 putty 并配置首次登录信息，包括 Linux 服务器 Host Name(or IP address)，还可以通过 appearance 修改登录后终端字体字号、前景字体颜色、背景颜色等信息后，在 Save Sessions 输入此次连接的会话名称，方便以后再次连接。配置结果如图 4-8 所示。

单击 Open 按钮开始登录 Linux 服务器，如果第一次在此 Windows 上远程连接 Linux，会出现如图 4-9 所示的安全提示，单击"是"按钮后在出现的登录界面里输入用户名和密码，显示登录成功并出现 SHELL 提示符，如图 4-10 所示。

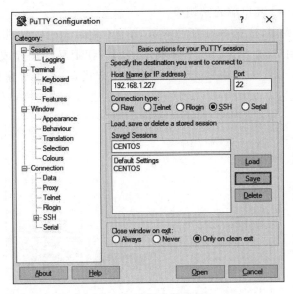

图 4-8　配置登录信息

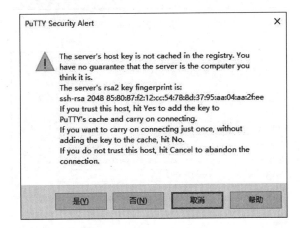

图 4-9　首次登录安全提示

图 4-10　登录服务器

1. 免密码验证方式远程登录 Linux 服务器

密码验证方式远程登录 Linux 服务器时需要输入所登录服务器对应用户名和密码，如果运维人员同时通过同一个客户端远程管理多个 Linux 服务器时需要管理多个密码。为此可通过密钥方式实现免密码验证方式远程登录 Linux 服务器。

（1）生成 Windows 客户端的密钥对。

运行 Puttygen 程序，按图 4-11 所示参数，单击【Generate】按钮，并在空白处随机晃动鼠标，生成公钥/私钥对，并单击【Save private key】按钮把私钥保存成扩展名为 .ppk 的私钥文件备用，如 id_ras_win.ppk。为实现免密码方式登录，生成密钥时保护密码 Key passphrase 应保留为空。此时不要关闭程序，保留生成的公钥的窗口如图 4-12 所示。

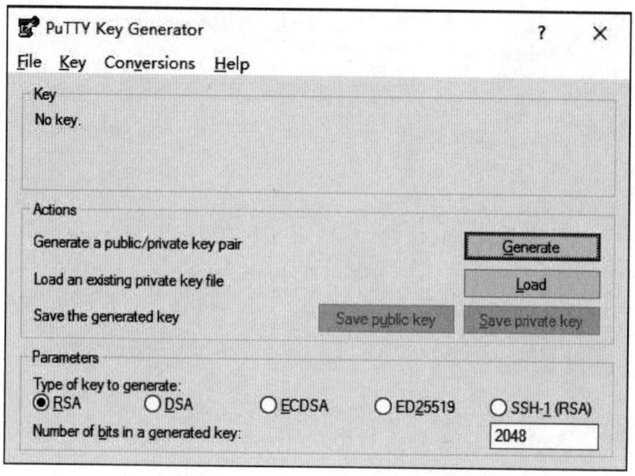

图 4-11 运行 Puttygen 程序

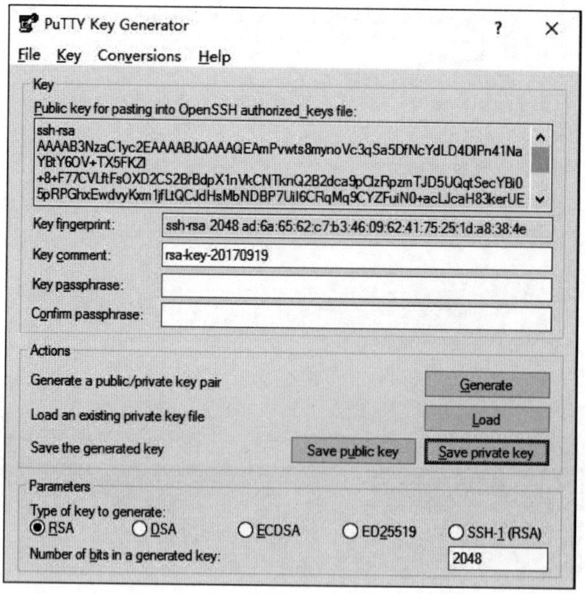

图 4-12 生成 Windows 客户端密钥对

（2）选中并复制 Public key for pasting into Open SSH authorized_keys file：下面的公钥内容到剪切板备用。

（3）通过上述密码验证方式连接远程 Linux 服务器，将上步复制的公钥粘贴到服务器用户家目录~/.ssh/authorized_keys 文件中（如图 4-13 所示）并保存，文件中已经保存了两个 rsa 格式的公钥。如果~/.ssh/authorized_keys 目录或文件不存在，可直接创建。

（注：使用 vi 编辑器时，应当先进入编辑模式后再粘贴，否则公钥串 ssh-rsa 中第 1 个字符 s 会被 vi 理解为删除并进入插入模式，其余字符被粘贴）。

图 4-13　上传公钥到远程 Linux 服务器

（4）设置 putty 密码验证方式远程登录 Linux 服务器。在 putty 配置登录信息窗口中，单击 Connection→data→Auto-login username，设置用于登录的用户名为 root。单击 SSH→Auth→Private key file for authentication，单击【Browser】选择步骤 1 中保存的私钥（如 id_rsa_win.ppk）文件。重新命名会话并保存，单击【Open】按钮可直接登录，如图 4-14 所示。

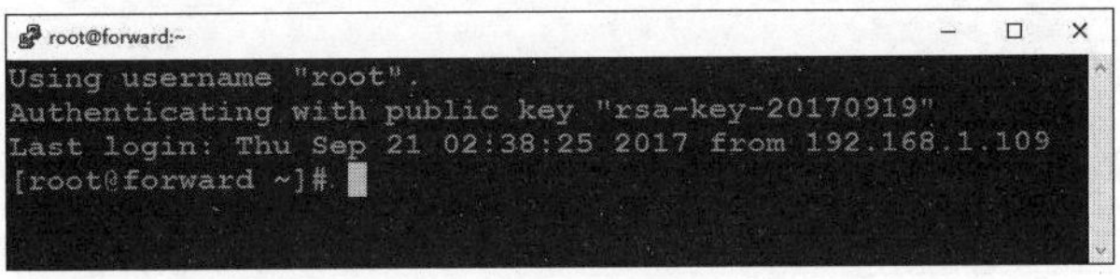

图 4-14　免密码成功登录界面

（5）设置 putty 快捷方式。右击选择"属性"命令的"快捷方式"标签页，在"目标"中输入 C:\Program Files\ putty \putty.exe-i "id_ras_win.ppk" root@192.168.1.227，如图 4-15 所示。这要求 putty 和 d_ras_win.ppk 保存在同一个目录下。

这样建立好以后，直接双击该快捷方式，也不用输入 IP 地址，就登录了远程主机。

2. 免密码登录问题及解决方案

如果免密码登录时出现如图 4-16 所示拒绝登录错误，主要原因是 ～/.ssh/authorized_keys 文件没有 SELinux 上下文属性，导致无法通过 SELinux 认证。

解决问题方法如下：

```
#restorecon -R -v /root
```

该命令的作用恢复/root 目录下所有文件的默认 SELinux 安全上下文属性。

如果不能解决问题，可先禁用 SELinux，如图 4-17 所示，删除 authorized_keys 文件，重新创建 authorized_keys 并上传客户端公钥，但一般会给系统安全带来风险。

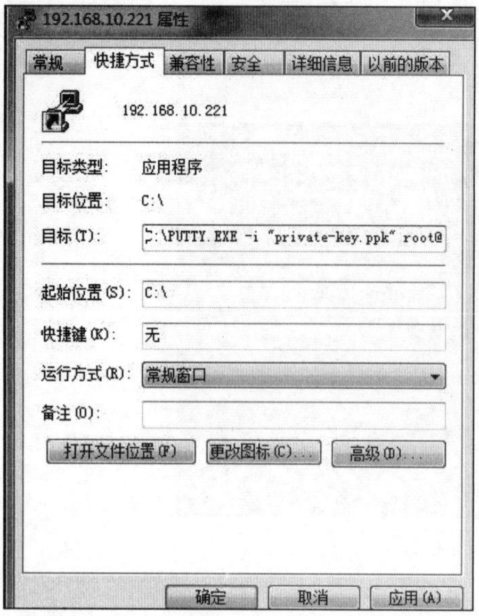

图 4-15 设置免密码登录快捷方式

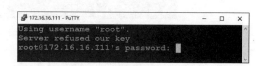

图 4-16 拒绝登录错误

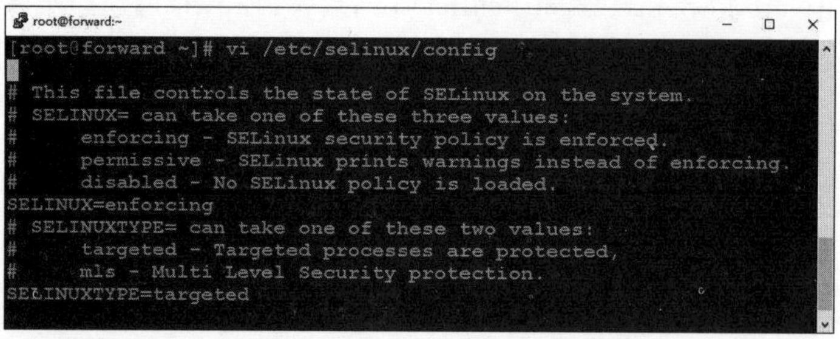

图 4-17 重新启用 SELinux

启动 enforcing，系统重启后重新标记 SELinux 策略，如图 4-18 所示。

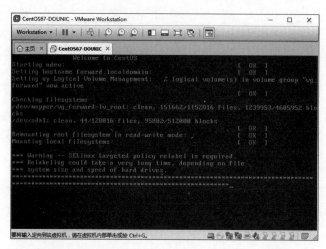

图 4-18 启用 SELinux 后重新标记 SELinux 策略

3. 密钥代理转发

Putty 客户端密钥代理转发设置如图 4-19 所示,在免密码验证方式远程登录 Linux 服务器基础上选中 Allow agent forwarding 选项。

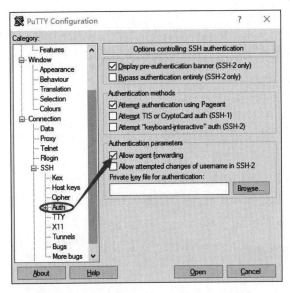

图 4-19　Putty 客户端密钥代理转发设置

4.3　基于私有 CA 的安全 Web-HTTPS

超文本传输协议 HTTP 协议被用于在 Web 浏览器和网站服务器之间传递信息。HTTP 协议以明文方式发送内容,不提供任何方式的数据加密,如果攻击者截取了 Web 浏览器和网站服务器之间的传输报文,就可以直接读懂其中的信息,因此 HTTP 协议不适合传输一些敏感信息,如信用卡号、密码等。

为了解决 HTTP 协议的这一缺陷,需要使用另一种协议 HTTPS(Hyper Text Transfer Protocol over Secure Socket Layer,安全套接字层超文本传输协议)。为了数据传输的安全,HTTPS 在 HTTP 的基础上加入了 SSL 协议,SSL 依靠证书来验证服务器的身份,并为浏览器和服务器之间的通信加密。

4.3.1　PKI

PKI(Public Key Infrastructure,公钥基础设施)是提供公钥加密和数字签名服务的系统或平台,目的是为了管理密钥和证书。一个机构通过采用 PKI 框架管理密钥和证书可以建立一个安全的网络环境。认证中心 CA 是 PKI 的核心。采用 HTTPS 的服务器必须从 CA(Certificate Authority)申请一个用于证明服务器用途类型的证书。该证书只有用于对应的服务器的时候,客户端才信任此主机。所以所有的涉密的 Web 应用如电子银行系统,关键部分应用都是 HTTPS 的。

　　CA(Certificate Authority,电子商务认证授权机构),也称为电子商务认证中心,负责发放和管理数字证书的权威机构,并作为电子商务交易中受信任的第三方,承担公钥体系中公钥的合法性检验的责任。一个组织受信任的根证书会分发给所有需要用到的 PKI 系统的用户。主流浏览器(如 IE、Mozilla、Opera 和 Safari 等)会预先安装一部分根证书,这些根证书都是受信任的证书认证机构 CA,这样由他们颁发的证书,浏览器将可以直接信任。即使移除了预先安置的根证书,当用户再访问这些被删除的根证书网站的时候,会自动将这些根证书恢复到信任列表中。CA 自签署证书。

1. 数字证书常见标准

　　① 符合 PKI ITU-T X.509 标准,传统标准(.DER .PEM .CER .CRT)
　　② 符合 PKCS♯7 加密消息语法标准(.P7B .P7C .SPC .P7R)
　　③ 符合 PKCS♯10 证书请求标准(.p10)
　　④ 符合 PKCS♯12 个人信息交换标准(.pfx ＊.p12)
　　X.509 是数字证书的基本规范,而 P7 和 P12 则是两个实现规范,P7 用于数字信封,P12 则是带有私钥的证书实现规范。

2. X.509 数字证书结构

　　1) X.509 简介
　　X.509 被广泛使用的数字证书标准,是由国际电联电信委员会(ITU-T)为单点登录(SSO-Single Sign-on)和授权管理基础设施(PMI-Privilege Management Infrastructure)制定的公钥基础设施(PKI-Public Key Infrastructure)标准。X.509 标准中,为了区别于 PMI,将 PKI 定义为支持公开密钥管理并能支持认证、加密、完整性和可追究性服务的基础设施,PMI 仅仅使用公钥技术但并不管理公开密钥。根据 X.509 的定义,PMI 完全可以看成 PKI 的一个部分。X.509 定义了(但不仅限于)公钥证书、证书吊销清单、属性证书和证书路径验证算法等证书标准。
　　2) X.509 历史和用途
　　X.509 v1 版本 1988 年发布,作为 ITU X.500 目录服务标准的一部分。它设定了一系列严格的 CA 分级体系来颁发数字证书。和其他网络信任模型(譬如 PGP)对比,任何人,不仅仅是特定的 CA,可以签发并验证其他密钥证书的有效性。
　　X.509 v2 版本引入了主体和签发人唯一标识符的概念,以解决主体或签发人名称在一段时间后可能重复使用的问题,但未得到广泛使用。
　　X.509 V3 版本是 1996 年发布最新的版本。它支持扩展的概念,因此任何人均可定义扩展并将其纳入证书中。现在常用的扩展包括:KeyUsage(仅限密钥用于特殊目的,例如"只签""极重要")和 AlternativeNames(允许其他标识与该公钥关联,例如 DNS 名、电子邮件地址、IP 地址)。
　　3) X.509 数字证书的编码
　　X.509 证书的结构是用 ASN1(Abstract Syntax Notation One)进行描述数据结构,并使用 ASN1 语法进行编码。

4）X.509 证书的结构

① X.509 证书基本部分如下。

- 版本号：标识证书的版本（版本 1、版本 2 或是版本 3）。
- 序列号：标识证书的唯一整数，由证书颁发者分配的本证书的唯一标识符。
- 签名：用于签证书的算法标识，由对象标识符加上相关的参数组成，用于说明本证书所用的数字签名算法。例如，SHA-1 和 RSA 的对象标识符就用来说明该数字签名是利用 RSA 对 SHA-1 杂凑加密。
- 颁发者：证书颁发者的可识别名（DN）。
- 有效期：证书有效期的时间段。本字段由 Not Before 和 Not After 两项组成，它们分别由 UTC 时间或一般的时间表示（在 RFC2459 中有详细的时间表示规则）。
- 主体：证书拥有者的可识别名，这个字段必须是非空的，除非在证书扩展中有可识别名。
- 主体公钥信息：主体的公钥（以及算法标识符）。
- 颁发者唯一标识符：仅在版本 2 和版本 3 中有要求，属于可选项。
- 主体唯一标识符：仅在版本 2 和版本 3 中有要求，属于可选项。

② X.509 证书扩展部分如下。

可选的标准和专用的扩展（仅在版本 2 和版本 3 中使用），主要包括：

- 发行者密钥标识符：证书所含密钥的唯一标识符，用来区分同一证书拥有者的多对密钥。
- 密钥使用：一个比特串，指明（限定）证书的公钥可以完成的功能或服务，如证书签名、数据加密等。如果某一证书将 KeyUsage 扩展标记为"极重要"，而且设置为 keyCertSign，则在 SSL 通信期间该证书出现时将被拒绝，因为该证书扩展表示相关私钥应只用于签写证书，而不应该用于 SSL。
- CRL 分布点：指明 CRL 的分布地点。
- 私钥的使用期：指明证书中与公钥相联系的私钥的使用期限，它也由 Not Before 和 Not After 组成。若此项不存在时，公私钥的使用期是一样的。
- 证书策略：由对象标识符和限定符组成，这些对象标识符与说明证书的颁发和使用策略有关。
- 策略映射：表明两个 CA 域之间的一个或多个策略对象标识符的等价关系，仅在 CA 证书里存在。
- 主体别名：指出证书拥有者的别名，如电子邮件地址、IP 地址等，别名是和 DN（Distinguished Name）绑定在一起的。
- 颁发者别名：指出证书颁发者的别名，如电子邮件地址、IP 地址等，但颁发者的 DN 必须出现在证书的颁发者字段。
- 主体目录属性：指出证书拥有者的一系列属性。可以使用这一项来传递访问控制信息。
- 可利用 openssl、gpg 系统实现 CA 并颁发证书。

4.3.2 私有 CA 实现

安全 Web 关键是通过 CA 获取相关的证书。这部分介绍如何通过 openssl 实现基于 Linux 的私有证书颁发机构 CA，并通过私有 CA 实现 CA 证书的自签。

在 openssl 组件关于 PKI 配置文件/etc/pki/tls/openssl. cnf 中声明的 CA 默认配置如图 4-20 所示。

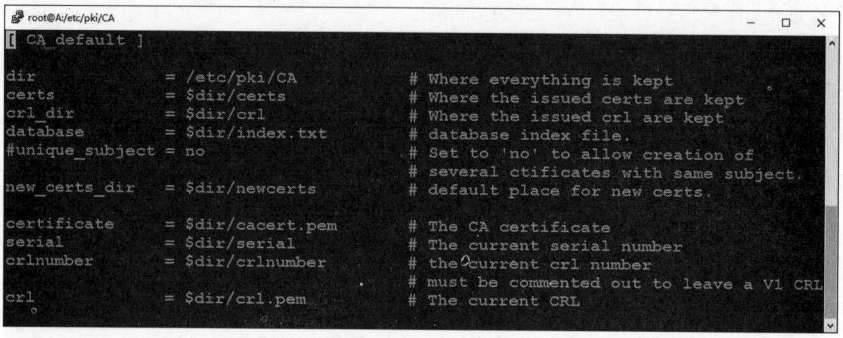

```
[ CA_default ]
dir             = /etc/pki/CA          # Where everything is kept
certs           = $dir/certs           # Where the issued certs are kept
crl_dir         = $dir/crl             # Where the issued crl are kept
database        = $dir/index.txt       # database index file.
#unique_subject = no                   # Set to 'no' to allow creation of
                                       # several ctificates with same subject.
new_certs_dir   = $dir/newcerts        # default place for new certs.

certificate     = $dir/cacert.pem      # The CA certificate
serial          = $dir/serial          # The current serial number
crlnumber       = $dir/crlnumber       # the current crl number
                                       # must be commented out to leave a V1 CRL
crl             = $dir/crl.pem         # The current CRL
```

图 4-20　CA 默认配置

其中 crl 目录是证书吊销列表；newcerts 目录是新签发的证书；index. txt 是存放证书数据库的文件，里面包含了证书的详细信息；serial 是证书编号。

（1）根据 CA 默认配置首先到要实现 CA 的服务器的/etc/pki/CA 目录下，查看 CA 相关文件及目录并生成缺少的文件。

```
#cd /etc/pki/CA
#ll
#touch /etc/pki/CA/{serial,index.txt}
```

（2）生成 CA 的 RSA 私钥并保存为 private/cakey. pem，如图 4-21 所示。

```
# (umask 077;openssl genrsa -out /etc/pki/CA/private/cakey.pem 2048)
```

```
[root@A CA]# (umask 077;openssl genrsa  -out /etc/pki/CA/private/cakey.pem  2048)
Generating RSA private key, 2048 bit long modulus
.....+++
.....+++
e is 65537 (0x10001)
```

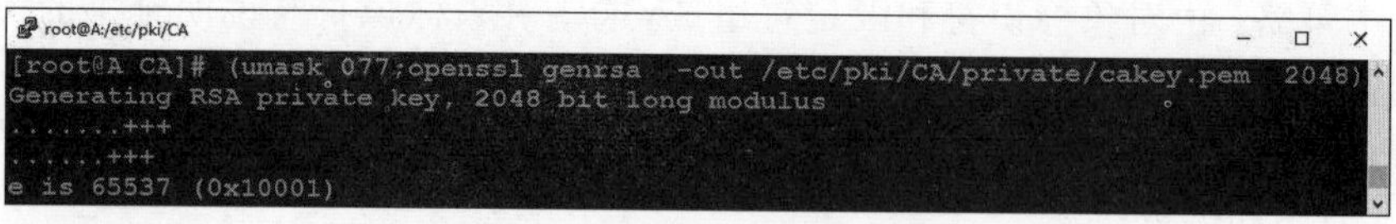

图 4-21　生成 CA 的 RSA 私钥

可根据生成的私钥 cakey. pem 导出对应公钥

```
#openssl rsa -in private/cakey.pem -pubout -text
```

（3）修改 PKI 配置文件/etc/pki/tls/openssl. cnf 设置好[req_distinguished_name] 中默认身份标识信息值，如图 4-22 所示，方便签署证书时提供国家组织等相关信息。这部分可以在签署证书时手动提供。

```
#vi ../tls/openssl.cnf
```

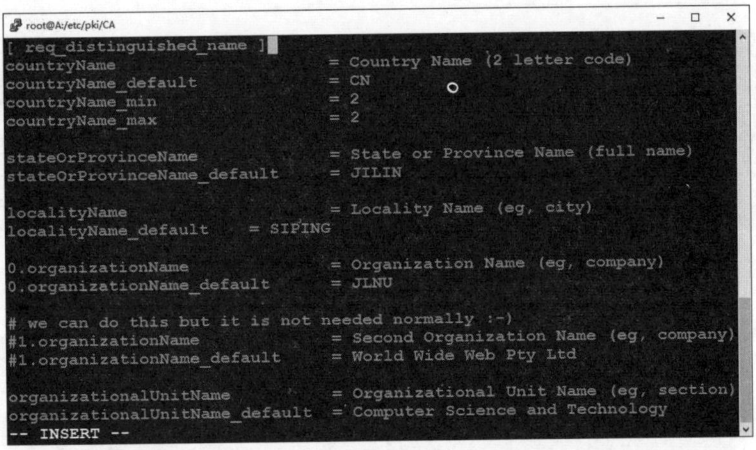

图 4-22　设置［ req_distinguished_name ］中默认信息值

（4）根据生成 CA 的私钥生成有效期为 3650 天的 x509 格式的 CA 自签证书 cacert.pem，在填写 CA 身份信息时，可根据 3 中填写的默认信息，如图 4-23 所示。

```
openssl req - new - x509 - key private/cakey.pem - out cacert.pem - days 3650
```

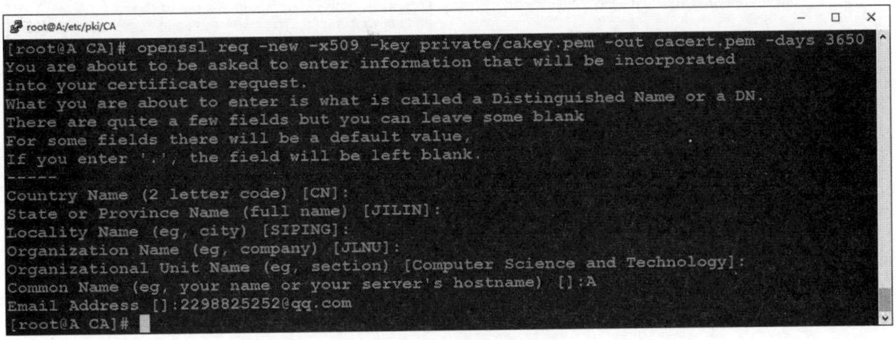

图 4-23　CA 自签证书

到此，CA 配置基本完成，可以为 http 服务器签署证书。

4.3.3　安全 Web 服务器——https 实现

1. 准备普通 Web 服务器

首先在另外一台 http 服务器上安装并配置 httpd 服务并实现普通的 Web 服务器，如图 4-24 所示。

```
#rpm -qa | grep httpd
#service httpd start
```

查看 Web 服务器页面 http://192.168.1.229，如图 4-25 所示。

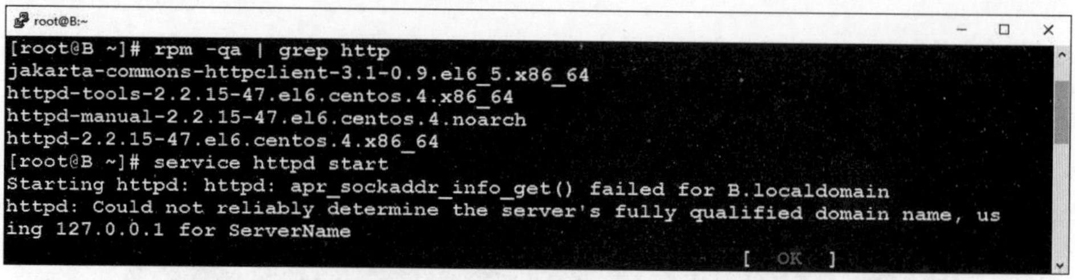

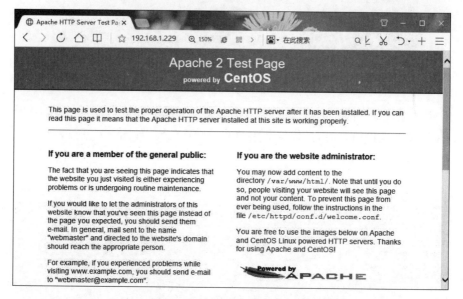

图 4-24　安装配置启动 httpd 服务

图 4-25　访问 Web 服务器页面

2. 生成 Web 服务器证书申请

（1）在 Web 主机上生成 Web 服务器密钥 httpd.key，保存至应用此证书的服务的配置文件目录下：

```
#mkdir /etc/httpd/ssl
#cd /etc/httpd/ssl
#(umask 077; openssl genrsa -out httpd.key 1024)
```

（2）根据 Web 服务器密钥 httpd.key 生成证书签署请求 httpd.csr，如图 4-26 所示。

```
#openssl req -new -key httpd.key -out httpd.csr
```

3. 上传证书申请 httpd.csr 到 CA 服务器

```
#scp httpd.csr 192.168.1.227:/tmp/
```

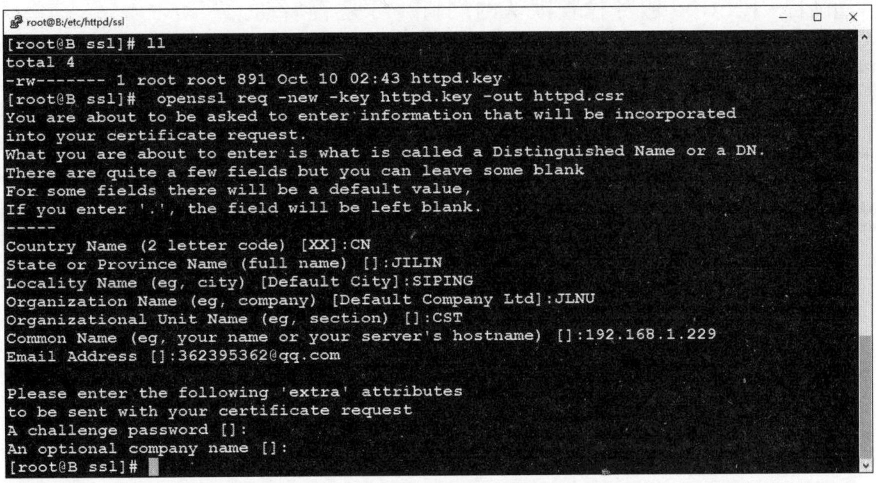

图 4-26　生成 Web 服务器证书申请

4. 在 CA 服务器上将证书申请 httpd. csr 签署为正式证书 http. crt

（1）切换到 CA 服务器的/etc/pki/CA 目录，首先生成初始证书编号。

```
#echo 01 >serial
#openssl ca -in /tmp/httpd.csr -out /tmp/httpd.crt -days 3650
```

（2）查看证书编号自动由 01 变为 02。

```
#cat serial
```

5. 将证书 httpd. crt 回传 Web 服务器，到此 CA 服务器任务完成

```
#scp /tmp/httpd.crt 192.168.1.229:/etc/httpd/ssl/
```

6. 将 Web 服务器配置为安全 Web-https

（1）查看安全 Web 相关模块 mod_ssl。

```
#rpm -qa | grep mod_ssl
```

（2）修改 Web 服务器 ssl. conf 配置文件。

```
#vi /etc/httpd/conf.d/ssl.conf
```

其中 SSLCertificateFile 指定相关证书文件为/etc/httpd/ssl/httpd. crt。
crtSSLCertificateKeyFile 指定服务器的密钥文件为/etc/httpd/ssl/httpd. key。
注意虚拟主机配置与 http 虚拟主机配置一致。
（3）检查有无语法错误。

```
#httpd - t
```

（4）重启一下 httpd 服务检查默认的端口 443 是否启动。

```
#netstat -tnl | grep 443
```

（5）从 Windows 浏览器以 https 方式访问安全 Web 服务器，如图 4-27 所示，单击【继续浏览此网站】可访问安全 Web 页面。

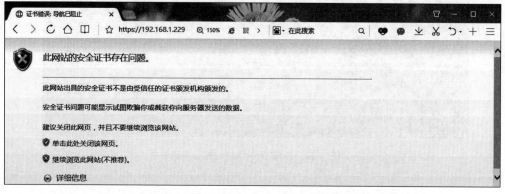

图 4-27　访问安全 Web 服务器页面

（6）吊销证书。

```
#openssl ca -revoke /path/to/somefile.crt
```

4.4　Iptables 防火墙

4.4.1　Iptables 防火墙基本原理与结构

1. 简介

Iptables 防火墙是 Linux 发行版内核默认集成的免费的包过滤防火墙，可以代替昂贵的商业防火墙解决方案，完成数据包过滤、数据包重定向和网络地址转换（NAT）等功能。

Iptables 防火墙由内核模块 netfilter 和管理工具 iptables 两部分构成，完整的名称为 netfilter/iptables 防火墙。其中，真正实现防火墙功能的是内核框架模块 netfilter，它是 Linux 内核中实现包过滤的内部结构。Iptables 是工作在 SHELL 上的 Linux 防火墙的管理工具（命令），一般位于/sbin/iptables 负责与内核的 netfilter 模块通信、建立防火墙规则等，所以 netfilter/iptables 防火墙简称 Iptables 防火墙，默认指防火墙。

Iptables 防火墙随内核演进过程如下：

- Linux2.0

ipfw/firewall

- Linux2.2

ipchain/firewall

- Linux2.4

iptables/netfilter

根据防火墙的工作原理和实现方式,防火墙分类如下:

(1) 从逻辑上讲,防火墙可以大体分为主机防火墙和网络防火墙两类。

① 主机防火墙:针对于单个主机进行防护。

② 网络防火墙:往往处于网络入口或边缘,针对于网络入口进行防护,服务于防火墙背后的本地局域网。

(2) 从实现方式上讲,防火墙可以分为硬件防火墙和软件防火墙。

① 硬件防火墙:在硬件级别实现部分防火墙功能,另一部分功能基于软件实现,性能高,成本高。

② 软件防火墙:应用软件处理逻辑运行于通用硬件平台之上的防火墙,性能低,成本低。

2. Iptables 基础

逻辑意义上的防火墙是利用 Iptables 定义的一套规则(rules)和标准,用来对数据包(报文)进行过滤,进出的数据要与这些规则按一定顺序逐一进行匹配对照,如果与某条规则匹配,则按照规则规定的动作处理;如果数据包与所有的规则都没有匹配,按照防火墙的默认规则处理。

默认规则有两种:

(1) 默认所有放行(通,ACCEPT),按一定条件设置特定规则对特定的数据包进行堵。

(2) 默认所有丢弃(堵,DROP),按一定条件设置特定规则对特定的数据包进行通。

规则其实就是网络管理员预定义的条件,如果数据包头符合这样的条件,就这样处理这个数据包,如放行(ACCEPT)、拒绝(REJECT)和丢弃(DROP)等。规则存储在内核空间的信息包过滤表中,规则一般的定义为一些条件组合,这些条件一般包括类似源地址、目的地址、传输协议(如 TCP、UDP、ICMP)和服务类型(如 HTTP、FTP 和 SMTP)等。配置防火墙的主要工作就是添加、修改和删除这些规则。

3. 防火墙逻辑结构

为实现防火墙功能,其逻辑结构设计如图 4-28 所示,包括 4 张表和 5 个链。Iptables 采用表和链的分层结构。

4. 链

链(chains)是数据包传播的路径,每一条链其实就是数据包可能经过的一个检查站,每一条链中可以有一条或数条规则。当一个数据包到达一个链时,Iptables 就会从链中第一条规则开始检查,看该数据包是否满足规则所定义的条件。如果满足,系统就会根据该条规则所定义的方法处理该数据包;否则 Iptables 将继续检查下一条规则,如果该数据包不符合链中任一条规则,Iptables 就会根据该链预先定义的默认规则来处理数据包。

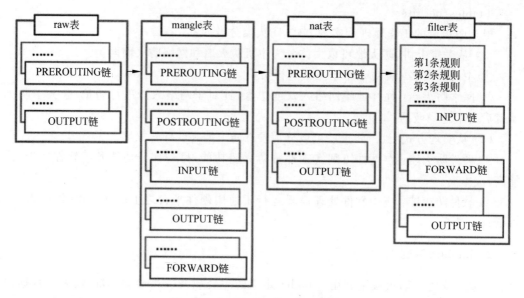

图 4-28　Iptables 四表五链逻辑结构

五链是指五个放置防火墙规则的位置,用于在这五个位置对数据包进行过滤。具体包括(如图 4-29 所示):

(1) PREROUTING——对数据包作路由选择前应用此链中的规则(所有的数据包进来的时候都先由这个链处理);

(2) INPUT——进来的数据包应用此规则链中的策略;

(3) FORWARD——转发数据包时应用此规则链中的策略;

(4) OUTPUT——外出的数据包应用此规则链中的策略;

(5) POSTROUTING——对数据包作路由选择后应用此链中的规则(所有的数据包出来的时候都先由这个链处理)。

5. 数据包传输过程

(1) 当一个数据包进入网卡时,它首先进入 PREROUTING 链,内核根据数据包目的 IP 判断是否需要转送出去。

(2) 如果数据包就是进入本机的,它就会沿着图向下移动,到达 INPUT 链。数据包到了 INPUT 链后,任何进程都会收到它。本机上运行的程序可以发送数据包,这些数据包会经过 OUTPUT 链,然后到达 POSTROUTING 链输出。

(3) 如果数据包是要转发出去的,且内核允许转发,数据包就会如图 4-30 所示向右移动,经过 FORWARD 链,然后到达 POSTROUTING 链输出。

总结上述数据包传输过程,共有 3 种流向:

(1) 进入本机用户空间进程

PREROUTING→INPUT

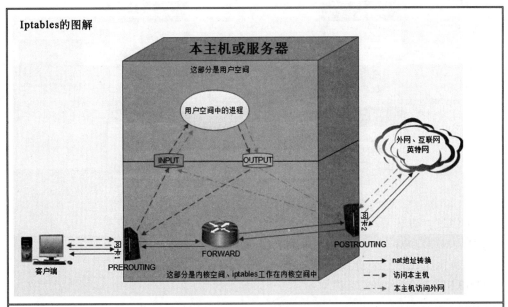

Iptables的图解

> nat：当客户端请求到达本主机时，网卡 1 (PREROUTING)接收到请求，发现目标 IP 地址不是本机的就把报文交给转发路由(FORWARD)，经过路由转发准备经由网卡 2(POSTROUTING)。但是一般客户端的 IP 地址都是私有地址，私有地址在互联网上是不能被转发的。所以当报文要出去的时候，网卡 2(POSTROUTING)就会把源 IP 地址转换为本主机的公网 IP 地址，这样就可以在访问外网时被转发以达到访问互联网的目的。

当发出去的报文得到响应，响应报文在没到达网卡 2 之前源 IP 是外网响应的 IP 地址，而目标 IP 是本主机的 IP 地址。当响应报文一进到网卡 2(POSTROUTING)就会自动把报文的目标 IP 地址转换为客户端的 IP 地址，如果不立即改为客户端的 IP 地址就会由网卡 2 直接通过 INPUT 进入用户空间导致响应报文达不到客户端。而改为目标后响应报文就会经过转发，再经过网卡 1 出去返回给客户端，这样就可以完成报文的传送。

> - - - ▶当客户端请求到达本主机时，网卡 1(PREROUTING)接收到请求，发现目标 IP 地址是本机的 IP，而后继续检查它的目标端口。如果目标端口被本机上的某个用户进程注册使用了，那这个进程监听在这个套接字上。如果检查到的这个端口的确是主机的某个进程在监听，那这个报文就会通过这个套接字经过 INPUT 进入用户空间转发给对应的进程，所以这个报文就到达本机的内部。

当用户空间的报文响应回来时，由 OUTPUT 出来注意：由本机出去的报文无论如何都不会经过转发(FORWARD)。 出来后就经网卡 1(PREROUTING)出去送达到目标客户端，这样就完成了本次报文传送。

> - · - · ▶当本主机要想与外网通信时，由用户空间中的某进程向外发送报文，首先由经 OUTPUT 出去。我们说过由本机出去的报文是不会经过转发路由的，经过网卡 2(POSTROUTING)发现是本机的 IP，也是公网地址，直接出去达到访问互联网的目的。

当发出的报文响应回来时，目标 IP 地址也是本主机的 IP 地址，所以直接检查目标端口号，由经 INPUT 进入用户空间，交给监听在目标套接字上的进程，这样就完成了此次的报文传送。

> iptables：无论如何要跟本主机通信或访问本主机都要经过这 5 个点中的其中几个，我们称为卡哨(netfilter)。 这 5 个卡哨就是 iptables 精心挑选的，所以在 iptables 中这 5 个卡哨也都是有名称的，分别是 PREROUTING、INPUT、 FORWARD、 QUTPUT、 POSTRQUTING。然而，这也仅仅只是卡哨，没有起到防御功能，要想起作用就得使用 iptables 来为这几个卡哨填充规则 。所以我们又说 iptables 是用来写规则的，而 netfilter 是用来实现规则的，这两者一起工作就组成了我们熟知的防火墙。

图 4-29　Iptables 五链示意图

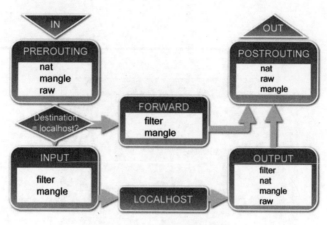

图 4-30　数据包传输过程

（2）经过本机转发

PREROUTING→FORWARD→POSTROUTING

（3）由本机用户空间进程发出

OUTPUT→POSTROUTING

6. 表

表（tables）是提供特定的功能的规则容器。Iptables 内置了如下 4 个表。

（1）filter 表，用于实现包过滤，包括 INPUT、FORWARD、OUTPUT 三个链，对应的内核模块为 iptables_filter。

（2）nat 表，网络地址转换，包括 PREROUTING、POSTROUTING、OUTPUT 三个链，对应内核模块为 iptable_nat。

（3）mangle 表，用于包重构（修改）数据包的服务类型、TTL，并且可以配置路由实现 QOS，包括 PREROUTING、POSTROUTING、INPUT、OUTPUT、FORWARD 5 个链，对应内核模块为 iptable_mangle。

（4）raw 表，用于数据跟踪处理，决定数据包是否被状态跟踪机制处理，包括 OUTPUT、PREROUTING 两个链，对应内核模块为 iptable_raw。

Iptables 采用表和链的分层结构，图 4-30 罗列了这 4 张表和 5 个链。

7. Iptables 防火墙中表和链的优先顺序

（1）规则表之间的优先顺序：

Raw→mangle→nat→filter

（2）规则链之间的优先顺序：

第一种情况：入站数据流向

从外界到达防火墙的数据包，先被 PREROUTING 规则链处理（是否修改数据包地址等），之后会进行路由选择（判断该数据包应该发往何处），如果数据包的目标主机是防火墙本机（例如 Internet 用户访问防火墙主机中的 Web 服务器的数据包），那么内核将其传给 INPUT 链进行处理(决定是否允许通过等),通过以后再交给系统上层的应用程序(例如 Apache 服务器)进行响应。

第二种情况:转发数据流向

来自外界的数据包到达防火墙后,首先被 PREROUTING 规则链处理,之后会进行路由选择,如果数据包的目标地址是其他外部地址(例如局域网用户通过网关访问 QQ 站点的数据包),则内核将其传递给 FORWARD 链进行处理(是否转发或拦截),然后再交给 POSTROUTING 规则链(是否修改数据包的地址等)进行处理。

第三种情况:出站数据流向

防火墙本机向外部地址发送的数据包(例如在防火墙主机中测试公网 DNS 服务器时),首先被 OUTPUT 规则链处理,之后进行路由选择,然后传递给 POSTROUTING 规则链(是否修改数据包的地址等)进行处理,处理流程如图 4-31 所示。

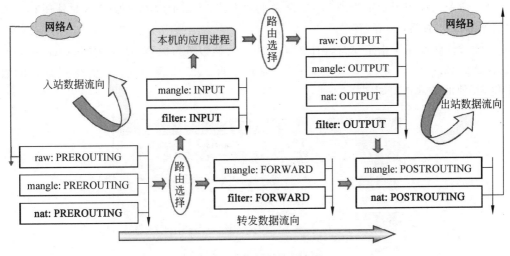

图 4-31　数据包处理流程

4.4.2　Iptables 防火墙的管理

用户 SHELL 中配置和管理防火墙规则的命令是 iptables。

1. iptables 的基本语法格式

iptables [-t 表名] 命令选项 [链名] [条件匹配] [-j 目标动作或跳转],其图形化结构如图 4-32 所示。

【示例】

```
iptables - t filter -A INPUT -p tcp --dport 22 -s 202.13.0.0/16 -j ACCEPT
```

其中:

① 表名用于指定 iptables 命令所操作的表中的哪个表,如示例中的 filter 表,省略默认为 filter 表;

② 链名用于指定 iptables 命令所操作表中的哪个链,如上例中 filter 表中的

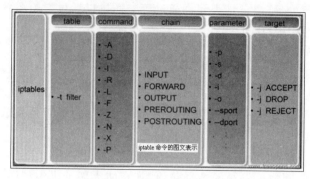

图 4-32　iptables 命令格式图示

INPUT 链；

③ 命令选项用于指定管理 iptables 规则的方式，例如示例中增加（A），此外还有插入
（I）、删除（D）、查看（L）等；

④ 条件匹配用于指定对符合什么样条件的数据包进行处理，如示例的-p tcp --dport
22 -s 202.13.0.0/16 是按 TCP 协议中，源地址来自 202.13 网段、目标为 22 号端口的数
据包，其他的条件选项如图 4-33 所示；

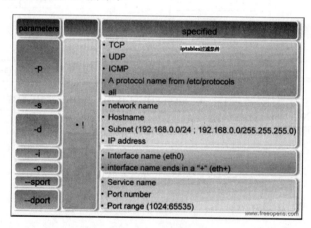

图 4-33　条件匹配

⑤ 目标动作或跳转用于指定对符合条件的数据包的处理方式，例如允许通过、拒绝、
丢弃、跳转（JUMP）给其他链处理、记录日志（LOG）等。

具体处理动作包括：ACCEPT、REJECT、DROP、REDIRECT、MASQUERADE、
LOG、DNAT、SNAT、MIRROR、QUEUE、RETURN、MARK。

ACCEPT：将数据包放行，进行完此处理动作后，将不再比对其他规则，直接跳往下
一个链（natostrouting）。

REJECT：拦阻该数据包，并传送数据包通知给对方，可以传送的数据包有几个选
择：icmp-net-unreachable、icmp-host-unreachable、icmp-port-unreachable、icmp-proto-
unreachable、icmp-net-prohibited、icmp-host-pro-hibited、icmp-admin-prohibited、ICMP
echo-reply 或 tcp-reset（这个数据包会要求对方关闭联机），默认值为 icmp-port-

unreachable。进行完此处理动作后,将不再比对其他规则,直接中断过滤程序。

示例代码:

```
iptables -A FORWARD -p TCP --dport 22 -j REJECT --reject-with tcp-reset
```

DROP:丢弃数据包不予处理,进行完此处理动作后,将不再比对其他规则,直接中断过滤程序。

REDIRECT:将数据包重新导向到另一个端口(PNAT),进行完此处理动作后,将会继续比对其他规则。这个功能可以用来实作通透式 porxy 或用来保护 Web 服务器。

示例代码:

```
iptables -t nat -A PREROUTING -p tcp --dport 80 -j REDIRECT --to-ports 8080
```

MASQUERADE:改写数据包来源 IP 为防火墙 NIC IP,可以指定 port 对应的范围,进行完此处理动作后,直接跳往下一个规则(mangleostrouting)。这个功能与 SNAT 略有不同,当进行 IP 伪装时,不需指定要伪装成哪个 IP,IP 会从网卡直接读,当使用拨号连线时,IP 通常是由 ISP 公司的 DHCP 服务器指派的,这个时候 MASQUERADE 特别有用。

示例代码:

```
iptables -t nat -A POSTROUTING -p TCP -j MASQUERADE --to-ports 1024-31000
```

LOG:将符合条件的报文的相关信息记录到日志中,但当前报文具体是被接受,还是被拒绝,都由后面的规则控制。换句话说,LOG 动作只负责记录匹配到的报文的相关信息,不负责对报文的其他处理,如果想要对报文进行进一步的处理,可以在之后设置具体规则,进行进一步的处理。进行完此处理动作后,将会继续比对其规则。系统默认将数据包相关信息纪录在 /var/log/messgae 中,也可以将相关信息记录在指定的文件中,以防止 iptables 的相关信息与其他日志信息相混淆,修改/etc/rsyslog. conf 文件(或者/etc/syslog. conf),在 rsyslog 配置文件中添加如下配置 kern. warning /var/log/iptables. log 即可将信息记录到/var/log/iptables. log 中,详细位置请查阅 /etc/syslog. conf 配置文件。完成上述配置后,重启 rsyslog 服务(或者 syslogd)。

```
#service rsyslog restart
```

LOG 动作的扩展选项如下。

--log-level 选项可以指定记录日志的日志级别,可用级别有 emerg,alert,crit,error,warning,notice,info,debug。

--log-prefix 选项可以给记录到的相关信息添加标签之类的信息,以便区分各种记录到的报文信息,方便在分析时进行过滤。它对应的值不能超过 29 个字符。

示例代码:

```
iptables -A INPUT -p tcp -j LOG --log-prefix "INPUT packets"
```

DNAT:改写数据包目的地 IP 为某特定 IP 或 IP 范围,可以指定 port 对应的范围,进行完此处理动作后,将会直接跳往下一个规则(filter:input 或 filter:forward)。

示例代码：

```
iptables -t nat -A PREROUTING -p tcp -d 15.45.23.67 --dport 80 -j DNAT --to-
destination 192.168.1.1-192.168.1.10:80-100
```

SNAT：改写数据包来源 IP 为某特定 IP 或 IP 范围，可以指定 port 对应的范围，进行完此处理动作后，将直接跳往下一个规则（mangleostrouting）。

示例代码：

```
iptables -t nat -A POSTROUTING -p tcp-o eth0 -j SNAT --to-source 194.236.50.155-
194.236.50.160:1024-32000
```

MIRROR：镜射数据包，也就是将来源 IP 与目的地 IP 对调后，将数据包送回，进行完此处理动作后，将会中断过滤程序。

QUEUE：中断过滤程序，将数据包放入队列，交给其他程序处理。透过自行开发的处理程序，可以进行其他应用，例如：计算联机费等。

RETURN：结束在目前规则链中的过滤程序，返回主规则链继续过滤，如果把自定义规则链看成是一个子程序，那么这个动作就相当于提早结束子程序并返回到主程序中。

MARK：将数据包标上某个 MARK 值为一个无符号的整数，以便提供作为后续过滤的条件判断依据，进行完此处理动作后，将会继续比对其他规则。

示例代码：

```
iptables -t mangle -A PREROUTING -p tcp --dport 22 -j MARK --set-mark 2
```

TOS：用来设置 IP 头部中的 Type Of Service 字段。

TTL：用于修改 IP 头部中 Time To Live 字段的值。

2. iptables 命令的管理控制

1）iptables 的管理

iptables 不是服务，是建立在内核框架上的，其定义的规则即时生效。但有服务脚本，服务脚本的主要作用在于管理保存的规则。

① service iptables start 装载 iptables/netfilter 相关的内核模块；

② service iptables stop 移除 iptables/netfilter 相关的内核模块；

③ service iptables status 查看 iptables 状态。

iptables/netfilter 相关的内核模块加载后，可通过 lsmod 命令查看 iptables 对应的模块，主要包括 iptables_nat、iptables_filter、iptables_mangle、iptables_raw、ip_nat、ip_conntrack 等。

2）规则备份与恢复

iptables 命令生成的规则临时被保存，供内核 netfilter 模块使用。当系统重新启动后，iptables 命令生成的规则被清空，自动加载由/ect/sysconfig/iptables 定义默认规则。为了使 iptables 命令生成的规则重启后继续生效，可以对规则进行备份以备恢复。

- Service iptables save 保存到文件/ect/sysconfig/iptables 中，供 service iptables start 时读取；
- 也可以用 iptables-save ＞ /file/to/save 保存到指定文件中；
- 使用 iptables-restore ＜ /file/from/saved file 恢复由 iptables-save 命令保存的规则。

centos7 中已经不再使用 init 风格的脚本启动服务，而是使用 unit 文件，所以在 centos7 中已经不能再使用类似 service iptables start 这样的命令了，所以 service iptables save 也无法执行。同时，在 centos7 中使用 firewall 替代了原来的 iptables service，不过不用担心，只要通过 yum 源安装 iptables 与 iptables-services 即可（iptables 一般会被默认安装，但是 iptables-services 在 centos7 中一般不会被默认安装），在 centos7 中安装完 iptables-services 后，即可像 centos6 中一样，通过 service iptables save 命令保存规则了，规则同样保存在/etc/sysconfig/iptables 文件中。

centos7 中配置 iptables-service 的步骤如下。

① 配置好 yum 源以后安装 iptables-service

```
# yum install -y iptables-services
```

② 停止 firewalld

```
# systemctl stop firewalld
```

③ 停止 firewalld 自动启动

```
# systemctl disable firewalld
```

④ ptables

```
# systemctl start iptables
```

⑤ iptables 设置为开机自动启动，以后即可通过 iptables-service 控制 iptables 服务

```
# systemctl enable iptables
```

上述配置过程只需一次，以后即可在 centos7 中方便地使用 service iptables save 命令保存 iptables 规则了。

3. iptables 命令使用总体规范

使用 iptables 命令定义规则时，遵循一定的规范，具体包括以下几方面。

1）书写规范

与链有关都是大写，动作是大写，其他的参数都是小写。具体在书写防火墙规则时应该遵循以下规范：

所有链名必须大写，如 INPUT/OUTPUT/FORWARD/PREROUTING/POSTROUTING。

所有表名必须小写，如 filter/nat/mangle。

所有动作必须大写，如 ACCEPT/DROP/SNAT/DNAT/MASQUERADE。

所有匹配必须小写，如-s/-d/-m ＜module_name＞/-p。

2）设计规范

同一个链可放置多个规则，自上而下逐一检查各规则，一旦某条规则的条件被匹配则按照该规则规定的动作执行，一般条件范围大的容易被匹配。

无关联的规则，一般大范围放在前面，小范围放在后面，减少检查次数；使用频率高的规则放在前面，如 http 比 https 范围大，使用频率高。

有关联的规则，一般相反。如允许 1.0.0.0 访问 SSH，但拒绝 1.0.0.2 的访问，得将拒绝 1.0.0.2 的规则写在前面。

4.5　TCP/IP 数据包结构

iptables 主要对 TCP/IP 的数据包（报文）进行处理，包括对报头进行分析，与规则设定的条件进行匹配，以确定数据包的流向。为此，本节介绍 TCP/IP 数据包结构，为iptables 书写规则提供依据。

4.5.1　网络分层结构

1. ISO/OSI 参考模型

OSI（Open System Interconnect）即开放式系统互联。一般都叫 OSI 参考模型，是ISO（国际标准化组织）在 1985 年研究的网络互联模型。该体系结构标准定义了网络互连的 7 层框架，包括物理层、数据链路层、网络层、传输层、会话层、表示层和应用层，如图 4-34 所示。

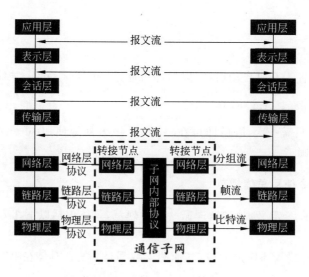

图 4-34　ISO/OSI 参考模型

（1）网络中各节点都有相同的层次；

（2）不同节点的同等层具有相同的功能；

（3）同一节点内相邻层之间通过接口通信；

（4）每一层使用下层提供的服务，并向其上层提供服务；

（5）不同节点的同等层按照协议实现对等层之间的通信；

（6）根据功能需要进行分层，每层应当实现定义明确的功能。

2. TCP/IP 参考模型

OSI 参考模型推出得较晚并且过于复杂，实际应用意义不是很大，但的确对于理解网络协议内部的运作很有帮助，也为我们学习网络协议提供了一个很好的参考，如图 4-35 所示。在现实网络世界里，TCP/IP 协议获得了更为广泛的应用，已经成为事实标准，如图 4-36 所示。

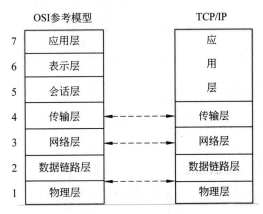

图 4-35 OSI 参考模型

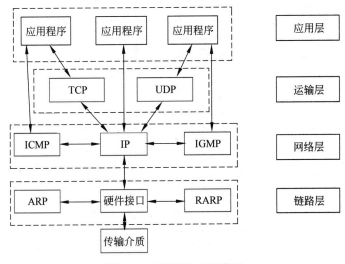

图 4-36 TCP/IP 协议模型

3. 数据封装

数据封装是指将协议数据单元（PDU）封装在一组协议头和尾中的过程。根据 TCP/

IP 协议的分层结构,当需要传送用户的数据(DATA)时,数据首先通过应用层的接口进入应用层。在应用层,用户的数据被加上应用层的报头(Application Header,AH),形成应用层协议数据单元(Protocol Data Unit,PDU),然后被递交到下一层——传输层。传输层并不"关心"上层——应用层的数据格式而是把整个应用层递交的数据包看成是一个整体进行封装,即加上表示层的报头(Presentation Header,PH)。然后,递交到下层——网络层。网络层、链路层也都要分别给上层递交下来的数据加上自己的报头,形成最终的一帧数据,如图 4-37 所示。

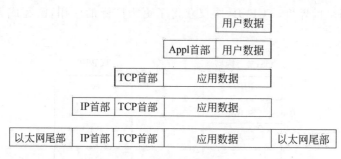

图 4-37　数据封装

4.5.2　IP 首部结构

RFC791 定义的 IP 数据报文首部结构如图 4-38 所示,前 20 字节为固定长度。

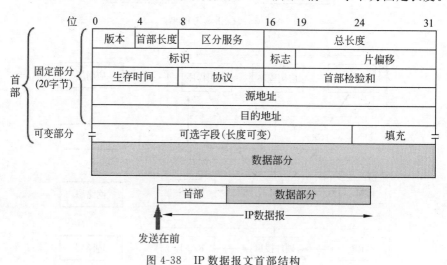

图 4-38　IP 数据报文首部结构

其定义如下:

```
/* IP 头定义,共 20 个字节 */
typedef struct _IP_HEADER
{
    char m_cVersionAndHeaderLen;        //版本信息(前 4 位),头长度(后 4 位)
    char m_cTypeOfService;              //服务类型 8 位
```

```
    short m_sTotalLenOfPACKet;              //数据包长度
    short m_sPACKetID;                      //数据包标识
    short m_sSliceinfo;                     //分片使用
    char m_cTTL;                            //存活时间
    char m_cTypeOfProtocol;                 //协议类型
    short m_sCheckSum;                      //校验和
    unsigned int m_uiSourIp;                //源 IP
    unsigned int m_uiDestIp;                //目的 IP
} __attribute__((pACKed))IP_HEADER, * PIP_HEADER;
```

对应各部分含义如下。

1. 第一个 4 字节(第一行)

(1) 版本号(Version),4 位;用于标识 IP 协议版本,IPv4 是 0100,IPv6 是 0110,也就是二进制的 4 和 6。

(2) 首部长度(Internet Header Length),4 位;用于标识首部的长度,单位为 4 字节,所以首部长度最大值为:$(2^4-1) * 4 = 60$ 字节,但一般只推荐使用 20 字节的固定长度。

(3) 服务类型(Type Of Service),8 位;用于标识 IP 包的优先级,但现在并未使用。

(4) 总长度(Total Length),16 位;标识 IP 数据报的总长度,最大为:$2^{16}-1 = 65535$ 字节。

2. 第二个 4 字节

(1) 标识(Identification),16 位;用于标识 IP 数据报,如果因为数据链路层帧数据段长度限制(MTU,支持的最大传输单元),IP 数据报需要进行分片发送,则每个分片的 IP 数据报标识都是一致的。

(2) 标志(Flag),3 位,但目前只有两位有意义;最低位为 MF,MF＝1 代表后面还有分片的数据报,MF＝0 代表当前数据报已是最后的数据报。次低位为 DF,DF＝1 代表不能分片,DF＝0 代表可以分片。

(3) 片偏移(Fragment Offset),13 位;代表某个分片在原始数据中的相对位置。

3. 第三个 4 字节

(1) 生存时间(TTL),8 位;以前代表 IP 数据报最大的生存时间,现在标识 IP 数据报可以经过的路由器数。

(2) 协议(Protocol),8 位;代表上层传输层协议的类型,1 代表 ICMP,2 代表 IGMP,6 代表 TCP,17 代表 UDP。

(3) 校验和(Header Checksum),16 位;用于验证数据完整性,计算方法为,首先将校验和位置 0,然后将每 16 位二进制反码求和即为校验和,最后写入校验和位置。

4. 第四个 **4** 字节：源 **IP** 地址

5. 第五个 **4** 字节：目的 **IP** 地址

4.5.3　TCP 首部结构

RFC793 定义的 TCP 报文首部结构如图 4-39 所示，前 20 字节为固定长度。

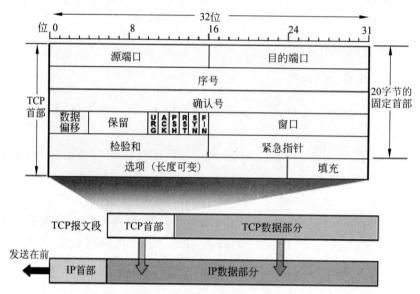

图 4-39　TCP 报文首部结构

其定义如下：

```
/* TCP 头定义,共 20 字节 */
typedef struct _TCP_HEADER
{
    short m_sSourPort;               //源端口号 16b
    short m_sDestPort;               //目的端口号 16b
    unsigned int m_uiSequNum;        //序列号 32b
    unsigned int m_uiACKnowledgeNum; //确认号 32b
    short m_sHeaderLenAndFlag;       //前 4 位：TCP 头长度;中 6 位:保留;后 6 位:标志位
    short m_sWindowSize;             //窗口大小 16b
    short m_sCheckSum;               //校验和 16b
    short m_surgentPointer;          //紧急数据偏移量 16b
}__attribute__((pACKed))TCP_HEADER, * PTCP_HEADER;
```

对应各部分含义如下。

1. 第一个 **4** 字节

（1）源端口，16 位；发送数据的源进程端口。

（2）目的端口,16 位;接收数据的进程端口。

2. 第二个 4 字节与第三个 4 字节

（1）序号,32 位;代表当前 TCP 数据段第一个字节占整个字节流的相对位置;

（2）确认号,32 位;代表接收端希望接收的数据序号,为上次接收到数据报的序号 +1,当 ACK 标志位为 1 时才生效。

3. 第四个 4 字节

（1）数据偏移,4 位;实际代表 TCP 首部长度,最大为 60 字节。

（2）6 个标志位,每个标志位 1 位。

SYN,为同步标志,用于数据同步;

ACK,为确认序号,ACK=1 时确认号才有效;

FIN,为结束序号,用于发送端提出断开连接;

URG,为紧急序号,URG=1 是紧急指针有效;

PSH,指示接收方立即将数据提交给应用层,而不是等待缓冲区满;

RST,重置连接。

（3）窗口值,16 位;标识接收方可接受的数据字节数。

4. 第五个 4 字节

（1）校验和,16 位;用于检验数据完整性。

（2）紧急指针,16 位;只有当 URG 标识位为 1 时,紧急指针才有效。紧急指针的值 与序号的相加值为紧急数据的最后一个字节位置。用于发送紧急数据。

TCP 头中的选项,每个选项的开始都是 1 个字节的 kind 字段,说明选项的类型, Kind 为 0/1 的时候,选项只占 1 个字节,其他选项在 kind 字段后面还有 len 字节,说明总 长度包括 kind 和 len 的字节,如图 4-40 所示。

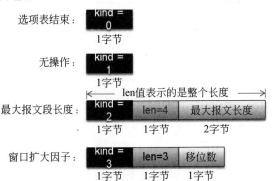

图 4-40　TCP 头中的选项

　　KIND=1 表示无操作 NOP,无后面的部分;

　　KIND=2 表示 maximum segment,后面的 LENGTH 就是 maximum segment 选项的长度(以字节为单位,1+1+内容部分长度);

　　KIND=3 表示 windows scale,后面的 LENGTH 就是 windows scale 选项的长度(以字节为单位,1+1+内容部分长度);

　　KIND=4 表示 SACK permitted,LENGTH 为 2,没有内容部分;

　　KIND=5 表示这是一个 SACK 包,LENGTH 为 2,没有内容部分;

　　KIND=8 表示时间戳,LENGTH 为 10,含 8 个字节的时间戳。

```
/*TCP头中的选项定义*/
typedef struct _TCP_OPTIONS
{
  char m_ckind;
  char m_cLength;
  char m_cContext[32];
}__attribute__((pACKed))TCP_OPTIONS, *PTCP_OPTIONS;
```

4.5.4　UDP 首部

　　RFC768 定义的 UDP 报文首部结构如图 4-41 所示,前 20 个字节为固定长度。

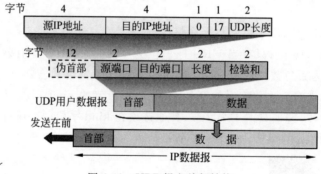

图 4-41　UDP 报文首部结构

　　其定义如下:

```
/*UDP头定义,共8个字节*/
typedef struct _UDP_HEADER
{
  unsigned short m_usSourPort;          //源端口号 16b
  unsigned short m_usDestPort;          //目的端口号 16b
  unsigned short m_usLength;            //数据包长度 16b
  unsigned short m_usCheckSum;          //校验和 16b
}__attribute__((pACKed))UDP_HEADER, *PUDP_HEADER;
```

　　对应各部分含义:

① 源端口：源端口号。在需要对方回信时选用。不需要时可全用 0；

② 目的端口：目的端口号。这在终点交付报文时必须要使用到；

③ 长度：UDP 用户数据报的长度，其最小值是 8（仅有首部）；

④ 检验和：检测 UDP 用户数据报在传输中是否有错。有错就丢弃。

4.5.5　TCP 连接的建立与断开

　　TCP 是面向连接的。建立 TCP 连接需要三次握手，而断开连接则需要四次断开。整个过程如图 4-42 所示，假定建立连接时有两个序列，客户端发送 X，服务器发送 Y。

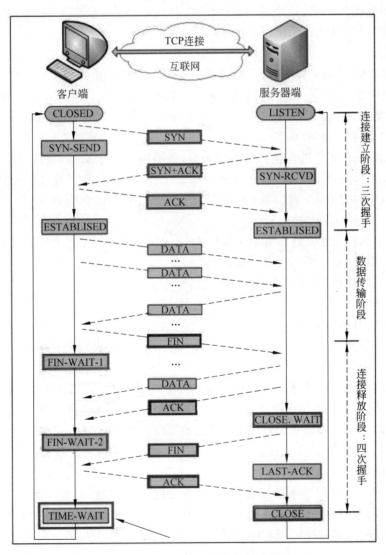

图 4-42　TCP 连接的建立与断开过程

1. 三次握手工作流程

假定客户机 A 运行的是 TCP 客户程序,服务器 B 运行的是 TCP 服务器程序。最初两端的 TCP 进程都处于 CLOSED 状态。图中在主机下面的是 TCP 进程所处的状态。A 是主动打开连接,B 是被动打开连接。B 的 TCP 服务器进程先创建传输控制模块 TCB,准备接受客户进程的连接请求,然后服务器进程就处于 LISTEN(监听)状态,等待客户的连接请求。

(1) 首先 A 的 TCP 客户进程向 B 发出连接请求报文段,这时首部中的同步位 SYN=1,同时选择一个初始序号 seq=x。TCP 规定,SYN 报文段(即 SYN=1 的报文段)不能携带数据,但要消耗掉一个序号。这时,A 的客户进程就进入 SYN-SENT(同步已发送)状态。

(2) B 收到连接请求报文段后,向 A 发送确认。在确认报文段中把 SYN 和 ACK 位都置为 1,确认号是 ACK=x+1,同时也为自己选择一个初始序号 seq=y。请注意,这个报文段也不能携带数据,但同样要消耗掉一个序号。这时 B 的 TCP 服务器进程就进入 SYN-RCVD(同步已收到)状态。

(3) A 的 TCP 客户进程收到 B 的确认后,还要向 B 给出确认。确认报文段的 ACK 置为 1,确认号 ACK=y+1,而自己的序号 seq=x+1。这时,TCP 连接已经建立,A 进入 ESTABLISHED(已建立连接)状态,当 B 收到 A 的确认后,也会进入 ESTABLISHED 状态。

以上给出的连接建立过程就是常说的 TCP 三次握手。举个打电话的例子:

A:你好我是 A,你听得到我在说话吗?

B:听到了,我是 B,你听到我在说话吗?

A:嗯,听到了。

建立连接,开始聊天。

为什么 A 还要发送一次确认呢? 这主要是为了防止已失效的连接请求报文段突然又传送到了 B,因而产生错误。

假定 A 发出的某一个连接请求报文段在传输的过程中并没有丢失,而是在某个网络节点长时间滞留了,以致延误到连接释放以后的某个时间才到达 B。本来这是一个早已失效的报文段。但 B 收到此失效的连接请求报文段后,就误以为 A 又发了一次新的连接请求,于是向 A 发出确认报文段,同意建立连接。假如不采用三次握手,那么只要 B 发出确认,新的连接就建立了。

由于 A 并未发出建立连接的请求,因此不会理睬 B 的确认,也不会向 B 发送数据。但 B 却以为新的运输连接已经建立了,并一直等待 A 发来数据,因此白白浪费了许多资源。三次握手的具体参数如图 4-43 所示。

【示例】

```
IP 192.168.1.116.3337 -->192.168.1.123.7788: S 3626544836:3626544836
IP 192.168.1.123.7788 - - > 192.168.1.116.3337: S 1739326486:1739326486
ACK 3626544837
```

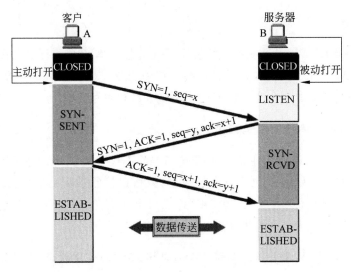

图 4-43　三次握手的具体参数

```
IP 192.168.1.116.3337 -->192.168.1.123.7788: ACK 1739326487,ACK 1
```

说明：

第一次握手：192.168.1.116 发送位码 SYN＝1，随机产生 seq number＝3626544836 的数据包到 192.168.1.123，192.168.1.123 由 SYN＝1 知道 192.168.1.116 要求建立联机；

第二次握手：192.168.1.123 收到请求后要确认联机信息，向 192.168.1.116 发送 ACK number＝3626544837，SYN＝1，ACK＝1，随机产生 seq＝1739326486 的包；

第三次握手：192.168.1.116 收到后检查 ACK number 是否正确，即第一次发送的 seq number＋1，以及位码 ACK 是否为 1，若正确，192.168.1.116 会再发送 ACK number＝1739326487，ACK＝1，192.168.1.123 收到后确认 seq＝seq＋1，ACK＝1 则连接建立成功。

2. 四次断开工作流程

第一次断开：主机 A 向主机 B 发送 FIN 报文段，表示关闭数据传送，主机 A 进入 FIN_WAIT_1 状态，表示没有数据要传输了；

第二次断开：主机 B 收到 FIN 报文段后进入 CLOSE_WAIT 状态（被动关闭），然后发送 ACK 确认，表示同意关闭请求了，主机 A 到主机 B 的数据链路关闭，主机 A 进入 FIN_WAIT_2 状态；

第三次断开：主机 B 等待主机 A 发送完数据，发送 FIN 到主机 A 请求关闭，主机 B 进入 LAST_ACK 状态；

第四次断开：主机 A 收到主机 B 发送的 FIN 后，回复 ACK 确认到主机 B，主机 A 进入 TIME_WAIT 状态。主机 B 收到主机 A 的 ACK 后就关闭连接了，状态为 CLOSED。主机 A 等待 2MSL，仍然没有收到主机 B 的回复，说明主机 B 已经正常关闭了，主机 A 关闭连接。

3. 孤儿连接

连续停留在 FIN_WAIT2 状态可能发生孤儿连接。客户端执行半关闭状态后，未等服务器关闭连接就直接退出了，此时客户端连接由内核接管。Linux 为防止孤儿连接长时间存在内核中，定义了两个变量指定孤儿连接数目和生存时间。

4. 为什么要四次断开而不是三次

当主机 B 发送 ACK 确认主机 A 的 FIN 时，并不代表主机 B 的数据发送完毕，主机 A 发送完 FIN 处于半关闭状态（不能发送数据，但可以接收数据），所以要等待主机 B 的数据发送完毕后，发出 FIN 关闭连接请求时，主机 B 才进入 CLOSED 状态，主机 A 再发送 ACK 确认关闭进入 CLOSE 状态。

5. 为什么 TIME_WAIT 状态要等 2MSL 才进入 CLOSED 状态

MSL(Maximum Segment Lifetime)：报文最大生存时间，是任何报文段被丢弃前在网络内的最长时间。当主机 A 回复主机 B 的 FIN 后等待 2MSL，即确保两端的应用程序结束。

如果主机 A 直接进入 CLOSED 状态，由于 IP 协议不可靠性或网络问题，导致主机 A 最后发出的 ACK 报文未被主机 B 接收到，那么主机 B 在超时后继续向主机 A 重新发送 FIN，而主机 A 已经关闭，那么找不到向主机 A 发送 FIN 的连接，主机 B 这时收到 RST 并把错误报告给高层，不符合 TCP 协议的可靠性特点。

如果主机 A 直接进入 CLOSED 状态，而主机 B 还有数据滞留在网络中，当有一个新连接的端口和原来主机 B 的相同，那么当原来滞留的数据到达后，主机 A 认为这些数据是新连接的，而实际上是原来连接的数据，造成混乱。等待 2MSL 确保本次连接所有数据消失，如图 4-44 所示。

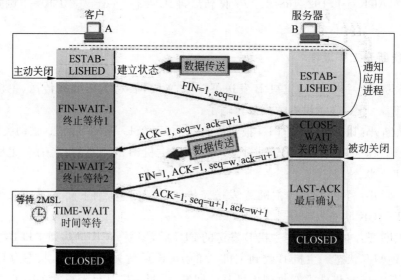

图 4-44　TIME_WAIT 状态

4.6　防火墙的基本配置

iptables 命令格式(见 4.4.2 节部分)中常见的命令选项如下。

-A　在指定链的末尾添加(append)一条新的规则。

-D　删除(delete)指定链中的某一条规则,可以按规则序号和内容删除。

-I　在指定链中插入(insert)一条新的规则,默认在第一行添加。

-R　修改、替换(replace)指定链中的某一条规则,可以按规则序号和内容替换。

-L　列出(list)指定链中所有的规则进行查看。

-E　重命名用户定义的链,不改变链本身。

-F　清空(flush)。

-N　新建(new-chain)一条用户自己定义的规则链。

-X　删除指定表中用户自定义的规则链(delete-chain)。

-P　设置指定链的默认策略(policy)。

-Z　将所有表的所有链的字节和数据包计数器清零。

-V　查看版本(version)。

-h　获取帮助(help)。

下面介绍主要命令选项及其功能,用来管理和配置防火墙中的相关规则。

4.6.1　规则查看(-L)

基本格式:

```
iptables [-t 表名][-v -x-n --line-numbers ]-L [链名]
```

其中,表名默认指 filter 表,链名默认指表中所有链。

♯iptables -L 命令将显示 filter 表中所有三个链的所有规则。

此外,还可以通过附加选项进一步定制显示规则的内容。

-v 选项:verbose,表示详细的,冗长的。此选项会显示更详细的信息(更多字段),如计数器记录的规则匹配到的报文数量与总大小等的信息。

```
#iptables -v -L INPUT　 或者　 #iptables -vL INPUT
```

这些字段就是规则对应的属性,就是规则的各种信息。这些字段对应表示如下信息,在后续实际配置过程中会更加明白,此处大致了解即可。

pkts:对应规则匹配到的报文的个数。

bytes:对应匹配到的报文包的大小总和。

target:规则对应的 target,往往表示规则对应的动作,即规则匹配成功后需要采取的措施。

prot:表示规则对应的协议,是否只针对某些协议应用此规则。

opt:表示规则对应的选项。

in:表示数据包由哪个接口(网卡)流入,可以设置通过哪块网卡流入的报文需要匹配当前规则。

out：表示数据包由哪个接口（网卡）流出，可以设置通过哪块网卡流出的报文需要匹配当前规则。

source：表示规则对应的源头地址，可以是一个 IP，也可以是一个网段。

destination：表示规则对应的目标地址。可以是一个 IP，也可以是一个网段。

-n 选项：表示以数字形式显示相关信息，不对相关信息（如 IP、端口号等）进行名称解析。如上例中的源地址与目标地址都为 anywhere，防火墙默认进行了名称解析，但是在规则非常多的情况下如果进行名称解析，效率会比较低。所以，可以使用-n 选项不对 IP 地址进行名称反解，直接显示 IP 地址。

```
#iptables -n -L INPUT   或者  #iptables -nL INPUT
```

--line-number 选项：可简写为--line，显示规则在链中的编号，在插入、删除、修改时提供依据，或者在查看时提供方便。

```
#iptables --line-number-L INPUT   或者  #iptables -line -L INPUT
```

-x 选项：表示显示精确的计数值。当被匹配到的包达到一定数量时，计数器会自动将匹配到的包的大小转换为可读性较高的单位。如果想要查看精确的计数值，而不是经过可读性优化过的计数值，可以使用-x 选项。

```
#iptables -v -x -L INPUT   或者  #iptables -vxL INPUT
```

4.6.2　规则删除（-D）

如果想要删除 filter 表中 INPUT 中的某条规则，有如下两种方法。

方法一：根据规则的编号去删除规则。

基本格式：

```
iptables [-t 表名] -D 链名规则编号
```

iptables -D INPUT 3 表示删除 filter 表中 INPUT 链的第 3 条规则，后续规则编号按顺序前移。

方法二：根据具体的匹配条件与动作删除规则。

基本格式：

```
iptables [-t 表名] -D 链名 匹配条件与动作
```

#iptables -D INPUT － s 192.168.1.226 － j ACCEPT 表示删除源地址为 192.168.1.226，动作为 ACCEPT 的规则。

4.6.3　规则清空（-F）

删除指定表中指定链中的所有规则。

基本格式：

```
iptables [-t 表名] -F [链名]
```

-F 选项为 flush 之意,即冲刷指定的链,即删除指定链中的所有规则,但是注意,此操作相当于删除操作,在没有保存 iptables 规则的情况下,请慎用。

不指定链名,则删除指定表中的所有链和所有规则。

iptables -F 将清空 filter 表所有 3 个链中的所有规则。

4.6.4　默认规则(-P)

清空系统默认规则,在从全新环境开始按用户要求配置具体防火墙规则前,首先要设定相关链的默认规则(黑白名单)。

基本格式:

```
iptables [-t 表名] -P 链名 默认规则
```

iptables -P INPUT DROP 设定 filter 表中 INPUT 链的默认规则为 DROP(黑名单)。其他表中的链的默认规则类同处理。一般白名单(ACCEPT)先开放所有,关闭特定匹配条件数据包,设置相对宽松,系统默认为白名单;黑名单则相反,设置相对严格。在学习过程中建议采用默认的白名单。

4.6.5　规则添加

本节重点介绍主机防火墙规则定义,NAT 表及 FORWARD 链具体应用后续介绍。以 filter 表为基础,在系统默认策略 ACCEPT 情况下,向相关 INPUT、OUTPUT 链添加相关规则,重点理解条件匹配在规则定义中的应用。

基本格式:

```
iptables [-t 表名] -I 链名[规则编号][!条件匹配]　[-j 目标动作或跳转]
```

在添加相关规则前,主机 A(192.168.1.227)可以 ping 通主机 B,如图 4-45 所示。

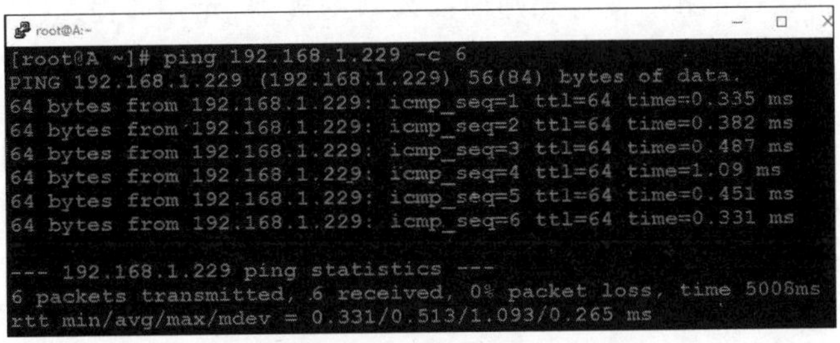

图 4-45　添加规则前 A 和 B 互通

禁止其他主机 ping 通主机 B,则在 B 上添加防火墙规则如下:

```
#iptables -I INPUT -d 192.168.1.229 -j DROP
```

其中,省略规则编号则默认从最后一个规则开始编号;匹配条件-d 192.168.1.229 表示目标地址为 192.168.1.229 的所有数据包;-j DROP 表示匹配的数据包进行丢弃处理。

若通过 putty 等远程连接工具连接主机 B,执行这条命令后网络连接发生中断,说明防火墙规则已经立即生效,关闭了所有连接数据包通过,包括通过 22 号端口的远程连接,如图 4-46 所示。

图 4-46　添加规则后 A 无法远程连接 B

iptables – L INPUT 在主机 B 的本机终端显示添加的规则,如图 4-47 所示。

图 4-47　显示添加的规则

主机 A 上测试也无法 ping 通 B,如图 4-48 所示。

```
[root@A ~]# ping 192.168.1.229 -c 6
PING 192.168.1.229 (192.168.1.229) 56(84) bytes of data.

--- 192.168.1.229 ping statistics ---
6 packets transmitted, 0 received, 100% packet loss, time 15004ms
```

图 4-48　添加规则后 A 无法连接 B

在主机 B 的 INPUT 链上现有规则前插入新的规则,允许远程连接:

iptables - I INPUT 1 - d 192.168.1.229 - p tcp - m tcp --dport 22 - j ACCEPT

其中-m tcp --dport 22 表示扩展条件匹配,详见 4.7 节。此时可正常远程连接主机 B 并显示 INPUT 链详细规则,说明第 1 条链上远程连接已经通过 116 个包、10992 个字节的数据。

iptables -v -L INPUT 显示新添加规则及规则匹配的数据包,如图 4-49 所示。

```
[root@B ~]# iptables -v -L INPUT
Chain INPUT (policy ACCEPT 2 packets, 458 bytes)
 pkts bytes target     prot opt in     out     source          destination
  116 10992 ACCEPT     tcp  --  any    any     anywhere        192.168.1.229
              tcp dpt:ssh
  115  9773 DROP       all  --  any    any     anywhere        192.168.1.229
```

图 4-49　显示新添加规则

4.6.6 规则修改

基本格式：

```
iptables [-t 表名] -R 链名 规则编号 规则新的匹配条件 -j 动作
```

修改 INPUT 链上的第 2 条规则，只允许主机 A 可以 ping 通主机 B，其他主机不允许，使用条件取反操作。

```
#iptables -R INPUT 2 ! -s 192.168.1.227 -d 192.168.1.229 -p icmp -j DROP
```

修改后的规则如图 4-50 所示。

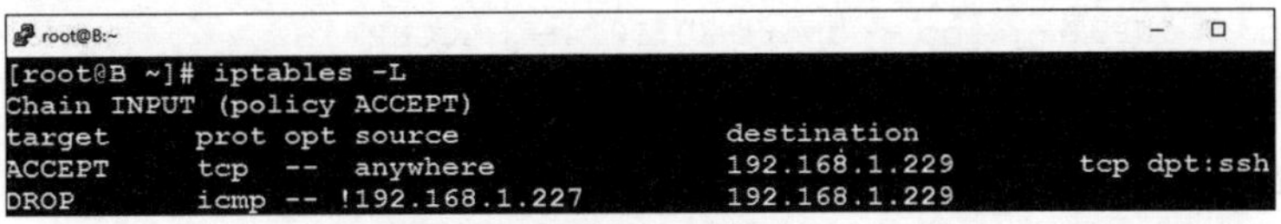

```
[root@B ~]# iptables -L
Chain INPUT (policy ACCEPT)
target     prot opt source                destination
ACCEPT     tcp  --  anywhere             192.168.1.229          tcp dpt:ssh
DROP       icmp --  !192.168.1.227       192.168.1.229
```

图 4-50 规则修改

4.6.7 自定义链

除了 Iptables 的默认五链外，还可能需要自定义链。如当默认链中的规则非常多时，不方便管理，这些规则有针对 httpd 服务的，有针对 sshd 服务的，有针对私网 IP 的，有针对公网 IP 的。如果要修改针对 httpd 服务的相关规则，还要从头检查一遍所有的规则，这显然不方便。可以通过自定义链 HTTP_IN 将所有针对 Web 的入站规则都写入到这条自定义链中，当以后想要修改针对 Web 服务的入站规则时，就直接修改 HTTP_IN 链中的规则就可以解决上述问题。

自定义链并不能直接使用，而是需要被默认链引用才能够使用。

① 创建自定义链：# iptables [-t 表名] -N 自定义链名。

② 引用自定义链：# iptables [-t 表名] -I 链名 匹配条件 -j 自定义链名。

③ 重命名自定义链：# iptables -E 原自定义链名 新自定义链名。

④ 删除自定义链：# iptables -X 自定义链名。

注意：删除自定义链需要满足两个条件：

▪ 自定义链没有被引用；

▪ 自定义链中没有任何规则。

【实例 4-1】

① 封堵网段(192.168.1.0/24)，两小时后解封。

```
[root@server ~]#iptables -I INPUT -s 10.20.30.0/24 -j DROP
[root@server ~]#iptables -I FORWARD -s 10.20.30.0/24 -j DROP
[root@server ~]#at now +2 hours
at>iptables -D INPUT 1
at>iptables -D FORWARD 1
```

说明：这个策略借助 crond 计划任务来完成比较好。

```
[1]+  Stopped    at now +2 hours
```

② 只允许管理员从 202.13.0.0/16 网段使用 SSH 远程登录防火墙主机。

```
iptables -A INPUT -p tcp --dport 22 -s 202.13.0.0/16 -j ACCEPT
iptables -A INPUT -p tcp --dport 22 -j DROP
```

说明：这个用法比较适合对设备进行远程管理时使用，例如位于分公司中的 SQL 服务器需要被总公司的管理员管理时。

③ 允许本机开放从 TCP 端口 20-1024 提供的应用服务。

```
iptables -A INPUT -p tcp --dport 20:1024 -j ACCEPT
iptables -A OUTPUT -p tcp --sport 20:1024 -j ACCEPT
```

④ 允许转发来自 192.168.0.0/24 局域网段的 DNS 解析请求数据包。

```
iptables -A FORWARD -s 192.168.0.0/24 -p udp --dport 53 -j ACCEPT
iptables -A FORWARD -d 192.168.0.0/24 -p udp --sport 53 -j ACCEPT
```

⑤ 禁止其他主机 ping 防火墙主机，但是允许从防火墙上 ping 其他主机。

```
iptables -I INPUT -p icmp --icmp-type Echo-Request -j DROP
iptables -I INPUT -p icmp --icmp-type Echo-Reply -j ACCEPT
iptables -I INPUT -p icmp --icmp-type destination-Unreachable -j ACCEPT
```

⑥ 禁止转发来自 MAC 地址为 00：0C：29：27：55：3F 的和主机的数据包。

```
iptables -A FORWARD -m mac --mac-source 00:0c:29:27:55:3F -j DROP
```

说明：iptables 中使用"-m 模块关键字"的形式调用显示匹配。这里用-m mac --mac-source 来表示数据包的源 MAC 地址。

⑦ 允许防火墙本机对外开放 TCP 端口 20、21、25、110 以及被动模式 FTP 端口 1250-1280。

```
iptables -A INPUT -p tcp -m multiport --dport 20,21,25,110,1250:1280 -j ACCEPT
```

说明：这里用-m multiport --dport 来指定目的端口及范围。

⑧ 禁止转发源 IP 地址为 192.168.1.20-192.168.1.99 的 TCP 数据包。

```
iptables -A FORWARD -p tcp -m iprange --src-range 192.168.1.20-192.168.1.99
-j DROP
```

说明：此处用-m iprange --src-range 指定 IP 范围。

⑨ 禁止转发与正常 TCP 连接无关的非--syn 请求数据包。

```
iptables -A FORWARD -m state --state NEW -p tcp! --syn -j DROP
```

说明：-m state 表示数据包的连接状态，NEW 表示与任何连接无关的，新的。

⑩ 拒绝访问防火墙的新数据包，但允许响应连接或与已有连接相关的数据包。

```
iptables -A INPUT -p tcp -m state --state NEW -j DROP
iptables -A INPUT -p tcp -m state --state ESTABLISHED,RELATED -j ACCEPT
```

说明：ESTABLISHED 表示已经响应请求或者已经建立连接的数据包，RELATED 表示与已建立的连接有相关性的，如 FTP 数据连接等。

⑪ 只开放本机的 Web 服务（80）、FTP（20、21、20450-20480），放行外部主机发往服务器其他端口的应答数据包，将其他入站数据包均予以丢弃处理。

```
iptables -I INPUT -p tcp -m multiport --dport 20,21,80 -j ACCEPT
iptables -I INPUT -p tcp --dport 20450:20480 -j ACCEPT
iptables -I INPUT -p tcp -m state --state ESTABLISHED -j ACCEPT
iptables -P INPUT DROP
```

4.7　条　件　匹　配

防火墙配置的核心内容就是合理设计匹配的条件，以合理高效地完成数据包过滤功能。当一条规则中有多个匹配条件时，这多个匹配条件之间，默认存在"与"的关系。

条件分为基本匹配条件与扩展匹配条件两种。

4.7.1　基本匹配条件

1. 源地址 Source IP，-s

-s 选项作为匹配条件，可以匹配报文的源地址，每次指定源地址可以指定单个 IP；一次也可以指定多个，用逗号间隔，两侧均不能包含空格；除了能指定具体的 IP 地址，还能指定某个网段。

示例：

```
#iptables -I INPUT -s 192.168.1.229,192.168.1.228 -j DROP
#iptables -I INPUT -s 192.168.1.0/24 -j DROP
```

使用"!"表示条件取反，如下面条件匹配表示报文源地址 IP 只要不为 192.168.1.228 即满足条件。取反操作与同时指定多个 IP 的操作不能同时使用。

```
#iptables -I INPUT !-s 192.168.1.228 -j DROP
```

2. 目标地址 Destination IP，-d

-d 选项作为匹配条件，可以匹配报文的目的地址，具体用法与-s 选项相同。

3. 协议匹配 Protocal，-p

用于匹配相关协议。centos6 中，-p 选项支持如下协议类型：TCP、UDP、UDP-LITE、ICMP、ESP、AH、SCTP；centos7 中，-p 选项支持如下协议类型：TCP、UDP、UDP-LITE、ICMP、ICMPV6、ESP、AH、SCTP、MH。

当不使用-p 指定协议类型时,默认表示所有类型的协议,与使用-p all 的作用相同。

4. 输入网卡接口 input,-i

用于匹配数据流入的接口。当主机有多个网卡时,可以使用 -i 选项去匹配报文是通过哪块网卡流入本机的。-i 选项只能用于 PREROUTING 链、INPUT 链、FORWARD 链,OUTPUT 链与 POSTROUTING 链都不能使用-i 选项。

5. 流出网卡接口 output,-o

用于匹配数据流出的接口。当主机有多个网卡时,可以使用 -o 选项去匹配报文是通过哪块网卡流出本机的。-o 选项只能用于 FORWARD 链、OUTPUT 链、POSTROUTING 链。

FORWARD 链能同时使用-i 选项与-o 选项。

4.7.2　扩展匹配条件

基本匹配条件是指可以直接使用的匹配条件。除了上述基本匹配条件外,还有很多其他的条件可以用于匹配,这些条件泛称为扩展条件,这些扩展条件其实也是 netfilter 中的一部分,只是以模块的形式存在,如果想要使用这些条件,则需要依赖对应的扩展模块。

基本格式:

```
-m 扩展模块 --扩展选项
```

如规则:

```
#iptables -I INPUT -d 192.168.1.229 -p tcp -m tcp --dport 22 -j ACCEPT
```

使用-p 选项指定了协议名称,使用-m tcp 指定 TCP 扩展模块,使用扩展匹配条件 --dport 指定了目标端口。

隐含匹配是指在使用扩展匹配条件的时候,如果没有使用-m 指定使用哪个扩展模块,iptables 会默认使用-p 指定的协议名,这称为隐含扩展。

基本格式:

```
[-m 扩展模块] --扩展选项
```

下例中省略-m,而-p 对应的值为 tcp,所以默认调用的扩展模块就为-m tcp。如果-p 对应的值为 udp,那么默认调用的扩展模块就为-m udp。

```
#iptables -I INPUT -d 192.168.1.229 -p tcp --dport 22 -j ACCEPT
```

总之,如果这个扩展匹配条件所依赖的扩展模块名正好与-p 对应的协议名称相同,那么则可省略-m 选项,否则则不能省略-m 选项,必须使用-m 选项指定对应的扩展模块名称。

1. TCP 扩展模块 - m tcp

- 源端口扩展匹配--sport,表示 source-port,用以判断报文是否从指定的端口发出,即匹配报文的源端口是否与指定的端口一致。

- 目标端口扩展匹配--dport,表示 destination-port,用以判断报文是否进入指定的端口,即匹配报文的目标端口是否与指定的端口一致。

扩展匹配条件是可以取反的,同样是使用"!"进行取反,例如! --dport 22 表示目标端口不是 22 的报文将会被匹配。无论--sport 还是--dsport,都可指定一个连续端口范围,例如--dport 22:25 表示目标端口为 22 到 25 之间的所有端口。

- 标志位匹配--tcp-flags,通过此扩展匹配条件,去匹配 TCP 报文的头部的标识位,然后根据标识位的实际组合实现访问控制的功能。TCP 头中的 6 个标志位分别为 SYN、ACK、FIN、RST、URG、PSH。

URG 紧急指针,告诉接收 TCP 模块紧急指针域指向紧急数据。如果 URG 为 1,表示本数据包中包含紧急数据。此时紧急数据指针表示的值有效,它表示在紧急数据之后的第一个字节的偏移值(即紧急数据的总长度)。

ACK 置 1 时表示确认号为合法,为 0 的时候表示数据段不包含确认信息,确认号被忽略。

PSH 表示强迫数据传输,置 1 时请求的数据段在接收方得到后就可直接送到应用程序,而不必等到缓冲区满时才传送。

RST 置 1 时重建连接。如果接收到 RST 位,通常发生了某些错误。必须释放连接,然后再重新建立。

SYN 置 1 时用来发起一个连接,如果 SYN=1 而 ACK=0,表明它是一个连接请求;如果 SYN=1 且 ACK=1,则表示同意建立一个连接。

FIN 置 1 时表示发送端完成发送任务。用来释放连接,表明发送方已经没有数据发送了。

其中 URG 不能和 PSH 标志位同时使用。

TCP 三次握手中的第一次握手 SYN=1,其余为 0,对应的匹配条件:

```
#iptables -d 192.168.1.229 -t tcp - -tcp-flags SYN,ACK,FIN,RST,URG,PSH SYN -j ACCEPT
```

其中第一部分 SYN,ACK,FIN,RST,URG,PSH 为 TCP 标志位模板,第二部分 SYN 为模板中对应有效位为 SYN。TCP 扩展模块还专门提供了一个匹配第一次握手选项--syn,上例等价于:

```
#iptables -d 192.168.1.229 -t tcp --syn -j ACCEPT
```

如果标志位模板包括所有的 6 个标志位,可用 ALL 来代表。下例表示匹配 TCP 连接的第二次手。

```
#iptables -d 192.168.1.229 -t tcp --tcp-flags ALL SYN,ACK -j ACCEPT
```

2. multiport 扩展模块

可同时指定多个离散的端口,需要借助另一个扩展模块,-m multiport 模块,其对应的扩展匹配条件包括--sport --dport,指定多个离散端口用逗号间隔。如-m multiport --dport 22,53,80 表示访问的 22 号端口、53 号端口以及 80 号端口的数据包。multiport 扩展只能用于 TCP 协议与 UDP 协议,即配合-p tcp 或者-p udp 使用。

3. iprange 扩展模块

使用 iprange 扩展模块指定一段连续的 IP 地址范围。在不使用任何扩展模块的情况下,使用-s 选项或者-d 选项即可同时指定多个 IP 地址,每个 IP 地址用逗号隔开,但是-s 选项与-d 选项并不能一次性地指定一段连续的 IP 地址范围。包括--src-range 和--dst-range 两个选项分别用于匹配报文的源地址所在范围与目标地址所在范围,还能够使用"!"取反。如-m iprange --src-range 192.168.1.100-192.168.1.200 表示源 IP 主机地址从 100 到 200 的所有 IP。

4. string 扩展模块

使用 string 扩展模块,可以指定要匹配的字符串,如果报文中包含对应的字符串,则符合匹配条件。如条件 # iptables -I OUPUT -s 192.168.1.229 -p tcp -m string --string "OOXX" --algo bm-j DROP 表示如果报文中包含 OOXX 字符则过滤掉。-m string 表示使用 string 模块;--algo bm 表示使用 bm 算法去匹配指定的字符串;--string "OOXX"则表示要匹配的字符串为 OOXX。

设置完上述规则后,如果网页中包含 OOXX 字符串,回应报文无法通过服务器的 OUTPUT 链,所以客户端无法获取到页面对应的内容。

string 模块的常用选项如下。

--algo:用于指定匹配算法,可选的算法有 bm 与 kmp,此选项为必须选项,不用纠结于选择哪个算法,但是必须指定一个;

--string:用于指定需要匹配的字符串。

5. time 扩展模块-m time

如果报文到达的时间在指定的时间范围以内,则符合匹配条件。

time 扩展模块常用扩展匹配选项包括以下几项。

--timestart:用于指定时间范围的开始时间,不可取反;

--timestop:用于指定时间范围的结束时间,不可取反;

--weekdays:用于指定星期几,可取反,可以同时指定多个,用逗号隔开。除了能用数字表示星期几,还能用英文缩写表示,例如,Mon,Tue,Wed,Thu,Fri,Sat,Sun;

--monthdays:用于指定每个月的几号,可取反;

--datestart:用于指定日期范围的开始日期,不可取反;

--datestop:用于指定日期范围的结束日期,不可取反。

例如：-m time --timestart 8：00：00 --timestop 17：00：00 ！--weekdays 6，7 --monthdays 22，23，24，25，26 --datastart 2017-10-26 --datastop 2017-12-31 条件指定从 2017 年 10 月 26 到 2017 年 12 月 31 日期间的非双休日并且每月 22～26 日的早 8 点到晚 5 点的时间段。各条件间为相与关系。

【示例】

```
#iptables -t filter -I OUTPUT -p tcp --dport 80 -m time --timestart 09:00:00
--timestop 19:00:00 -j REJECT
#iptables -t filter -I OUTPUT -p tcp --dport 443 -m time --timestart 09:00:00
--timestop 19:00:00 -j REJECT
#iptables -t filter -I OUTPUT -p tcp --dport 80 -m time --weekdays 6,7
-j REJECT
#iptables -t filter -I OUTPUT -p tcp --dport 80 -m time --monthdays 22,23
-j REJECT
#iptables -t filter -I OUTPUT -p tcp --dport 80 -m time ! --monthdays 22,23 -j
REJECT
#iptables -t filter -I OUTPUT -p tcp --dport 80 -m time --timestart 09:00:00
--timestop 18:00:00 --weekdays 6,7 -j REJECT
#iptables -t filter -I OUTPUT -p tcp --dport 80 -m time --weekdays 5
--monthdays 22,23,24,25,26,27,28 -j REJECT
#iptables -t filter -I OUTPUT -p tcp --dport 80 -m time --datestart 2017-12
-24 --datestop 2017-12-27 -j REJECT
```

6. connlimit 扩展模块 -m connlimit

使用 connlimit 扩展模块，可以限制每个 IP 地址同时连接到 server 端的连接数量。不指定 IP 默认就是针对每个客户端 IP，即对单 IP 的并发连接数限制。

例如，条件-m connlimit --connlimit-above 2 - p tcp --dport 22-j REJECT 限制每个 IP 地址最多只能占用两个 ssh 连接远程到 server 端。

常用的扩展匹配条件如下。

--connlimit-above：单独使用此选项时，表示限制每个 IP 的连接数量，此选项可以取反。

--connlimit-mask：此选项不能单独使用，在使用--connlimit-above 选项时，配合此选项，则可以针对某类 IP 段进行连接数量的限制。如--connlimit-mask 24 表示某个 C 类网段所包含 254 个 IP 的 C 类网络中，同时最多允许多少个客户端连接到服务器。

--connlimit-upto：centos7 中提供的一个新的选项，这个选项的含义与！--commlimit-above 的含义相同，即连接数量未达到指定的连接数量。

7. limit 扩展模块 - m limit

limit 模块是对报文到达速率进行限制，即限制单位时间内流入的包的数量。此项扩展注意默认规则对限制效果的影响。

在默认规则为 ACCEPT 的情况下,下面规则本意是限制 ping 的速度每分钟 10 个(每 6 秒钟 1 个)。

```
#iptables -I INPUT -p icmp -m limit --limit 10/minute -j ACCEPT
```

其中--limit 10/minute 选项限制 ping 的速度每分钟 10 个数据包,未能达到限制的作用。究其原因发现 INPUT 链的默认规则为 ACCEPT,使不符合条件的数据包也被放行。

将 INPUT 链的默认规则修改为 DROP 后,ping 速率已经开始受到了规则的限制。但前 5 个 ping 包却没有受到限制,选项--limit-burst 默认值是 5。通俗地讲,--limit-burst 可以指定空闲时(如早晨停车场刚开放时)可放行的包的数量,即峰值数量。limit 模块使用了令牌桶算法。

可以这样想象,有一个木桶,木桶里面放了 5 块令牌,而且这个木桶最多也只能放下 5 块令牌,所有报文如果想要出关入关,都必须要持有木桶中的令牌才行,这个木桶有一个神奇的功能,就是每隔 6s 会生成一块新的令牌,如果此时,木桶中的令牌不足 5 块,那么新生成的令牌就存放在木桶中,如果木桶中已经存在 5 块令牌,新生成的令牌就无处安放了,只能溢出(令牌被丢弃)。如果开始有 5 个报文想要入关,那么这 5 个报文正好一人一块令牌,于是最初的 5 个报文手持令牌顺利通过。此时木桶空了,再有报文想要入关,已经没有对应的令牌可以使用了,此时来的报文不能通关。但是每经过 6s 就会产生 1 个新的令牌,此刻正好来了一个报文想要入关,于是这个报文拿起这个令牌,幸运入关了。在这个报文之后,如果很长一段时间内没有新的报文想要入关,木桶中的令牌又会慢慢的积攒起来,直到达到 5 个令牌,并且一直保持着 5 个令牌,直到有人需要使用这些令牌,这就是令牌桶算法的大致思想。

对应的选项如下。

--limit:类比令牌桶算法,此选项用于指定令牌桶中生成新令牌的频率,即限制单位时间内允许数据包的数量。可用时间单位有秒、分、小时、天。

--limit-burst:类比令牌桶算法,此选项用于指定令牌桶中令牌的最大数量。

8. UDP 扩展-m udp

先来说说 UDP 扩展模块,这个扩展模块中能用的匹配条件比较少,只有两个,就是--sport 与--dport,即匹配报文的源端口与目标端口,基本用法与 TCP 扩展相同,在此不赘述。

9. ICMP 扩展

ICMP(Internet Control Message Protocol,互联网控制报文协议),它主要用于探测网络上的主机是否可用、目标是否可达、网络是否通畅、路由是否可用等。ping 命令使用的就是 ICMP 协议。发出 ping 请求,对方回应 ping 请求,虽然 ping 请求报文与 ping 回应报文都属于 ICMP 类型的报文,但是如果在概念上细分,它们所属的类型还是不同的,发出的 ping 请求属于类型 8 的 ICMP 报文,而对方主机的 ping 回应报文则属于类型 0 的 ICMP 报文,根据应用场景的不同,ICMP 报文被细分为如表 4-1 或表 4-2 所示的各种类型。

表 4-1　ICMP 报文类型代码表（英文）

TYPE	CODE	Description	Query	Error
0	0	Echo Reply——回应应答（ping 应答）	×	
3	0	Network Unreachable——网络不可达		×
3	1	Host Unreachable——主机不可达		×
3	2	Protocol Unreachable——协议不可达		×
3	3	Port Unreachable——端口不可达		×
3	4	Fragmentation needed but no frag. bit set——需要进行分片但设置不分片比特		×
3	5	Source routing failed——源路由失败		×
3	6	Destination network unknown——目的网络未知		×
3	7	Destination host unknown——目的主机未知		×
3	8	Source host isolated (obsolete)——源主机被隔离（作废不用）		×
3	9	Destination network administratively prohibited——目的网络被强制禁止		×
3	10	Destination host administratively prohibited——目的主机被强制禁止		×
3	11	Network unreachable for TOS——对请求的服务类型 TOS,网络不可达		×
3	12	Host unreachable for TOS——对请求的服务类型 TOS,主机不可达		×
3	13	Communication administratively prohibited by filtering——由于过滤,通信被强制禁止		×
3	14	Host precedence violation——主机越权		×
3	15	Precedence cutoff in effect——优先权中止生效		×
4	0	Source quench——源端被关闭（基本流控制）		
5	0	Redirect for network——为网络重定向		
5	1	Redirect for host——为主机重定向		
5	2	Redirect for TOS and network——为服务类型和网络重定向		
5	3	Redirect for TOS and host——为服务类型和主机重定向		
8	0	Echo request——请求回应（ping 请求）	×	
9	0	Router advertisement——路由器通告		
10	0	Route solicitation——路由器请求		
11	0	TTL equals 0 during transit——传输期间生存时间为 0		×

续表

TYPE	CODE	Description	Query	Error
11	1	TTL equals 0 during reassembly——在数据报组装期间生存时间为 0		×
12	0	IP header bad (catchall error)——坏的 IP 首部(包括各种差错)		×
12	1	Required options missing——缺少必需的选项		×
13	0	Timestamp request (obsolete)——时间戳请求(作废不用)	×	
14	0	Timestamp reply (obsolete)——时间戳应答(作废不用)	×	
15	0	Information request (obsolete)——信息请求(作废不用)	×	
16	0	Information reply (obsolete)——信息应答(作废不用)	×	
17	0	Address mask request——地址掩码请求	×	
18	0	Address mask reply——地址掩码应答		

表 4-2　ICMP 报文类型代码表(中文)

类型	代码	名　称	查询	差错
0	0	回应应答(Echo Reply)	√	
3		目的地不可达		√
	0	网络不可达		√
	1	主机不可达		√
	2	协议不可达		√
	3	端口不可达		√
	4	需要分片和不需要分片标记位置		√
	5	源路由失败		√
	6	目的网络未知		√
	7	目的主机未知		√
	8	源主机被隔离		√
	9	目的网络被强制禁止		√
	10	目的主机被强制禁止		√
	11	对请求的服务类型 TOS,目的网路不可达		√
	12	对请求的服务类型 TOS,目的主机不可达		√
	13	由于过滤,通信被强制禁止		√
	14	主机越权		√
	15	优先权中止生效		√

类型	代码	名　　称	查询	差错
4	0	源端被关闭（Source Quench）		√
5		重定向		√
	0	为网络（子网）重定向数据报		√
	1	为主机重定向数据报		√
	2	为服务类型和网络重定向数据报		√
	3	为服务类型和主机重定向数据报		√
6	0	选择主机地址		
8	0	请求回应	√	
9	0	路由器通告	√	
10	0	路由器请求	√	
11		超时		
	0	传输中 TTL＝0		√
	1	分片重组 TTL＝0		√
12		参数问题		
	0	指定错误的指针（坏的 IP 首部）		√
	1	缺少必需的选项		√
	2	错误长度		
13	0	时间戳请求	√	
14	0	时间戳回复	√	
15	0	信息请求（已作废不用）	√	
16	0	信息回复（已作废不用）	√	
17	0	地址掩码请求	√	
18	0	地址掩码回复	√	
30		跟踪路由		
31		数据报会话错误		
32		移动主机重定向		
33		IPv6 你在哪里		
34		IPv6 我在这里		
35		移动注册请求		
36		移动注册回复		

从上表可以看出,所有表示目标不可达的 ICMP 报文的 type 码为 3,而目标不可达又可以细分为多种情况,是网络不可达? 还是主机不可达? 再或者是端口不可达? 所以,为了更加细致地区分它们,ICMP 对每种 type 又细分了对应的 code,用不同的 code 对应具体的场景。所以,可以使用 type/code 去匹配具体类型的 ICMP 报文,如可以使用 3/1 表示主机不可达的 ICMP 报文。

♯ iptables -t filter -I INPUT -p icmp -m icmp --icmp-type 8/0 -j REJECT 表示应答报文,因为类型 8 只有这种为 0 的代码,可简写为:

```
#iptables -t filter -I INPUT -p icmp --icmp-type 8 -j REJECT
```

也可以使用能用 ICMP 报文的描述名称去匹配对应类型的报文,名称中的空格需要替换为-。

```
iptables -t filter -I INPUT -p icmp --icmp-type "echo-request" -j REJECT
```

10. state 状态扩展模块 - m state

state 模块可以让 iptables 实现连接追踪机制。对于 state 模块而言的连接并不能与 TCP 的连接画等号,在 TCP/IP 协议簇中,UDP 和 ICMP 是没有所谓的连接的,但是对于 state 模块来说,TCP 报文、UDP 报文、ICMP 报文都是有连接状态的,可以这样认为,对于 state 模块而言,只要两台机器在你来我往的通信,就算建立起了连接。对于 state 模块的连接而言,连接其中的报文可以分为 5 种状态,报文状态可以为 NEW、ESTABLISHED、RELATED、INVALID、UNTRACKED,具体含义如下。

NEW:连接中的第一个包,状态就是 NEW,可以理解为新连接的第一个包的状态为 NEW。

ESTABLISHED:可以把 NEW 状态包后面的包的状态理解为 ESTABLISHED,表示连接已建立。

RELATED:指相关联的连接,通过 FTP 服务例子理解。FTP 服务端会建立两个进程,一个命令进程,一个数据进程。

命令进程负责服务端与客户端之间的命令传输(可以把这个传输过程理解成 state 中所谓的一个连接,暂称为命令连接)。

数据进程负责服务端与客户端之前的数据传输,把这个过程称为数据连接。

但是具体传输哪些数据,是由命令去控制的,所以,数据连接中的报文与命令连接是相关联的。

那么,数据连接中的报文相对于命令连接就是 RELATED 状态。

注:如果想要对 FTP 进行连接追踪,需要单独加载对应的内核模块 nf_conntrack_ftp,如果想要自动加载,可以配置/etc/sysconfig/iptables-config 文件。

INVALID:如果一个包没有办法被识别,或者这个包没有任何状态,那么这个包的状态就是 INVALID,可以主动屏蔽状态为 INVALID 的报文。

UNTRACKED:报文的状态为 UNTRACKED 时,表示报文未被追踪,当报文的状态为 UNTRACKED 时通常表示无法找到相关的连接。state 状态扩展模块具体应用——防范反弹木马。

当通过 http 访问某个服务器的网页时,客户端向服务端的 80 端口发起请求,服务端再通过 80 端口响应。作为客户端理所应当地放行服务器 80 端口的数据,以便服务端回应报文可以进入客户端主机。同理,当通过 ssh 工具远程连接到某台服务器时,客户端向服务端的 22 号端口发起请求,服务端再通过 22 号端口响应请求,于是客户机理所应当地放行了所有 22 号端口,以便远程主机的响应请求能够通过。但是作为客户端,如果并没有主动向 80 端口发起请求,也没有主动向 22 号端口发起请求,那么其他主机通过 80 端口或者 22 号端口发送的数据可以接收到吗? 是可以的,因为为了收到 http 与 ssh 的响应报文,已经放行了 80 端口与 22 号端口,所以不管是正常响应客户端的报文,还是主动发送给客户端的报文,都是被放行的。不过如此会导致系统不安全。如果某些恶意程序利用这些端口主动连接到客户端主机,会给客户端主机带来风险。这种情况一般为反弹式木马。实际上应该是客户端主动请求 80 端口,80 端口回应,但是一般不会出现 80 端口主动请求客户端情况。

而反弹木马是木马病毒的一种,这类木马与传统的远程控制软件相反,进行 C/S(客户端/服务器)的反向连接。当木马服务端被种植到他人的机器中,服务端运行后会动态分配一个端口,主动连接客户端(黑客)的 80 端口,如果用户用 netstat -a 命令检查,将显示"TCP 本机 IP:2513 远程 IP: 80 ESTABLISHED"类似的数据,好像是在浏览网页,因此防火墙也不会阻挡这种非法连接,给木马的防范带来了困难。

针对对应的端口,用--tcp-flags 去匹配 TCP 报文的标志位,把外来的第一次握手的请求拒绝,是否可以解决反弹木马? 特别是如果对方使用的是 UDP 协议或者 ICMP 协议,这种方案有一些不完美的地方。上述问题可使用 state 扩展模块解决,只要放行状态为 ESTABLISHED 的报文即可,因为如果报文的状态为 ESTABLISHED,那么报文肯定是之前发出的报文的回应,如果还不放心,可以将状态为 RELATED 或 ESTABLISHED 的报文都放行。这样就表示只有回应的报文能够通过防火墙,如果是别人主动发送过来的新的报文,则无法通过防火墙。

【示例】 在 A 配置防火墙规则如下:

```
#iptables -A INPUT -m state --state ESTABLISED,RELATED -j ACCEPT
#iptables -A INPUT -j DROP
```

则 A 可以 ping 通 B,B 不能 ping 通 A。

11. recent 扩展 - m recent

对应的选项包括:
--name ＃设定列表名称,默认 DEFAULT。
--rsource ＃源地址,此为默认。
--rdest ＃目的地址。
--seconds ＃指定时间内,必须与--update 同时使用。
--hitcount ＃命中次数,必须与--update 同时使用。

--set ＃将地址添加进列表，并更新信息，包含地址加入的时间戳。

--rcheck ＃检查地址是否在列表，以第一个匹配开始计算时间。

--update ＃和 rcheck 类似，以最后一个匹配计算时间，每次建立连接都更新列表。

--remove ＃在列表里删除相应地址，后跟列表名称及地址。

【实例 4-2】 对连接到本机的 SSH 连接进行限制，每个 IP 地址每小时只限连接 5 次。对应的结果如图 4-51 所示。

```
#iptables -A INPUT -p tcp --dport 22 -m state --state NEW -m recent --name SSHPOOL --rcheck --seconds 3600 --hitcount 5 -j DROP 检查新连接数量是否超过 5 次
#iptables -A INPUT -p tcp --dport 22 -m state --state NEW -m recent --name SSHPOOL --set -j ACCEPT 如果没超过 5 次，则接受并记录新连接的次数
```

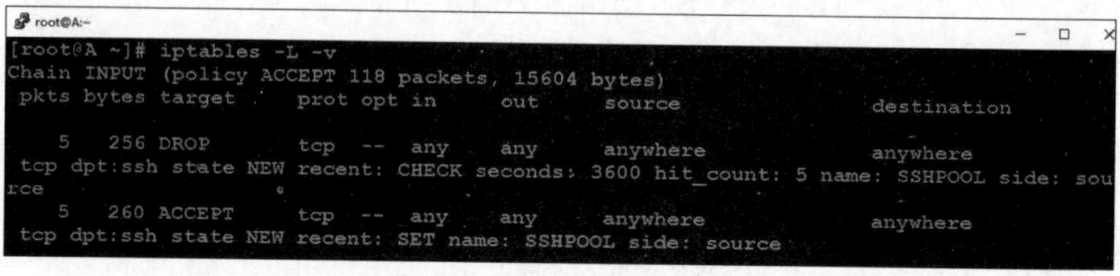

```
root@A:~
[root@A ~]# iptables -L -v
Chain INPUT (policy ACCEPT 118 packets, 15604 bytes)
 pkts bytes target     prot opt in     out     source               destination

    5   256 DROP       tcp  --  any    any     anywhere             anywhere
 tcp dpt:ssh state NEW recent: CHECK seconds: 3600 hit_count: 5 name: SSHPOOL side: sou
rce
    5   260 ACCEPT     tcp  --  any    any     anywhere             anywhere
 tcp dpt:ssh state NEW recent: SET name: SSHPOOL side: source
```

图 4-51　连接数限制结果

对应记录文件：/proc/net/xt_recent/SSHPOOL，其记录内容如图 4-52 所示。

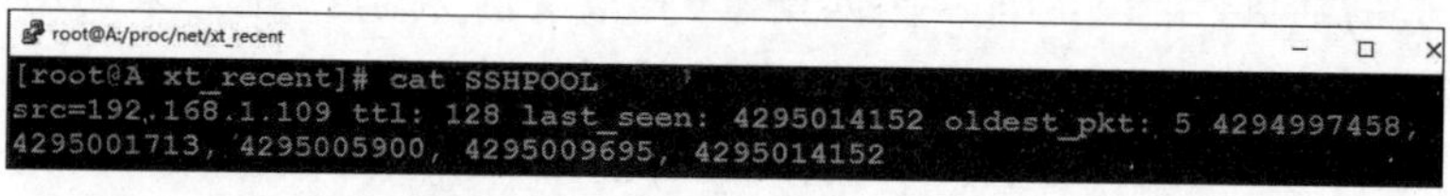

```
root@A:/proc/net/xt_recent
[root@A xt_recent]# cat SSHPOOL
src=192.168.1.109 ttl: 128 last_seen: 4295014152 oldest_pkt: 5 4294997458,
4295001713, 4295005900, 4295009695, 4295014152
```

图 4-52　连接数限制记录文件

【实例 4-3】 抵御 DDOS 攻击(ssh：远程连接)。

```
#iptables-I INPUT -p tcp --dport 22 -m connlimit --connlimit-above 3 -j DROP
#ipntables-I INPUT-p tcp --dport 22 -m state --state NEW -m recent --set --name SSH
#iptables -I INPUT-p tcp --dport 22 -m state --state NEW -m recent --update --seconds 300 --hitcount 3 --name SSH -j DROP
```

注：利用 connlimit 模块将单 IP 的并发设置为 3 会误杀使用 NAT 上网的用户，可以根据实际情况增大该值；利用 recent 和 state 模块限制单 IP 在 300s 内只能与本机建立 3 个新连接。被限制 5min 后即可恢复访问。

【实例 4-4】 防止暴力破解 SSH 密码。

```
#iptables -A INPUT -p tcp --dport 22 --tcp-flags ALL SYN -m state --state NEW -j LOG --log-prefix "[SSH Login]:" --log-level debug
```

注：SSH Login log，通过日志先记录登录 SSH 服务的用户，可以使用 tail /var/log/iptables -n 100 | grep "SSH Login"查看最近谁在登录，iptables 是日志文件名，日志名需要在 syslog 中设置。

```
#iptables -A INPUT -p tcp --dport 22 --tcp-flags ALL SYN -m state --state NEW
-m recent --name SSH-SYN --update --seconds 3600 --hitcount 5 --rttl -j
REJECT --reject-with tcp-reset
#iptables -A INPUT -p tcp --dport 22 --tcp-flags ALL SYN -m state --state NEW
-m recent --name SSH-SYN --set -j ACCEPT
```

注：1 Hour allow 5 SSH Login，每 3600s（每小时）只限 5 次连接的 SSH 服务，可以根据实际情况改时间和次数，在这里可以用-j DROP 来代替-j REJECT，-j REJECT --reject-with tcp-reset 是对客户端明确地返回一个重置 TCP 连接的包，告诉对方服务器关闭连接了，如果不需要告诉攻击者，就用-j DROP 直接丢弃包，让对方不明原因。

```
#SSH Service back data filter    注：过滤建立 TCP 连接后收到的数据包
#iptables -A INPUT -p tcp --dport 22 --tcp-flags ALL ACK -m state --state
ESTABLISHED -j ACCEPT
#iptables -A INPUT -p tcp --dport 22 --tcp-flags ALL ACK,PSH -m state --state
ESTABLISHED -j ACCEPT
#iptables -A INPUT -p tcp --dport 22 --tcp-flags ALL ACK,FIN -m state --state
ESTABLISHED -j ACCEPT
#iptables -A INPUT -p tcp --dport 22 --tcp-flags ALL RST -m state --state
ESTABLISHED -j ACCEPT
#iptables -A INPUT -p tcp --dport 22 --tcp-flags ALL ACK,RST -m state --state
ESTABLISHED -j ACCEPT
#iptables -A INPUT -p tcp --dport 22 --tcp-flags ALL ACK,URG -m state --state
ESTABLISHED -j ACCEPT
```

注：放行正常的 TCP 报文。这里使用了 iptables 的连接跟踪功能，就是-m state --state，因为 TCP 连接的第一个包只能是 SYN 包，所以第 3～5 条规则只允许 SYN 包进入，这样就防止了其他类型的包来搅局。第 4、5 行也能防止伪造源 IP 地址的 SYN FLood 攻击。第 6～9 条规则表示过滤 TCP 连接已建立后的包的类型，注意--tcp-flags ALL 后面是正常的包，如根本不能出现 SYN/FIN 包、FIN/RST 包、SYN/FIN/PSH 包、SYN/FIN/RST 包、SYN/FIN/RST/PSH 包，一旦出现这样的包说明被攻击了。

4.8　网络防火墙

前面主要介绍了主机防火墙，主要针对 filter 表的 INPUT 链和 OUTPUT 链。这部分开始介绍 Iptables 网络防火墙的主要功能，主要涉及 filter 表的 FORWARD 链。

4.8.1　网络体系

1. 网络防火墙拓扑结构

为了能够配置网络防火墙，先来设置一下网络场景，如图 4-53 所示。

其中网关服务器 B 有两块网卡，连接内网和外网两个网段，起到转发作用。网卡 eth1 的 IP 地址为 10.0.0.229；连接内部网络的网段为 10.0.0.0/24，此内部网络中存在

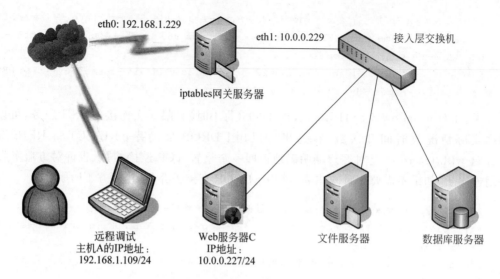

图 4-53　　网络防火墙拓扑结构

Web 服务器 C,其 IP 地址为 10.0.0.227/24;服务器 B 网卡 eth0 的 IP 地址为 192.168.
1.229,它连接外部网络,对应网段 192.168.1.0/24,外网主机 A 对应的 IP 地址为 192.
168.1.109/24。

　　当主机 A 访问内部网络中的主机 C,但是需要主机 B 进行转发,主机 B 在转发报文
时会进行过滤,以实现网络防火墙的功能。

　　如果使用 VMWARE 虚拟机模拟上述网络环境,虚拟机 A(一般用宿主机承担,
Windows 系统)与虚拟机 B 的网卡 2 使用了桥接模式,外网的主机的网关指向 B 的 eth0。
模拟内网将虚拟机 B 的网卡 eth1 与虚拟机 C 同时使用仅主机模式的虚拟网络,内网主机
的网关指向 B 的 eth1。

2. 连通测试

　　根据上述配置,首先测试外网主机 A 与 B 的两个
IP 连通性,如图 4-54 所示。

　　上述连通测试结果说明外网主机 A 可以 ping 通
防火墙服务器 B 的两个 IP:10.0.0.229 和 192.168.
1.229,而不能 ping 通内网主机 C 的 IP:10.0.0.227。

　　为什么主机 A(192.168.1.109)可以连通主机 B
(10.0.0.229)?

　　IP 地址属于主机内核 TCP/IP 模块,而不是只对
应网络接口。因为 10.0.0.229 和 192.168.1.229 这
两个 IP 地址都属于主机 B,当主机 A 通过路由表将
ping 报文发送到主机 B 上时,主机 B 发现自己既是
10.0.0.229 又是 192.168.1.229,所以主机 B 就接收

图 4-54　　连通性测试

并直接回应了主机 A,所以主机 A 得到了 10.0.0.229 的回应。

为什么主机 C 没有回应?

主机 A 通过路由表得知发往 192.168.0.0/24 网段的报文的网关为主机 B,当报文到达主机 B 时,主机 B 发现主机 A 的目标为 10.0.0.227,而自己一个 IP 是 10.0.0.229,这时主机 B 则需要将这个报文通过 eth0 接口转发给 10.0.0.227(也就是主机 C)。但是在默认情况下,Linux 主机转发报文功能没打开,Linux 主机并不会转发报文。这就是为什么 10.0.0.227 没有回应的原因,因为主机 B 根本就没有将主机 A 的 ping 请求转发给主机 C,主机 C 根本就没有收到主机 A 的 ping 请求。

想要主机 A 通过防火墙服务器 B 连通主机 C,需要设置防火墙服务器 B 的转发功能。

4.8.2 Linux 主机内核转发功能

通过查看/proc/sys/net/ipv4/ip_forward 文件中的内容,可以确定 Linux 主机是否打开报文转发功能。如果文件内容为 0,则表示当前主机不支持报文转发,为 1 则表示当前主机支持报文转发。

```
#cat /proc/sys/net/ipv4/ip_forward
```

如果内容为 0,可修改为 1 打开转发功能。

① 临时开启转发功能:

```
#echo 1 > /proc/sys/net/ipv4/ip_forward
```

或者通过系统控制命令修改文件内容为 1:

```
#sysctl -w net.ipv4.ip_forward=1
```

② 永久开启转发功能。

上述两种方法都能控制是否开启核心转发,但是修改的系统内核文件只能临时生效,当重启网络服务以后,核心转发功能将恢复为默认值。如果想要永久生效,需要设置/etc/sysctl.conf 文件(centos7 中配置/usr/lib/sysctl.d/00-system.conf 文件),添加(或修改)配置项 net.ipv4.ip_forward = 1 来设定转发功能的默认值为开启。

打开核心转发功能后,主机 B 已经可以转发报文,现在再次回到主机 A 可以 ping 通主机 C。

4.8.3 网络防火墙配置

Iptables 作为网络防火墙时,主要负责过滤表(filter)与转发链(FORWARD),接下来介绍在 filter 表中的 FORWARD 链中配置规则。

准备工作:确认 FORWARD 链中没有任何规则,默认策略为 ACCEPT(白名单),在主机 B 中 FORWARD 链的末端添加一条默认拒绝所有的规则,然后将要放行规则设置在这条默认拒绝规则之前,此时主机 A 和主机 C 无法连通,启动主机 C 的 Web 服务以便进行测试。

```
#iptables -A FORWARD -j DROP   先关闭一切
#iptables -I FORWARD 1 -d 10.0.0.227 -p tcp -dport 80 -j ACCEPT 放行外部主机对内
网 Web 访问
```

此时主机 A 无法访问到主机 C 上的 Web 服务,因为只在主机 B 上放行了外部主机访问 80 端口的请求,但是并没有放行内部主机的响应报文,所以仍然需要进行如下设置:

```
#iptables -I FORWARD 2 -s 10.0.0.227 -p tcp -sport 80 -j ACCEPT 放行外部主机的响
应报文
```

结果如图 4-55 所示。

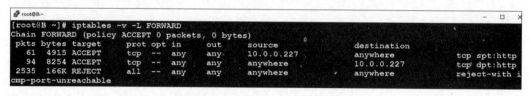

图 4-55   开放主机 C 的 Web 服务

至此,外部主机可以访问内网 Web 服务,但内网主机不能访问外部 Web 服务。类似地,要开放外部主机对内网的远程连接服务 sshd,同样需要书写两条规则。为了简化规则的编写,结合状态扩展的功能,可将所有涉及响应报文的规则合并如下:

```
#iptables -D FORWARD 2 删除原有响应的规则
#iptables -I FORWARD 2 -d 10.0.0.227 -p tcp -dport 22 -j ACCEPT 开放外网 sshd
访问
#iptables -I FORWARD -m state -state RELATED,ESTABLISED -j ACCEPT 放行内外网双
向响应数据报文
```

最后配置结果如图 4-56 所示。

```
root@B:~                                                                    –  □  ×
[root@B ~]# iptables -v -L FORWARD
Chain FORWARD (policy ACCEPT 0 packets, 0 bytes)
pkts bytes target     prot opt in     out    source               destination
    0     0 ACCEPT     all  --  any    any    anywhere             anywhere             state RELATED
,ESTABLISHED
    0     0 ACCEPT     tcp  --  any    any    anywhere             10.0.0.227           tcp dpt:ssh
   94  8254 ACCEPT     tcp  --  any    any    anywhere             10.0.0.227           tcp dpt:http
 2637  172K REJECT     all  --  any    any    anywhere             anywhere             reject-with i
cmp-port-unreachable
```

图 4-56   利用状态扩展合并规则

4.9   网络地址转换

网络地址转换(Network Address Translation,NAT)是将 IP 数据报头中的 IP 地址转换为另一个 IP 地址的过程。在实际应用中,NAT 主要用于实现私有网络访问公共网络的功能。这种通过使用少量的公网 IP 地址代表较多的私网 IP 地址的方式,将有助于减缓可用 IP 地址空间的枯竭。私网 IP 地址是指内部网络或主机的 IP 地址,公网 IP 地

址是指在因特网上全球唯一的 IP 地址。

RFC 1918 为私有网络预留出了 3 个 IP 地址块。

A 类：10. 0. 0. 0～10. 255. 255. 255

B 类：172. 16. 0. 0～172. 31. 255. 255

C 类：192. 168. 0. 0～192. 168. 255. 255

上述 3 个范围内的私有地址不会在因特网上被分配，因此可以不必向 ISP 或注册中心申请而在公司或企业内部自由使用。

NAT 最初的设计目的不是为了路由，是用于实现私有网络访问公共网络的功能，后扩展到实现任意两个网络间进行访问时的地址转换应用，本书中将这两个网络分别称为内部网络（内网）和外部网络（外网），通常私网为内部网络，公网为外部网络。

NAT 主要分源地址转换（SNAT）和目标地址转换（DNAT）两种。

4.9.1　源地址转换

源地址转换：主要实现将 IP 报头的源私有 IP 地址转换为在外网路由的公有 IP，用于内网主机访问外网资源，如图 4-57 所示。SANT 一般要在网关服务器出栈（POSTROUTING）实现，如在入栈实现再进行路由，导致被网关服务器用户空间接收。

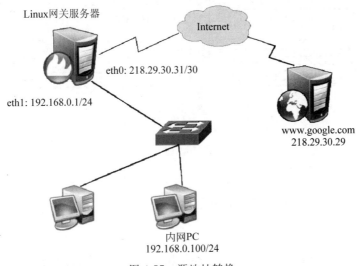

图 4-57　源地址转换

1. 源地址转换的基本原理

未使用 SNAT 策略时数据流向如图 4-58 所示。

使用源地址转换数据流向如图 4-59 所示。

2. 源地址转换具体实现

在网关防火墙启用 SNAT

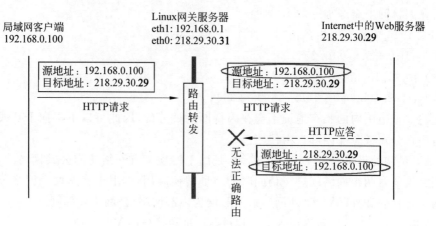

图 4-58　未使用 SNAT 策略时数据流向

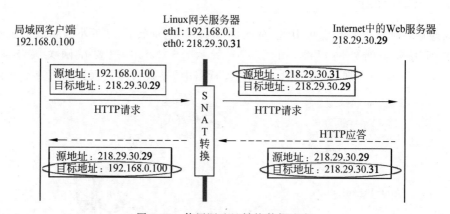

图 4-59　使用源地址转换数据流向

```
#iptables -t nat -A POSTROUTING -s 192.168.10.0/24 -j SANT -to-source 172.16.
100.7
```

在目标 Linux 主机上启用抓包验证工具 tcpdump

```
#tcpdump -i eth0 -nn -X icmp
```

在源主机 A 上 ping 目标 Linux 主机,查看数据包的源 IP 转换成 172.16.100.7。

4.9.2　目标地址转换

目标地址转换:主要实现将 IP 报头的公有目的 IP 地址转换为内网的私有 IP,用于外网主机访问内网资源。DNAT 一般要在入栈(PREROUTING)实现,如在出栈实现再进行路由,出栈实现已经晚了,因为路由决策已经完成。

1. 目标地址转换的基本原理

目标地址转换原理如图 4-60 所示。

使用目标地址转换数据流向如图 4-61 所示。

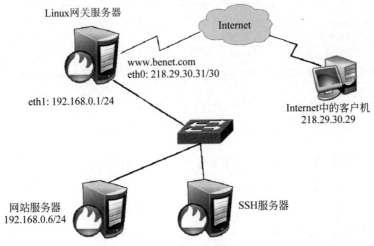

图 4-60 目标地址转换

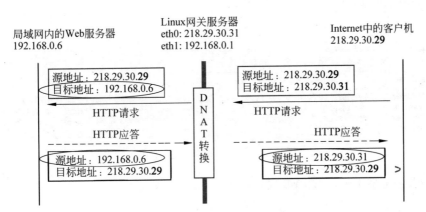

图 4-61 使用目标地址转换数据流向

2. DNAT 具体实现

外网客户机可访问内网服务器,可通过 DNAT 实现。

首先清空网关服务器,设置其默认规则为 ACCEPT,A 和 B 分别指向对应的网关,因为路由转发功能打开,A、B 相互 ping 通,A 可以正常访问 B 的 HTTP 与 FTP 服务。

A 的网关取消,A 不能访问 B 的服务,A 只能访问到网关服务器的服务,可将访问到网关服务器的服务请求转换到内网:

```
#iptables -t nat -A PREROUTING -d 172.16.100.7 -p 80 -j DNAT -to-destination
192.168.10.22
```

A 可访问网关服务器的 HTTP,被映射到内网 B 中,可在 B 通过抓包验证。A 能 ping 网关服务器,但 ping 不通 B。

没使用 NAT 转换时,宿主机(192.168.1.109)可以和虚拟机 B(10.0.0.229)相互 ping 通,并且源地址和目的地址未经转换,如图 4-62 所示。

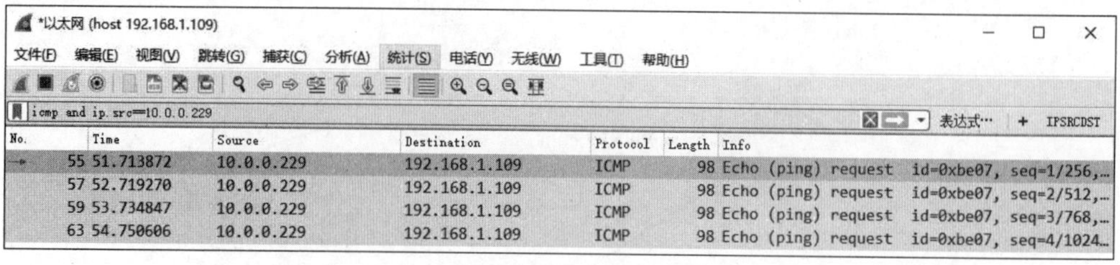

图 4-62　未经 NAT 数据转发过程

在网关防火墙设置源地址转换,将主机 B 地址转换网关出口地址 192.168.1.227。

```
#iptables -t nat -I POSTROUTING -s 10.0.0.229 -j SNAT --to-source 192.168.
1.227
```

使用 NAT 转换后,虚拟机 B 在 ping 宿主机时,源地址 10.0.0.229 被转换成网关出口地址,在宿主机抓包显示结果不再有源 10.0.0.229 数据包,只有源 192.168.1.227 的数据包,如图 4-63 所示。

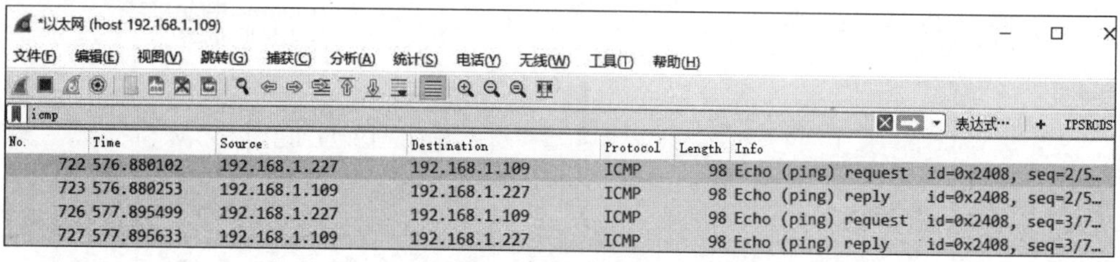

图 4-63　经 NAT 数据转发过程

在网关服务器上显示 SNAT 规则有匹配,如图 4-64 所示。

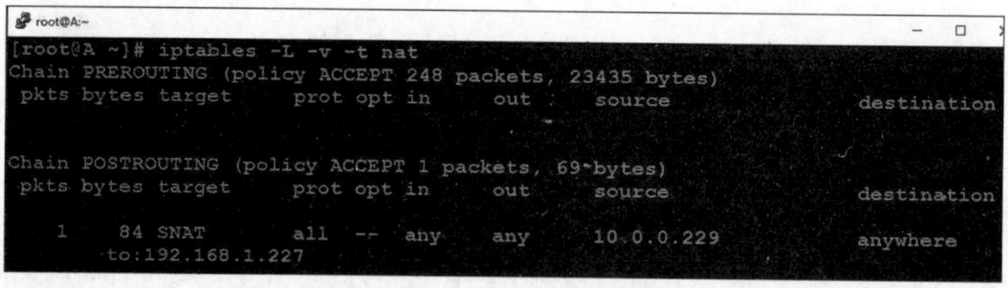

图 4-64　SANT 规则匹配情况

4.10　应用层过滤防火墙

Iptables 防火墙主要针对 TCP/IP 数据包实施过滤和限制,属于典型的包过滤防火墙。以基于网络层的数据包过滤机制为主,同时提供少量的传输层、数据链路层的过滤功能。Iptables 防火墙无法判断数据包所对应的上层应用程序(如 QQ、迅雷等),所以无法直接针对具体应用程序进行限制。要通过 Iptables 防火墙实现对应用程序管理,则需要重新编译内核实现 Iptables 防火墙应用层(layer 7,简写 l7)过滤。

实现应用层过滤防火墙的基本流程包括：

① 重新编译 Linux 内核，添加 l7-filter 应用层过滤补丁；

② 重新编译 iptables，添加 l7-filter 应用层过滤补丁；

③ 安装 l7-protocols 协议包，支持相关应用程序特征；

④ 设置过滤规则，控制使用 QQ、迅雷应用程序。

4.10.1　检查现有软件环境

为了确保编译后原有应用程序正常运行，一般重新编译内核的版本与原内核一致。同理 Iptables 防火墙也需要重新编译安装。准备相关软件包前检查现有软件版本：

```
#uname -sr 系统版本 CentOS_6.6 查看其内核版本
#rpm -qa | grep iptables 查看现有防火墙版本
#yum -y groupinstall "Development tools" "Server Platform Development"
```

所需的软件包列表如下。

Linux 内核源码包：linux-2.6.32.9.tar.gz。

layer7 补丁包源码包：netfilter-layer7-v2.23.tar.gz。

Iptables 源码包：iptables-1.4.7.tar.bz2。

l7 层协议定义包：l7-protocols-2009-05-28.tar.gz。

4.10.2　编译内核

通过重新编译内核，实现对应用层过滤的支持，主要包括配置、编译、安装内核模块、修改启动配置等步骤。

1. 准备工作

解压缩内核到/usr/src：

```
#tar xzvf linux-2.6.32.9.tar.gz -C /usr/src
```

解压缩内核应用层过滤补丁到/usr/src：

```
#tar xzvf netfilter-layer7-v2.23.tar.gz-C /usr/src
```

将解压缩后的内核目录软链接为 Linux 目录：

```
#cd /usr/src/
#ln -sn linux-2.6.32.9/ linux
```

准备好的目录结构如图 4-65 所示。

给内核打应用层过滤补丁，如图 4-66 所示。

```
#cd linux
#patch -p1 <../netfilter-layer7-v2.23/kernel-2.6.32-layer7-2.23.patch
```

```
root@A:/usr/src
[root@A src]# ll
total 16
drwxr-xr-x.  2 root root 4096 Sep 23  2011 debug
drwxr-xr-x.  3 root root 4096 Jun 12 03:29 kernels
lrwxrwxrwx   1 root root   15 Nov 11 19:25 linux -> linux-2.6.32.9/
drwxrwxr-x  23 root root 4096 Feb 23  2010 linux-2.6.32.9
drwxr-xr-x   3 root root 4096 Nov 11 19:20 netfilter-layer7-v2.23
```

图 4-65 目录结构

```
root@A:/usr/src/linux
[root@A src]# cd linux
[root@A linux]# patch -p1 <../netfilter-layer7-v2.23/kernel-2.6.32-l
ayer7-2.23.patch
patching file net/netfilter/Kconfig
Hunk #1 succeeded at 858 (offset 63 lines).
patching file net/netfilter/Makefile
Hunk #1 succeeded at 89 (offset 5 lines).
patching file net/netfilter/xt_layer7.c
patching file net/netfilter/regexp/regexp.c
patching file net/netfilter/regexp/regexp.h
patching file net/netfilter/regexp/regmagic.h
patching file net/netfilter/regexp/regsub.c
patching file net/netfilter/nf_conntrack_core.c
Hunk #1 succeeded at 201 with fuzz 1.
patching file net/netfilter/nf_conntrack_standalone.c
Hunk #1 succeeded at 171 with fuzz 2 (offset 6 lines).
patching file include/net/netfilter/nf_conntrack.h
Hunk #1 succeeded at 116 (offset -2 lines).
patching file include/linux/netfilter/xt_layer7.h
```

图 4-66 对内核打补丁

2. 配置内核包含的模块

① 安装编译内核所需的依赖包。

```
#yum install ncurses-devel
```

② 复制原内核编译配置文件到 Linux 目录中，在原有模块基础上进行编译，启动应用层过滤功能。

```
#cp /boot/config-2.6.32-573.26.1.el6.x86_64 .config.
```

③ 开始配置。

```
#make menuconfig
```

进入编译内核界面如图 4-67 所示。

④ 添加 layer7 模块，结果如图 4-68 所示。

```
Networking support ->Networking options ->Network packet filtering framework
(Netfilter)->Core Netfilter Configuration ->"layer7" match support
```

⑤ 对内核的名称进行标记修改，结果如图 4-69 所示。

3. 编译并安装内核

① 编译内核。

```
#make
```

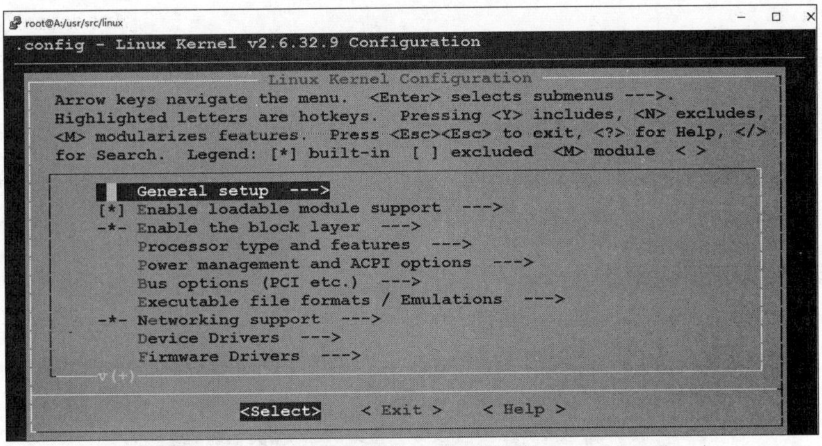

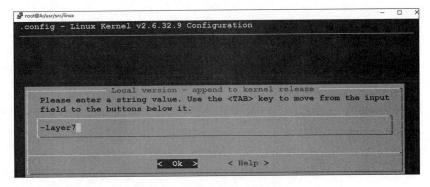

图 4-67 编译内核

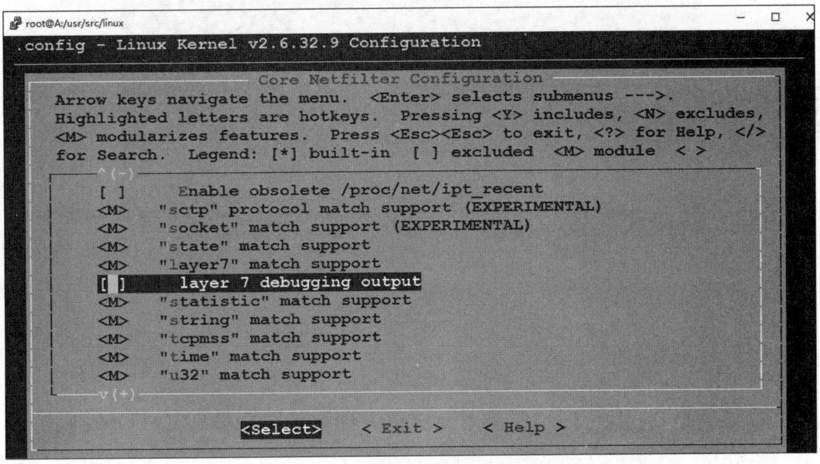

图 4-68 添加 layer7 模块

图 4-69 对新内核进行标记

需要一定的时间,同时确保有足够的磁盘空间。

② 安装内核所需要的模块。

```
#make modules_install
```

③ 安装编译后的内核。

```
#make install
```

安装过程可能提示缺少相应的模块，可将旧内核库中的相应模块复制到新内核库
/lib/modules/2.6.32.9-layer7/kernel/drivers/misc/中。

4. 修改启动配置启动新内核

```
#vi /boot/grub/grub.conf
```

启用新内核菜单如图 4-70 所示。

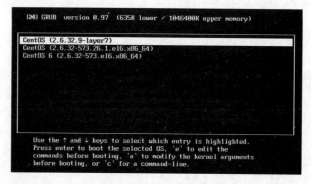

图 4-70　启用新内核

5. 重新编译 iptables

重新编译 iptables 是使用户空间的 iptables 命令支持 layer7 语法规则。

① 准备 iptables 源文件及 netfilter-layer7。

```
#tar xjvf iptables-1.4.7.tar.bz2 -C /usr/src
#tar xzvf netfilter-layer7-v2.23.tar.gz-C /usr/src
#cd /usr/src/iptables-1.4.7/
#cp ../netfilter-layer7-v2.23/iptables-1.4.3forward-for-kernel-2.6.
20forward/libxt_layer7.* ./extensions/复制 l7 的模块和 man 文件到 iptables 的
扩展
```

② 备份原 iptables 服务启动文件及配置文件备用。

```
#cp /etc/rc.d/init.d/iptales /root            复制 iptables 脚本
#cp /etc/sysconfig/iptables-config /root      复制配置文件
#cp /etc/sysconfig/iptables /tmp/iptables-rule 复制规则文件
```

③ 开始编译带有扩展功能的 iptables。

```
#rpm -e iptablesiptables-ipv6 --nodeps
#./configure --prefix=/usr --with-ksource=/usr/src/linux
```

```
#make
#make install
#which iptables 查看编译安装的 iptables 的路径为/usr/sbin/iptables
#vim /root/iptables 修改备份的 iptables 脚本文件,更正路径/sbin/$IPTABLES -->
 /usr/sbin/$IPTABLES
#cp /root/iptables /etc/rd.d/init.d/ 复制脚本文件
#cp /root/iptables-config /etc/sysconfig/ 复制配置文件
#cp /root/iptables-rule /etc/sysconfig/iptables 复制规则
```

④ 编译安装 l7proto,使 iptables 支持应用层协议。

```
#tar xzvf l7-protocols-2009-05-28.tar.gz
#cd l7-protocols-2009-05-28
#make install    将文件夹内的应用层协议的特征码复制到/etc 下
```

⑤ 启动新防火墙。

```
#service iptables start
```

如果出现 iptables：No config file.［WARNING］！错误,应该就是/etc/sysconfig/
iptables 规则备份文件不存在,可随意写一条防火墙规则,如 iptables -P OUTPUT
ACCEPT,然后使用 service iptables save 生成 iptables 文件,下次再启动 iptables 时不再
显示警告信息。

第 5 章　集群系统——LVS

本章主要介绍计算机集群的基本概念、分类、特点,重点介绍负载均衡集群、高可用集群及数据库集群的性能及配置。随着计算机任务的日益复杂,如天气预报、资源勘探、计算机模拟等应用需要很强的运算处理能力,即使用普通的大型机器计算也很难胜任。每个复杂应用都要使用服务器提供计算资源——处理周期、内存空间、网络和磁盘 I/O,工作负载运行需要这些资源,随着工作负载激增和计算需求增长,服务器资源必须增长或扩展以满足这些需求,这主要通过如下两种途径。

1. 向上扩展(scale on)

增加单个服务器的硬件资源,如调大内存容量和增加 CPU 数量,简单说就是升级服务器硬件。缺点:一是成本高,二是在一定的范围之内它的性能是上升的趋势,但是超出范围之后就是下降的趋势。因为随着 CPU 个数增加需要进行 CPU 仲裁,而且随着 CPU 个数的增加资源竞争性也会增大。

2. 向外扩展(scale out)

一台服务器资源不足,无法完成复杂任务时,可以增加更多的服务器,或者说向外扩展。优点:增减服务器很方便,而且不会随着向上扩展增加而性能下降。

向外扩展架构也包括集群或分布式计算方法,多台服务器共同承担单个复杂应用系统的计算负载。例如,某个关键任务工作负载可能运行在两台或更多服务器上,进程可以跨这些服务器以主动配置模式分配;如果其中一台服务器出现故障,其他服务器可以接管,使应用系统的可用性得到保障,如果需要更多的冗余,集群可以增加更多的服务器进行向外扩展。

5.1　大型网站系统架构的演进

一个成熟的大型网站(如淘宝、京东等)的系统架构并不是开始设计就具备完整的高性能、高可用、安全等特性,它总是随着用户量的增加,业务功能的扩展逐渐演变完善的,在这个过程中,开发模式、技术架构、设计思想也发生了很大的变化,就连技术人员也从几个人发展到一个部门甚至一条产品线。所以成熟的系统架构是随业务扩展而完善出来的,并不是一蹴而就。不同业务特征的系统,会有各自的侧重点,如淘宝,要解决海量的商品信息的搜索、下单、支付;如腾讯,要解决数亿的用户实时消息传输;百度要处理海量的搜索请求,它们都有各自的业务特性,系统架构也有所不同。接下来主要从这些不同的网站背景下找出其中共用的技术,这些技术和手段可以广泛运行在大型网站系统的架构中。

1. 最初的网站架构

最初简单的架构中,应用程序、数据库、文件都部署在同一台服务器上,如图 5-1 所示。

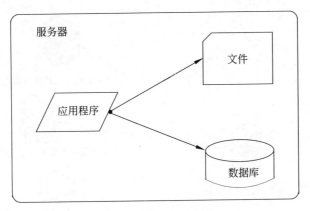

图 5-1　最初的网站架构

2. 应用、数据、文件分离结构

随着业务的扩展,一台服务器已经不能满足性能需求,故将应用程序、数据库、文件分别部署在独立的服务器上,如图 5-2 所示,并且根据服务器的用途配置不同的硬件,达到最佳的性能效果。

文件部署在文件服务器上

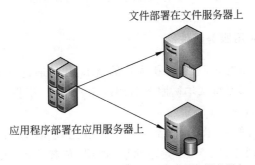

应用程序部署在应用服务器上

数据库部署在数据库服务器上

图 5-2　应用、数据、文件分离结构

3. 利用缓存改善网站性能

在硬件优化性能的同时,同时也通过软件进行性能优化,在大部分的网站系统中,都会利用缓存技术改善系统的性能,使用缓存主要源于热点数据的存在,大部分网站访问都遵循"二八原则"(即 80％的访问请求,最终落在 20％的数据上),所以可以对热点数据进行缓存,减少这些数据的访问路径,如图 5-3 所示,提升用户体验。

缓存实现常见的方式有本地缓存和分布式缓存,同时还有 CDN、反向代理等。本地缓存是将数据缓存在应用服务器本地,可以存在内存中,也可以存在文件中,OSCache 就是常用的本地缓存组件。本地缓存的特点是速度快,但因为本地空间有限所以缓存数据量也有限。分布式缓存可以缓存海量的数据,并且扩展非常容易,在门户类网站中常常被使用,速度一般没有本地缓存快,常用的分布式缓存有 Membercache 和 Redis。

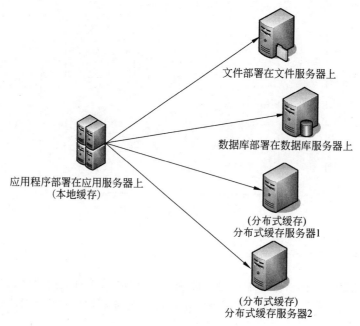

图 5-3　利用缓存改善网站性能的结构

4. 使用集群改善应用服务器性能

应用服务器作为网站的入口，会承担大量的请求，往往通过应用服务器集群来分担请求数。应用服务器前面部署负载均衡服务器调度用户请求，根据分发策略将请求分发到多个应用服务器节点，如图 5-4 所示。

常用的硬件负载均衡技术的产品有 F5，价格比较贵；软件的负载均衡有 LVS、Nginx、HAProxy 等实现方式。LVS 是传输层（四层）负载均衡，根据目标地址和端口选择内部服务器，Nginx 和 HAProxy 是应用层（七层）负载均衡，可以根据报文内容选择内部服务器，因此 LVS 分发路径优于 Nginx 和 HAProxy，均衡性能要高些，而 Nginx 和 HAProxy 则更具配置性，如可以用来做动静分离（根据请求报文特征，选择静态资源服务器还是应用服务器）。

5. 数据库读写分离和分库分表

随着用户量的增加，数据库成为最大的瓶颈，改善数据库性能常用的手段是进行读写分离以及分表，读写分离就是将数据库分为读库和写库，通过主备功能实现数据同步。分库分表则分为水平切分和垂直切分，水平切分则是对一个数据库特大的表进行拆分，如用户表。垂直切分则是根据业务不同来切分，如用户业务、商品业务相关的表放在不同的数据库中，如图 5-5 所示。

6. 使用 CDN 和反向代理提高网站性能

假如服务器都部署在成都的机房，对于四川的用户来说访问是较快的，而北京的用户

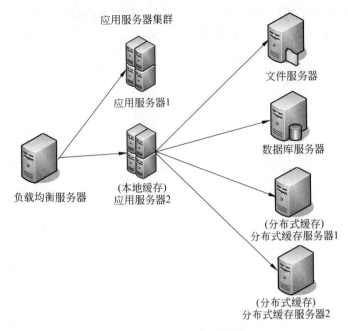

图 5-4　负载均衡集群结构

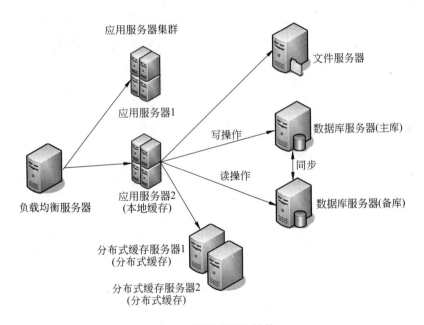

图 5-5　数据库分离结构

访问是较慢的，这是由于四川和北京分别属于电信和联通的不同地区，北京用户访问需要通过互联路由器经过较长的路径才能访问到成都的服务器，所以数据传输时间比较长。CDN 技术可将数据内容缓存到运营商的机房，用户访问时先从最近的运营商获取数据，这样大大减少了网络访问的路径。比较专业的 CDN 运营商有蓝汛和网宿。

而反向代理，则是部署在网站的机房，当用户请求达到时首先访问反向代理服务器，反向代理服务器将缓存的数据返回给用户,如果没有缓存数据才会继续向应用服务器获取,也减少了获取数据的成本。反向代理有 Squid 和 Nginx。图 5-6 主要介绍了 CDN 和反向代理网站结构。

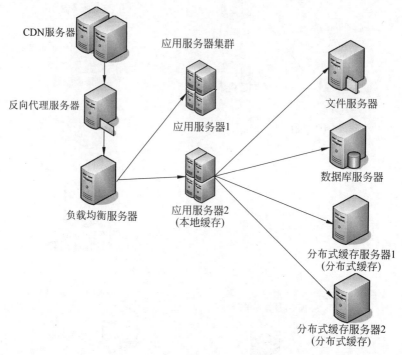

图 5-6　CDN 和反向代理网站结构

7. 使用分布式文件系统

随着用户增加,业务量越来越大,产生的文件越来越多,单台的文件服务器已经不能满足需求。需要分布式的文件系统支撑,如图 5-7 所示。常用的分布式文件系统有 NFS。

8. 使用 Nosql 和搜索引擎

对于海量数据的查询,使用 Nosql 数据库加上搜索引擎可以获得更好的性能,图 5-8 显示了海量数据的查询架构,并不是所有的数据都要放在关系型数据中。常用的 Nosql 有 mongodb 和 redis,搜索引擎有 lucene。

9. 将应用服务器进行业务拆分

随着业务进一步扩展,应用程序变得非常臃肿,这时需要将应用程序进行业务拆分,如百度分为新闻、网页、图片等业务。每个业务应用负责相对独立的业务运作。业务之间通过消息进行通信或者同享数据库来实现。图 5-9 为业务拆分结构图。

10. 搭建分布式服务

业务拆分后各个业务应用都会使用到一些基本的业务服务,如用户服务、订单服务、

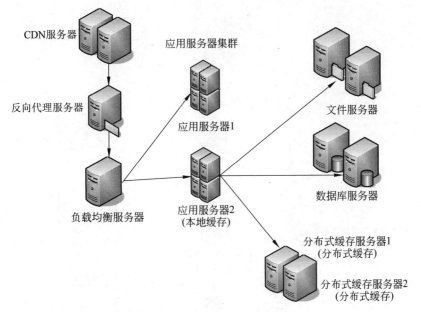

图 5-7　分布式文件系统结构

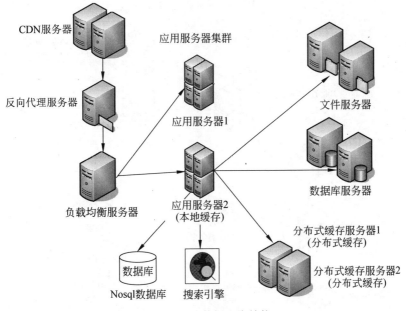

图 5-8　海量数据查询结构

支付服务、安全服务等,这些服务是支撑各业务应用的基本要素。将这些共有的服务抽取出来利用分布式服务框架搭建分布式服务,如图 5-10 所示,淘宝的 Dubbo 是具体实现的实例。

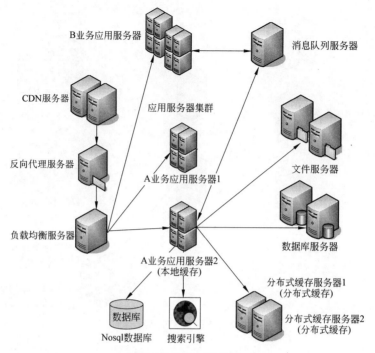

图 5-9　业务拆分结构

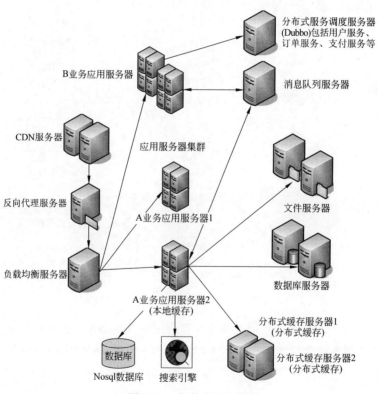

图 5-10　分布式服务结构

5.2 集 群 介 绍

计算机集群(Cluster),可以把多台计算机连接在一起使用,平分资源或互为保障。服务器集群就是指将很多服务器集中起来一起进行同一种服务,在客户端看来就只是一个服务器。集群通信系统是一种计算机系统,它通过一组松散集成的计算机软件和硬件连接起来高度紧密地协作完成计算工作。构建集群是为了解决单机运算能力的不足、I/O 能力的不足、提高服务的可靠性、获得规模可扩展能力,降低整体方案的运维成本(运行、升级、维护成本)。通过集群技术可实现以下目的。

(1) 提高性能。

一些计算密集型应用,如天气预报、核试验模拟等,需要计算机有很强的运算处理能力,现有的技术,即使普通的大型计算机器也很难胜任。这时,一般都使用计算机集群技术,集中几十台甚至上百台计算机的运算能力来满足要求。提高处理性能一直是集群技术研究的重要目标之一。

(2) 降低成本。

通常一套较好的集群配置,其软硬件开销要与价值上百万美元的专用超级计算机相比已属相当便宜。在达到同样性能的条件下,采用计算机集群比采用同等运算能力的大型计算机具有更高的性价比。

(3) 提高可扩展性。

用户若想扩展系统能力,不得不购买更高性能的服务器,才能获得额外所需的CPU 和存储器。如果采用集群技术,则只需要将新的服务器加入集群中即可,对于客户来说,服务无论从连续性还是性能上都几乎没有变化,好像系统在不知不觉中完成了升级。

(4) 增强可靠性。

集群技术使系统在故障发生时仍可以继续工作,将系统停运时间减到最小。集群系统在提高系统的可靠性的同时,也大大减小了故障损失。

集群中的每个计算机被称为一个节点,节点可添加可减少,在这些节点之上虚拟出一台计算机供用户使用;从用户的角度看始终是使用一台计算机,无所谓多少节点。

如图 5-11 所示,其中多台计算机可以共同分担资源,也可以互为保障,节点之间的工作方式取决于不同的集群技术,不同厂商实现方式会有不同。

当下流行的集群技术可分为以下 3 种:HA 高可用集群、负载均衡集群和并行计算集群。

1. HA 高可用集群

高可用集群(High availability Cluster,HAC)主要用于高可用解决方案的实现,节点间以主备形式,实现容灾;在大型故障(宕机,服务器故障)的情况下实现快速恢复,快速提供服务。如图 5-12 所示:当前节点在 Node01,所有业务在 Node01 上运行,若发生故障

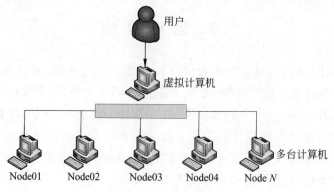

图 5-11　集群基本模式图

服务和资源会转移到 Node02 上。高可用集群的另一个特点是共享资源,多个节点服务器共享一个存储资源,该存储可在不同节点之间转移。

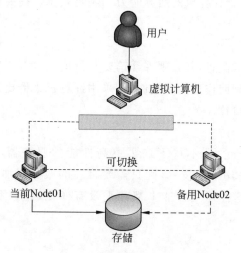

图 5-12　高可用集群模式图

高可用集群可实现以下 3 种方式。

(1) 主从方式:主从服务器结构及业务相同,平时主服务器工作,备用服务器监控。当主服务器出现问题时,业务切换到从服务器。此方式不能有效地利用备用服务器资源。

(2) 互为主从:两服务器同时在线并且运行不同的业务,一台服务器故障可将其业务切换到另一台服务器上。此方式有效地利用服务器资源,但当服务器故障时,另一台服务器上要运行多个业务。

(3) 多台服务器主从:大部分服务器在线使用,小部分服务器监控;若有部分服务器故障,可切换到指定的小部分服务器上。此方式综合了前两种方式。然后多台服务器集群,增加了管理的复杂度。

在高可用系统中,当联系两个节点的"心跳线"断开时,本来为一整体、动作协调的 HA 系统,就分裂成为两个独立的个体,出现脑裂现象(Split-brain)。由于相互失去了联系,都以为是对方出了故障,争抢"共享资源"和"应用服务",就会发生共享资源被瓜分、2边"服务"都起不来的严重后果;或者 2 边"服务"都起来了,但同时读写"共享存储",导致数据损坏(如数据库轮询着的联机日志出错)。

对付 HA 系统"脑裂"的对策,目前达成共识的大概有以下几条。

(1) 添加冗余的心跳线,例如用双线条线(心跳线也高可用)尽量减少"脑裂"发生概率;

(2) 启用磁盘锁。正在服务一方锁住共享磁盘,"脑裂"发生时,让对方完全"抢不走"共享磁盘资源。但使用锁磁盘也会有一个不小的问题,如果占用共享盘的一方不主动"解锁",另一方就永远得不到共享磁盘。现实中假如服务节点突然死机或崩溃,就不可能执行解锁命令。后备节点也就接管不了共享资源和应用服务。于是有人在 HA 中设计了"智能"锁。即正在服务的一方只在发现心跳线全部断开(察觉不到对端)时才启用磁盘锁,平时就不上锁了。

(3) 设置仲裁机制。例如,设置参考 IP(如网关 IP),当心跳线完全断开时,两个节点都各自 ping 一下参考 IP,无法连通则表明断点就出在自身,即使启动(或继续)应用服务也没有意义,那就主动放弃竞争,让能够 ping 通参考 IP 的一端启动服务。还可能因主服务器业务繁忙或者网络拥堵无法通报心跳信息导致从服务器的误判导致脑裂现象,可采用奇数个节点结构以便少数服从多数进行仲裁。避免脑裂时对资源的竞争。可采用资源隔离(Fencing)屏蔽。隔离屏蔽有资源级别和节点级别两种。

使用资源级别来隔离集群可以确保节点无法访问一个或多个资源。一个典型的例子是 SAN,其中防护操作会更改 SAN 交换机上的规则以拒绝来自节点的访问。

节点级别的防护确保节点根本不运行任何资源。这通常是以一种非常简单而又残酷的方式完成的:使用电源开关简单地重置节点。如 Stonith(Shoot The Other Node In The Head)就是一种隔离屏蔽,它提供了节点级别的防护。

高可用集群主要实现了高可用性,即提高整体系统的可靠性。描述可靠性的标准——X 个 9,这个 X 是代表数字 3～5。X 个 9 表示系统在 1 年的使用过程中,可以正常使用时间与总时间(1 年)之比。

3 个 9(99.9%):(1%～99.9%) * 365 * 24＝8.76h,表示该软件系统在连续运行 1 年时间里可能的业务中断时间最多是 8.76h。

4 个 9(99.99%):(1%～99.99%) * 365 * 24＝0.876h＝52.6min,表示该软件系统在连续运行 1 年时间里可能的业务中断时间最多是 52.6min。

5 个 9(99.999%):(1%～99.999%) * 365 * 24 * 60＝5.26min,表示该软件系统在连续运行 1 年时间里可能的业务中断时间最多是 5.26min。

那么 X 个 9 里的 X 只代表数字 3～5,为什么没有 1～2,也没有大于 6 的呢? 接着往下计算:

1 个 9(90%):(1%～90%) * 365＝36.5 天

2 个 9(99%):(1%～99%) * 365＝3.65 天

6 个 9(99.9999%):(1%～99.9999%) * 365 * 24 * 60 * 60＝31s

可以看到 1 个 9 和 2 个 9 分别表示一年时间内业务可能中断的时间是 36.5 天和 3.65 天,这种级别的可靠性或许还不配使用"可靠性"这个词;而 6 个 9 则表示一年内业务中断时间最多是 31s,这个级别的可靠性并非实现不了,而是要做到从 5 个 9 到 6 个 9 的可靠性提升,后者需要付出比前者几倍的成本,所以在企业里大家都只谈(3~5)个 9。

2. 负载均衡集群

负载均衡集群(Load Balancing Cluster,LBC),不同节点之间相互独立,共同承担大量客户端的访问,以提升系统的吞吐量。负载均衡前端调度器负责通过一定算法将客户端的访问请求平分到集群的各个节点上,充分利用每个节点的资源。负载均衡扩展了网络设备和服务器带宽,增加吞吐量,加强网络数据处理能力。

每个节点的性能和配置可能不同,根据算法,可以分配不同的权重到不同节点上,以实现不同节点的资源利用。网络访问通过负载均衡器,将请求分布到不同节点上,如图 5-13 所示。

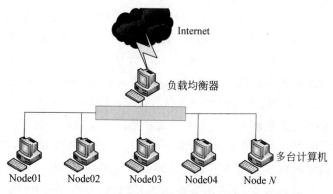

图 5-13　负载均衡模式图

3. 高性能计算集群

高性能计算集群(High Performance Computing,HPC),如图 5-14 所示,利用并行计算的能力来提高计算速度,解决大规模科学问题的计算和海量数据的处理,如科学研究、气象预报、计算模拟、军事研究、CFD/CAE、生物制药、基因测序、图像处理等。并行计算是相对于串行计算来说的。并行计算的目的是提高计算速度。

并行计算分为时间计算和空间计算两种。

(1)时间计算既是流水线技术,一个处理器分为多个单元,每个单元负责不同任务,这些单元可并行计算。

(2)空间计算利用多个处理器并发地执行计算。目前微处理器的计算能力越来越强,将大量低廉的微处理器互联起来,组成一个"大型计算机"以解决复杂的计算任务。Beowulf computers 为最典型的空间并行计算。图 5-15 为高性能计算中心系统网络连接示意图。

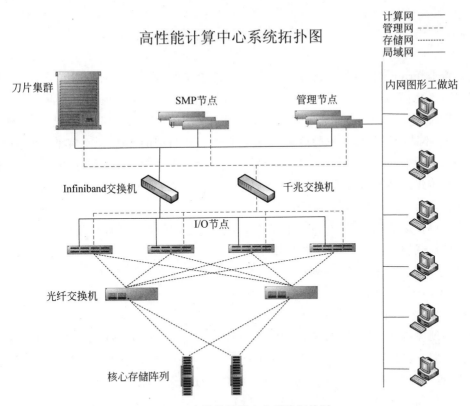

图 5-14　高性能计算中心系统拓扑图

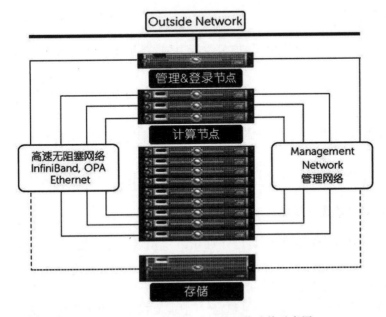

图 5-15　高性能计算中心系统网络连接示意图

5.3　负载均衡集群

随着 Internet 的发展,Web 正从一种内容发送机制发展为一种服务平台,大量的服务和应用(如新闻服务、网上银行、电子商务等)都是围绕着 Web 进行,这促进 Internet 用户剧烈增长和 Internet 流量爆炸式地增长。很多网络服务因为访问次数爆炸式地增长而不堪重负,不能及时处理用户的请求,导致用户进行长时间的等待,大大降低了服务质量。如何建立可伸缩的网络服务来满足不断增长的负载需求已成为迫在眉睫的问题。负载均衡技术是构建大型网站必不可少的架构策略之一,它的目的是把用户的请求分发到多台后端的设备上,用以均衡服务器的负载。

我们可以把负载均衡器划分为两大类:硬件负载均衡器和软件负载均衡器。

硬件负载均衡器,硬件 LB 比较出名的有:

(1) F5 公司的 BIG-IP 系列;

(2) Citrix 公司的 NetScaler 系列;

(3) A10 公司的 AX 系列。

这些硬件负载均衡器,价格比较贵,但也提供了高可用性和高稳定性,同时还提供专业的技术服务,这些设备往往都是一些大企业(非 IT 类)所热衷的。因为这些企业不缺乏资金,也不用专业的 IT 团队来开发和运维类似的负载均衡套件。

软件负载均衡器,较流行的有 LVS,HAProxy,Nginx。这三种软件负载均衡器都为开源软件,任何个人或企业都可以无偿使用。这三种开源负载均衡器的特点如下。

1. LVS 特点

(1) 它是基于 4 层的网络协议,抗负载能力强,对于服务器的硬件要求除了网卡外,没有其他太多要求;

(2) 配置性比较低,这是一个缺点也是一个优点,因为没有太多可配置的东西,大大减少了人为出错的概率;

(3) 应用范围比较广,不仅仅对 Web 服务做负载均衡,还可以对其他应用(MySQL)做负载均衡;

(4) LVS 架构中存在一个虚拟 IP 的概念,需要向 IDC 多申请一个 IP 来做虚拟 IP。

2. Nginx 负载均衡器的特点

(1) 工作在网络的 7 层之上,可以针对 http 应用做一些分流的策略,例如针对域名、目录结构;

(2) Nginx 安装和配置比较简单,测试起来比较方便;

(3) 也可以承担高的负载压力且稳定,一般能支撑超过上万次的并发;

(4) Nginx 可以通过端口检测到服务器内部的故障,例如根据服务器处理网页返回的状态码、超时等,并且会把返回错误的请求重新提交到另一个节点,不过缺点就是不支持 URL 来检测；

（5）Nginx 对请求的异步处理可以帮助节点服务器减轻负载；

（6）Nginx 能支持 http 和 Email，这样就在适用范围方面小很多；

（7）默认有三种调度算法：轮询、weight 以及 ip_hash（可以解决会话保持的问题），还可以支持第三方的 fair 和 url_hash 等调度算法。

3. HAProxy 的特点

（1）HAProxy 是工作在网络 7 层之上；

（2）支持 Session 的保持，Cookie 的引导等；

（3）支持 URL 检测后端的服务器出问题的检测会有很好的帮助；

（4）支持的负载均衡算法：动态加权轮循（Dynamic Round Robin），加权源地址哈希（Weighted Source Hash），加权 URL 哈希和加权参数哈希（Weighted Parameter Hash）；

（5）单纯从效率上来讲，HAProxy 会比 Nginx 具有更出色的负载均衡速度；

（6）HAProxy 可以对 MySQL 进行负载均衡，对后端的 DB 节点进行检测和负载均衡。

本书重点介绍 LVS 负载均衡集群。

5.3.1　LVS 项目背景

从网络技术的发展来看，网络带宽的增长远高于处理器速度和内存访问速度的增长，单个服务器成为制约服务性能的瓶颈。国家并行与分布式处理重点实验室的章文嵩博士作为著名的 Linux 集群项目——LVS（Linux Virtual Server）的创始人和主要开发人员，在 1998 年 5 月成立了 Linux Virtual Server 的自由软件项目，进行 Linux 服务器集群的开发工作。同时，Linux Virtual Server 项目是国内最早出现的自由软件项目之一。

LVS 针对高可伸缩、高可用网络服务的需求，给出了基于 IP 层和基于内容请求分发的负载平衡调度解决方法，并在 Linux 内核中实现了这些方法，将一组服务器构成一个实现可伸缩的、高可用网络服务的虚拟服务器。基于 LVS 的虚拟服务器的体系结构如图 5-16 所示，一组服务器通过高速的局域网或者地理分布的广域网相互连接，在它们的前端有一个负载调度器（Load Balancer）。

负载调度器能无缝地将网络请求调度到真实服务器上，从而使得服务器集群的结构对客户是透明的，客户访问集群系统提供的网络服务就像访问一台高性能、高可用的服务器一样。客户程序不受服务器集群的影响不需作任何修改。系统的伸缩性通过在服务机群中透明地加入和删除一个节点来达到，通过检测节点或服务进程故障和正确地重置系统达到高可用性。由于负载调度技术是在 Linux 内核中实现的，我们称之为 Linux 虚拟服务器（Linux Virtual Server）。

5.3.2　LVS 的类型

为了说明 LVS 的结构，先约定以下名称，如表 5-1 所示。

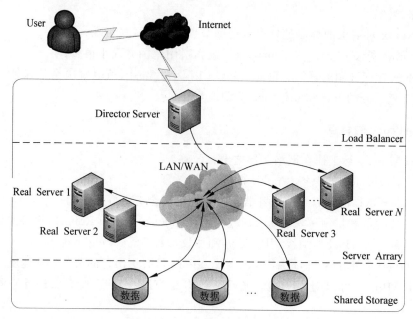

图 5-16　虚拟服务器的结构

表 5-1　LVS 结构名称

名　　称	定　　义
Client	客户端
CIP	客户端 IP 地址
Load balancer 或 Director	负载调度器
VIP	客户端访问集群的虚拟 IP 地址,即负载调度器对外公有 IP 地址
DIP	调度器连接真实服务器的 IP 地址
REALSERVER 或 Real Server	真实服务器,提供服务(HTTP、FTP 等)的服务器
RIP	集群所提供应用程序的 IP 地址

根据 LVS 的实现结构,LVS 负载均衡方式有 NAT、DR 和 TUN 三种类型。

1. LVS-NAT 结构

与防火墙目标地址转换 DNAT 方式类似,LVS-NAT 通过修改请求报文的目标地址 VIP 为根据调度算法所挑选出的某 REALSERVER 的 RIP 来进行转发。其结构如图 5-17 所示。

1) LVS-NAT 工作流程

① 客户端访问集群的 VIP 地址,请求 Web 服务(请求报文:源地址为 CIP,目标地址为 VIP);

② 调度器收到客户端的请求报文,会修改请求报文中的目标地址(VIP)为某个 RIP,并且将请求根据相应的调度算法送往后端 Web 服务器(请求报文:源地址 CIP,目标地址为 RIP);

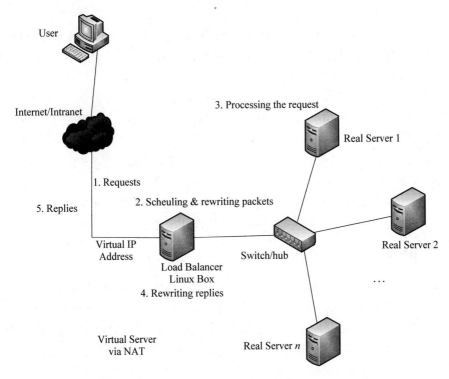

图 5-17　LVS-NAT 结构

③ Web 服务器收到请求,检查报文是访问自己的,并且自己也提供 Web 服务,就会响应这个请求报文给调度器(响应报文:源地址 RIP,目标地址 CIP);

④ 调度器收到 Web 服务器的响应报文,会根据自己内部的追踪机制,自动修改源地址为 VIP 响应客户端请求(响应报文:源地址 VIP,目标地址 CIP)。

LVS-NAT 工作流程如图 5-18 所示。

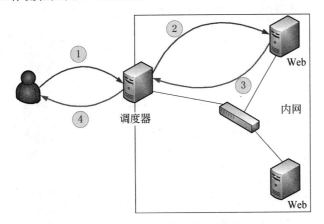

图 5-18　LVS-NAT 工作流程

2) LVS-NAT 架构特性

① REALSERVER 应该使用私有地址,即 RIP 应该为私有地址,各 REALSERVER

的网关必须指定为 DIP；

② 请求报文和响应报文都经由 Director 转发，调度器作为所有服务器节点网关，即作为客户端的访问入口，也是各节点回应客户端的访问出口；

③ 和 DNAT 一样支持端口映射；

④ REALSERVER 可以使用任意类型的 OS；

⑤ REALSERVER 的 RIP 必须与 Director 的 DIP 在同一网络，中间不需要路由器中转。

3）NAT 模型优缺点

优点：节点服务器使用私有 IP 地址，与负载调度器位于同一个物理网络，Director 也可以充当一个 REALSERVER，安全性比 DR 模式和 TUN 模式要高。

缺点：调度器位于客户端和集群节点之间，并负责处理进出的所有通信（压力大的根本原因）。大规模应用场景中，调度器成为系统整体性能瓶颈。

2. LVS-DR 结构

和 LVS-NAT 不同，LVS-DR 结构的 Diector 在实现转发时不修改请求的 IP 首部，而是通过直接修改目标的 MAC 首部完成转发；目标 MAC 是 Director 根据调度方法挑选出某 REALSERVER 的 MAC 地址。为了确保目的 IP 为 VIP 的数据包能够被选中的 REALSERVER 接收，事先要在所有的 REALSERVER 上配置一个 IP 为 VIP 的 loopbackDevice，因 loopbackDevice 是服务器本地使用的回环网络接口，对外是不可见的（隐藏 IP），不会与 Director 的 VIP 冲突。其结构如图 5-19 所示。

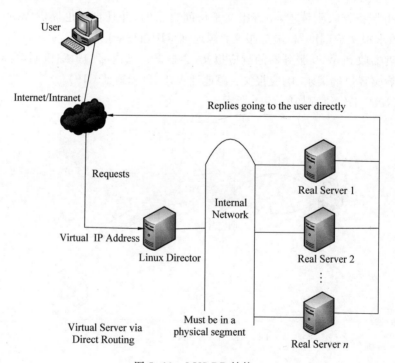

图 5-19 LVS-DR 结构

1) LVS-DR 工作流程

① 客户端 CIP 的请求发送给 LVS 调度器的 VIP；

② LVS 调度器收到客户端的请求包后，将数据包的 MAC 地址改成 LVS 调度器选择的某一台 REALSERVER 的 MAC 地址，并通过交换机（数据链路层）发送给 REALSERVER 服务器（因为 MAC 地址是 REALSERVER 服务器，所以 REALSERVER 可以接收到该数据报）。注意：此时数据包的目的及源 IP 地址没有发生任何改变。

③ REALSERVER 的数据链路层收到发送来的数据报文请求后，会从链路层往上传给 IP 层，此时 IP 层需要验证请求的目标 IP 地址。因为包的目标 IP 与 REALSERVER 的隐藏 IP（即 VIP），REALSERVER 正常接收。

④ REALSERVER 处理数据包完成后，将应答直接返回给客户端（源 IP 为 VIP，目标 IP 为 CIP）。回复数据报不再经过调度器。因此，如果对外提供 LVS 负载均衡服务，则 REALSERVER 需要和 Diectory 一样连上外网才能将应答包返回给客户端。一般 REALSERVER 最好为带公网 IP 的服务器，这样可以不经过网关直接回应客户，如果多个 REALSERVER 使用了同一网关出口，网关会成为 LVS 架构的瓶颈，导致 LVS 的性能降低。

LVS-DR 工作流程如图 5-20 所示。

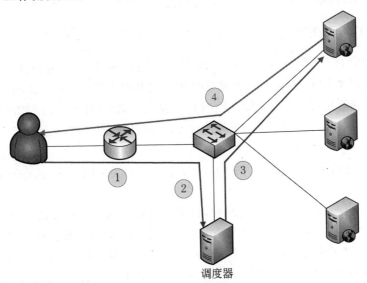

图 5-20 LVS-DR 工作流程

2) LVS-DR 架构特性

① 保证前端路由器将目标地址为 VIP 的请求报文通过 ARP 地址解析后送往 Director，具体实现方法如下。

a. 静态绑定：在前端路由器直接将 VIP 对应的目标 MAC 静态配置为 Director 的 MAC 地址。

缺点：如果路由是运营商提供则没有路由器管理权限，就无法配置；如果调度器做了高可用,当主备切换的时候,MAC 地址会发生改变。

b. Arptables:在各 REALSERVER 上通过 Arptables 规则拒绝其响应对应的 ARP 广播请求。

c. 内核参数:在 REALSERVER 上修改内核参数,并结合地址的配置方式实现拒绝响应对 VIP 的 ARP 广播请求。

② REALSERVER 的 RIP 可以使用私有地址,但也可以使用公网地址,此时可通过互联网上的主机直接对此 REALSERVER 远程管理操作。

③ 请求报文必须经由 Director 调度,但响应报文必须不能经由 Director。

④ 各 RIP 必须与 DIP 在同一物理网络中。

⑤ 不支持端口映射。

⑥ REALSERVER 可以使用大多数的 OS。

⑦ REALSERVER 的网关一定不能指向 Director。

3) LVS-DR 模型优缺点

优点:负载均衡器也只是分发请求,应答包通过单独的路由方法返回给客户端,大大提高了服务器并发能力(响应报文一般比请求报文长)。

缺点:①Director 和 REALSERVER 必须在同一个 VLAN;

②各 REALSERVER 上绑定 VIP,风险大。

3. LVS-TUN 结构

为了实现分布于不同地区 REALSERVER 间负载均衡,利用 IP 隧道技术(IP tunneling)在不修改请求报文 IP 首部情况下,在原有的 IP 报文基础上再封装 1 个 IP 首部,经由互联网把请求报文交给选定的 REALSERVER。和 DR 结构类似,所有 REALSERVER 必须配置隐藏 VIP,LVS-TUN 结构主要用于实现异地容灾。其结构如图 5-21 所示。

1) LVS-TUN 工作流程

① 用户发送请求到 Director 的 VIP 请求服务。注意:此 VIP 地址在互联网上是唯一可达地址。

② 当用户请求到达 Director 的时候,根据调度算法选择一台 REALSERVER 进行转发,但是这个时候发送的报文就需要使用隧道(TUN)技术在原有数据包基础上再封装 1 个 IP 首部。原有报文首部源 CIP 目标 VIP,新封装的 IP 首部,源 DIP 目标 RIP,构成了 IPIP 报文。

③ 当 REALSERVER 接收到 IPIP 报文后,看到外层的 IP 首部,目标地址是自己的 RIP 就会接收拆开封装,这个时候就会发现还有一个 IP 首部,首部内容为 CIP 请求自己的 VIP(隐藏 IP),这个时候由于自己有 VIP 地址响应这个请求给 CIP(响应报文:源地址 VIP,目标地址 CIP)。

LVS-TUN 工作流程如图 5-22 所示。

2) LVS-TUN 架构特性

① RIP、DIP、VIP 都是公网地址;

② REALSERVER 的网关不能也不可能指向 DIP;

③ 请求报文由 Director 分发,但响应报文直接由 REALSERVER 响应给 Client;

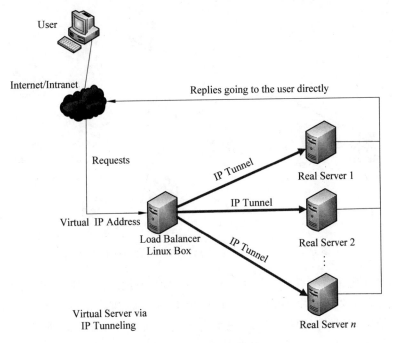

图 5-21　LVS-TUN 结构

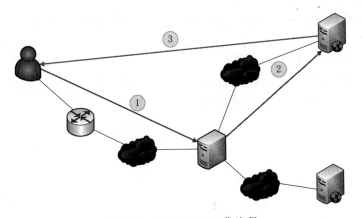

图 5-22　LVS-TUN 工作流程

④ 不支持端口映射；

⑤ REALSERVER 的 OS 必须得支持 IP 隧道。

3）LVS-TUN 结构优缺点

优点：实现了异地容灾，避免了一个机房故障导致网站无法访问。

缺点：REALSERVER 配置复杂（IPIP 模块等）。

4. LVS-FULLNAT

LVS-NAT 在多路由网络调度中存在的问题，其结构如图 5-23 所示。

① 客户端将请求发送给 Director 请求服务；

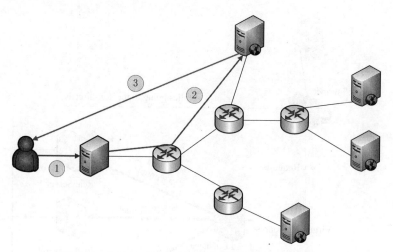

图 5-23 LVS-NAT 在多路由网络调度中存在的问题

② Director 将请求报文转发给 REALSERVER,源地址是 CIP,目标地址是 RIP。

注意:响应报文不经由 Director,REALSERVER 收到数据报查看目标地址是自己的就会响应请求,但是源地址为 CIP,这个时候由于和 Director 中间使用了路由器连接,所以网关不是指向 Director,如果响应报文不经过 Director,那么响应客户端请求的就是 REALSERVER 的 RIP,而不是 VIP。

③ 客户端收到响应报文,看到是 RIP 响应的,但是自己没有请求过 RIP,所以会直接丢弃数据报。

1) LVS-FULLNAT 结构

通过请求报文的源地址为 DIP,目标为 RIP 来实现转发;对于响应报文而言,修改源地址为 VIP,目标地址为 CIP 来实现转发,其结构如图 5-24 所示。

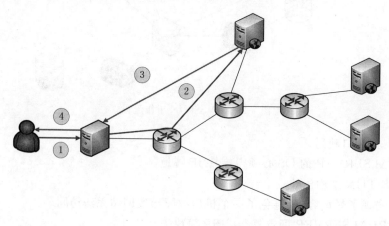

图 5-24 LVS-FULLNAT 结构

2) LVS-FULLNAT 工作流程

① 客户端将请求发送给 Director 的 VIP 请求服务;

② Director 通过调度算法,将请求发送给后端的 REALSERVER,这个时候源地址改为 DIP,目标地址改为了 RIP;

③ REALSERVER 接收到请求后,由于源地址是 DIP,则一定会对 DIP 进行回应;

④ Director 收到 REALSERVER 的响应后,会修改数据报的源地址为 VIP,目标地址为 CIP 进行响应。

说明:此调度方式还没有正式被 Linux 官方录入系统标准库,所以如果想使用此模式,需要去 LVS 官网下载源码,并且需要重新编译系统内核才可使用。

3) LVS-FULLNAT 架构特性

① RIP、DIP 可以使用私有地址;

② RIP 和 DIP 可以不在同一个网络中,且 RIP 的网关未必需要指向 DIP;

③ 支持端口映射;

④ REALSERVER 的 OS 可以使用任意类型;

⑤ 请求报文经由 Director,响应报文也经由 Director。

5.3.3　LVS 调度算法

LVS 以模块形式集成在系统内核中,通过编译内核时的配置文件查看当前系统支持的调度方法:

```
#grep -i 'IP_VS SCHEDULER' -A 12 /boot/config-2.6.32-504.el6.x86_64
[root@localhost~]#grep -i 'IP_VS SCHEDULER' -A 12 /boot/config-2.6.32-504.
el6.x86_64
#IP_VSscheduler
CONFIG_IP_VS_RR=m
CONFIG_IP_VS_WRR=m
CONFIG_IP_VS_LC=m
CONFIG_IP_VS_WLC=m
CONFIG_IP_VS_LBLC=m
CONFIG_IP_VS_LBLCR=m
CONFIG_IP_VS_DH=m
CONFIG_IP_VS_SH=m
CONFIG_IP_VS_SED=m
CONFIG_IP_VS_NQ=m
```

1. LVS 的调度算法分类

LVS 的调度方法分为两种,一种是静态方法,另一种是动态方法。

静态方法:仅根据算法本身实现调度;实现起点公平,不管服务器当前处理多少请求,也不考虑不同服务器处理能力差别,平均分配的任务数量一致。以上列出的 10 种算法中包括 RR、WRR、SH、DH 4 种静态算法。

动态方法:根据算法及后端 REALSERVER 当前的负载状况实现调度;不只看任务数量多少,确保分配的结果更公平。以上列出的 10 种算法中包括 LC、WLC、SED、NQ、

LBIC、LBICR 6 种动态算法。

2. 静态调度算法（static Schedu）

（1）RR（Round Robin，轮叫，轮询）。

说明：轮询调度算法的原理是每一次把来自用户的请求轮流分配给内部中的服务器，从 1 开始，直到 N（内部服务器个数），然后重新开始循环。算法的优点是简洁，它无须记录当前所有连接的状态，所以它是一种无状态调度。缺点是没考虑每台服务器的处理能力。

（2）WRR（Weight Round Robin，加权轮询），以权重之间的比例实现在各主机之间进行调度。

说明：由于每台服务器的配置、安装的业务应用等不同，其处理能力也会不一样。所以，根据服务器的不同处理能力，给每个服务器分配不同的权值，使其能够接受相应权值数的服务请求。

（3）SH（Source Hashing，源地址 hash），实现会话绑定 sessionaffinity。

说明：简单地说，就是有将同一客户端的请求发给同一个 REALSERVER，源地址散列调度算法正好与目标地址散列调度算法相反，它根据请求的源 IP 地址，作为散列键（Hash Key）从静态分配的散列表找出对应的服务器，若该服务器是可用的并且没有超负荷，将请求发送到该服务器，否则返回空。它采用的散列函数与目标地址散列调度算法相同。它的算法流程与目标地址散列调度算法基本相似，除了将请求的目标 IP 地址换成请求的源 IP 地址。

（4）DH（Destination Hashing，目标地址 hash）。

说明：将同样的请求发送给同一个 server，一般用于调度器后面带有缓存服务器情景，保证不同客户端访问同样的资源从同一个缓存服务器中得到。简单地说，LB 集群后面又加了一层，在 LB 与 REALSERVER 之间加了一层缓存服务器，当一个客户端请求一个页面时，LB 发给 Cache1，当第二个客户端请求同样的页面时，LB 还是发给 Cache1，这就是说将同样的请求发给同一个 server，来提高缓存的命中率。目标地址散列调度算法也是针对目标 IP 地址的负载均衡，它是一种静态映射算法，通过一个散列（Hash）函数将一个目标 IP 地址映射到一台服务器。目标地址散列调度算法先根据请求的目标 IP 地址，作为散列键（Hash Key）从静态分配的散列表找出对应的服务器，若该服务器是可用的且未超载，将请求发送到该服务器，否则返回空。

3. 动态调度算法（dynamic Schedu）

（1）LC（Least-Connection Scheduling，最少连接调度算法）。

说明：最少连接调度算法是把新的连接请求分配到当前连接数最小的服务器，最小连接调度是一种动态调度短算法，它通过服务器当前所活跃的连接数来估计服务器的负载均衡，调度器需要记录各个服务器已建立连接的数目，当一个请求被调度到某台服务器，其连接数加 1，当连接中止或超时，其连接数减 1，在系统实现时，也引入当服务器的权值为 0 时，表示该服务器不可用而不被调度。

简单算法：active * 256＋inactive

此算法忽略了服务器的性能问题，有的服务器性能好，有的服务器性能差，通过加权重来区分性能，所以有了下面算法 WLC。

（2）WLC(Weighted Least-Connection Scheduling，加权最少连接调度算法)。

加权最小连接调度算法是最小连接调度的超集，各个服务器用相应的权值表示其处理性能。服务器的默认权值为 1，系统管理员可以动态地设置服务器的权限，加权最小连接调度在调度新连接时尽可能使服务器的已建立连接数和其权值成比例。由于服务器的性能不同，给性能相对好的服务器加大权重，即会接收到更多的请求。

简单算法：(active * 256＋inactive)/weight

当刚开始接受请求时初始活动连接为 0，无论 REALSERVER 的权重如何不同，计算结果都为 0，所以 Director 自动顺序选择第 1 个服务器响应请求，而不是选择性能强的服务器响应。

（3）SED(Shortest Expected Delay Scheduling，最少期望延迟调度算法)。

在 WLC 的基础上，不考虑非活动连接，选择权重大的服务器来接收请求，其算法如下。

基于 WLC 算法基础上忽略不活跃连接后 SED 算法：(active＋1) * 256/weight

但 SED 会出现问题，就是权重比较大的服务器会很忙，但权重相对较小的服务器很闲，甚至会接收不到请求，所以便有了下面的算法 NQ。如 ABC3 个服务器权值分别为 1∶4∶6 时，5 个活跃连接分配为 CBCBC，权值小的 A 服务器很难得到任务。

（4）NQ(Never Queue Scheduling，永不排队调度算法)。

说明：由于某台服务器的权重较小，比较空闲，甚至接收不到请求，而权重大的服务器会很忙，所以 NQ 算法是 SED 的改进，就是说不管权重多大都会被分配到请求。简单来说，无须队列，如果有台 REALSERVER 的连接数为 0 就直接分配过去，不需要再进行SED 运算。第一轮先自上而下分配，第二轮开始计算最少连接。

（5）LBLC(Locality-Based Least Connections Scheduling，基于局部性的最少连接调度算法)，这是动态的 DH 算法。

说明：根据负载状态实现正向代理。LBLC 算法是针对请求报文的目标 IP 地址的负载均衡调度，目前主要用于 Cache 集群系统，因为在 Cache 集群中客户请求报文的目标IP 地址是变化的。LBLC 调度算法先根据请求的目标 IP 地址找出该目标 IP 地址最近使用的服务器，若该服务器是可用的且没有超载，将请求发送到该服务器；若服务器不存在，或服务器超载或有服务器处于其一半的工作负载，则用"最少链接"的原则选出一个可用的服务器，将请求发送到该服务器。

这种算法本质就是 LC 算法或理解为 WLC 算法。但是该算法的特性是，注意实现目标是要和静态调度算法中的 DH 算法一样，用于将同一类请求转发到一个固定节点，因此常用于缓存服务器的场景。但是 DH 算法因为是静态调度算法，不会考虑后端（缓存）服务器的当前连接数，但 LBLC 就是在 DH 算法的基础上考虑后端服务器当前的连接数。如果（缓存）服务器使用了集群（如 Memcached 的主主复制），因为所有节点的缓存数据都相同，因此要使用负载均衡算法来实现请求按照当前服务器的负载进行转发。而如果后端的每个缓存服务器的内容不同,使用 LBLC 就会破坏命中率并且导致多个缓存节点缓存了相同的数据,因此为了提高缓存命中率以及防止多个节点缓存相同的数据,一般就不采用 LBLC 而直接采用 DH。

所以,要提高负载均衡效果就要破坏缓存命中率以及多个缓存节点会缓存相同数据;要提高缓存命中率已经防止多个节点缓存相同的数据,就会降低负载均衡效果。所以这需要找到一个平衡点,根据实际需要来决定。

(6) LBLCR(Locality-Based Least Connections with Replication Scheduling,基于局部性的带复制功能的最少连接调度算法)。

LBLCR 算法也是针对目标 IP 地址的负载均衡,目前主要用于 Cache 集群系统。它与 LBLC 算法的不同之处是它要维护从一个目标 IP 地址到一组服务器的映射,而 LBLC 算法维护从一个目标 IP 地址到一台服务器的映射。

LBLCR 调度算法将"热门"站点映射到一组 Cache 服务器(服务器集合),当该"热门"站点的请求负载增加时,会增加集合里的 Cache 服务器来处理不断增长的负载;当该"热门"站点的请求负载降低时,会减少集合里的 Cache 服务器数目。这样,该"热门"站点的映像不太可能出现在所有的 Cache 服务器上,从而提高 Cache 集群系统的使用效率。

LBLCR 算法可以理解为后端多个缓存服务器,通过内容交换协议实现缓存共享。因此无论请求哪个缓存节点,如果该节点没有数据,它不会直接到 Web 服务器上查询,而是试图到另一个缓存节点中查询,如果有则拿过来并放入当前的缓存服务器,这样就实现一定程度的缓存复制功能,可以提高缓存命中率。这里的缓存共享并不是完全的 Replication,而是仅仅当请求的节点没有需要的数据时去其他缓存节点查询所请求的缓存数据。但是这种机制因为要到其他缓存节点查询,所以性能会比直接使用 DH 差一些。

注:LVS 默认调度算法是 WLC,当大量连接产生时,非活动连接数不能忽略。

5.3.4　NAT 结构负载均衡

1. LVS 软件安装

基于 Linux 的 LVS 软件系统架构与防火墙软件系统结构类似,包括内核模块 IP_VS 和命令行工具 IPVSADM。现在 LVS 已经是 Linux 标准内核的一部分,在 Linux2.4 内核以前,使用 LVS 时必须要重新编译内核以支持 LVS 功能模块,但是从 Linux2.4 内核以后,已经完全内置了 LVS 的各个功能模块,无须给内核打任何补丁,可以直接使用 LVS 提供的各种功能。

当客户端访问服务时会访问 VIP+端口,所以客户端的请求报文会发往调度器,请求报文会先经过 PREROUTING 链,然后进行路由判断。由于此刻报文的目标 IP 为 VIP,而 VIP 对于调度器来说就是本身的 IP,所以报文会经过 INPUT 链。此刻如果 IP_VS 发现报文访问的 VIP+端口与定义的 LVS 集群规则相符,IP_VS 则会根据定义好的规则与算法,将报文直接发往 POSTROUTING 链,然后报文则会发出,最后到达后端的

REALSERVER 中。

5.3.3 节介绍了内核集成 IP_VS 模块对应的调度算法。同理可查看其支持的协议等相关信息：

```
#grep -i 'IP_VS' /boot/config-2.6.32-504.el6.x86_64
```

如果命令行工具 IPVSADM 没有安装，可以使用软件仓库方式进行安装，它位于软件仓库 Cluster 类中：

```
#yum install ipsadm
```

安装完成可运行 ipvsadm 命令验证安装结果，内核模块会随着 ipvsadm 启动。

```
#lsmod | grep IP_VS
```

2. LVS-NAT 系统结构

基于 NAT 模型的 LVS 结构如图 5-25 所示，由三台 Linux 虚拟机构成，Director 有两块网卡，一块网卡以桥接模式与客户机（宿主机）连接，另一块网卡以 HOSTONLY 模式与两台 REALSERVER 连接。

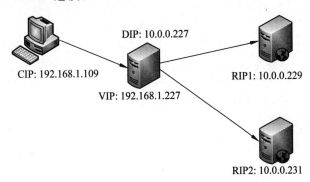

图 5-25　LVS-NAT 结构

其中，CIP：192.168.1.109
VIP：192.168.1.227
DIP：10.0.0.227
RIP1：10.0.0.229
RIP2：10.0.0.231

Director 打开路由转发功能，两台 REALSERVER 的网关指向 Director 的 DIP，REALSERVER 同时进行 HTTP 服务，为了验证负载均衡效果，两台 REALSERVER 配置不同的页面。

3. LVS-NAT 配置

准备工作：在 Director 上，配置好两块网卡的连接模式及对应的 IP，并打开内核转发功能，如图 5-26 所示。

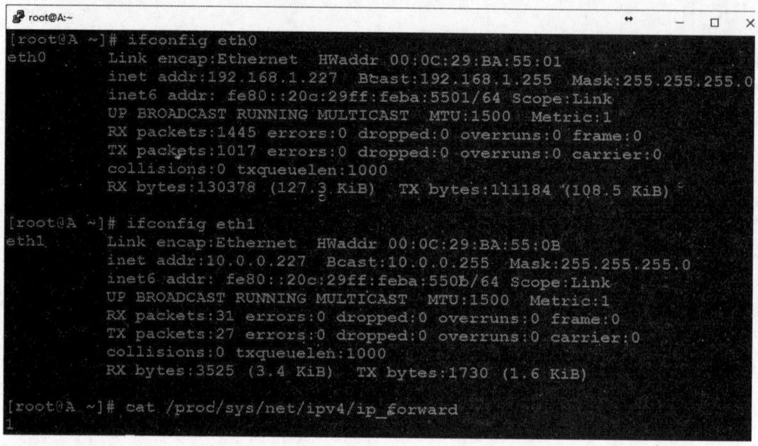

```
[root@A ~]# ifconfig eth0
eth0      Link encap:Ethernet  HWaddr 00:0C:29:BA:55:01
          inet addr:192.168.1.227  Bcast:192.168.1.255  Mask:255.255.255.0
          inet6 addr: fe80::20c:29ff:feba:5501/64 Scope:Link
          UP BROADCAST RUNNING MULTICAST  MTU:1500  Metric:1
          RX packets:1445 errors:0 dropped:0 overruns:0 frame:0
          TX packets:1017 errors:0 dropped:0 overruns:0 carrier:0
          collisions:0 txqueuelen:1000
          RX bytes:130378 (127.3 KiB)  TX bytes:111184 (108.5 KiB)

[root@A ~]# ifconfig eth1
eth1      Link encap:Ethernet  HWaddr 00:0C:29:BA:55:0B
          inet addr:10.0.0.227  Bcast:10.0.0.255  Mask:255.255.255.0
          inet6 addr: fe80::20c:29ff:feba:550b/64 Scope:Link
          UP BROADCAST RUNNING MULTICAST  MTU:1500  Metric:1
          RX packets:31 errors:0 dropped:0 overruns:0 frame:0
          TX packets:27 errors:0 dropped:0 overruns:0 carrier:0
          collisions:0 txqueuelen:1000
          RX bytes:3525 (3.4 KiB)  TX bytes:1730 (1.6 KiB)

[root@A ~]# cat /prod/sys/net/ipv4/ip_forward
1
```

图 5-26 Director 网络配置

(1) 添加新的集群。

```
#ipvsadm -A -t 192.168.1.227:80 -s rr
```

上述命令添加 1 个 VIP 为 192.168.1.227 端口为 80 的支持 TCP 协议的集群,其调度算法为 RR。

具体集群服务管理类命令如下。

① -A 添加集群,其基本格式为

```
#ipvs -A -t|u|f service-address [-s scheduler]
```

-t: TCP 协议的集群

-u: UDP 协议的集群

```
service-address: IP:PORT
```

-f: FWM: 防火墙标记

```
service-address: Mark Number
```

-s: 调度算法

② -E 修改集群,其基本格式与-A 类似

```
#ipvs -E -t|u|f service-address [-s scheduler]
```

③ -D 删除集群

```
#ipvsadm -D -t|u|f service-address
```

(2) 向集群添加 REALSERVER。

```
#ipvsadm -a -t 192.168.1.227:80 -r 10.0.0.229 -m
#ipvsadm -a -t 192.168.1.227:80 -r 10.0.0.231 -m
```

上述命令向 192.168.1.227：80 集群添加 NAT 工作方式的两台 REALSERVER。
具体的 REALSERVER 管理命令包括：

① -a 添加 REALSERVER，其基本命令格式为

```
#ipvsadm -a -t|u|f service-address -r server-address [-g|i|m] [-w weight]
```

-t|u|f service-address：事先定义好的集群服务

-r server-address：REALSERVER 的地址，在 NAT 模型中，可使用 IP：PORT 实现端口映射；

[-g|i|m]：LVS 类型

-g：DR

-i：TUN

-m：NAT

[-w weight]：定义服务器权重

② -e 修改 REALSERVER

```
#ipvsadm -e -t|u|f service-address -r server-address [-g|i|m] [-w weight]
```

③ -d 删除 REALSERVER

```
#ipvsadm -d -t|u|f service-address -r server-address
```

（3）查看集群配置。

查看配置的结果如图 5-27 所示，RR 算法中所有 REALSERVER 的权值均为 1。

```
#ipvsadm -Ln
```

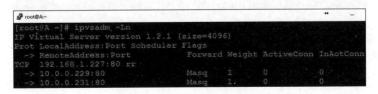

图 5-27　RR 算法集群配置结果

具体查看集群配置的命令包括：

* L|l 都用来查看集群配置，作用相同，其格式如下：

```
#ipvsadm -L|l [options]
```

[options]选项如下。

-n：数字格式显示主机地址和端口

--stats：统计数据

--rate：速率

--timeout：显示 tcp、tcpfin 和 udp 的会话超时时长

-c：显示当前的 ipvs 连接状况

（4）启动 ipvsadm 服务并测试集群效果。

♯ service ipvsadm start 命令自动保存 LVS 的规则并应用规则，如图 5-28 所示。

图 5-28　启动集群服务并应用规则

客户端访问 VIP，测试 LVS-NAT 效果，访问时 F5 刷新页面，检测 RR 算法，可以发现页面轮流显示两个 REALSERVER 的不同页面，如图 5-29 所示。

图 5-29　客户端访问结果

在 Director 上查看集群连接分配的效果如图 5-30 所示。

```
[root@A ~]# ipvsadm -Ln
IP Virtual Server version 1.2.1 (size=4096)
Prot LocalAddress:Port Scheduler Flags
  -> RemoteAddress:Port           Forward Weight ActiveConn InActConn
TCP  192.168.1.227:80 rr
  -> 10.0.0.229:80                Masq    1      1          7
  -> 10.0.0.231:80                Masq    1      1          8
```

图 5-30　RR 算法集群连接分配

重新修改集群的调度算法为 WRR 并分配 REALSERVER 的权值为 2∶1，测试结果如图 5-31 所示。

```
#ipvsadm -C        -C 命令删除所有集群服务
#ipvsadm -A -t 192.168.1.227:80 -s wrr
#ipvsadm -a -t 192.168.1.227:80 -r 10.0.0.229 -m -w 2
#ipvsadm -a -t 192.168.1.227:80 -r 10.0.0.231 -m -w 1
#ipvsadm -Ln
```

```
[root@A ~]# ipvsadm -Ln
IP Virtual Server version 1.2.1 (size=4096)
Prot LocalAddress:Port Scheduler Flags
  -> RemoteAddress:Port           Forward Weight ActiveConn InActConn
TCP  192.168.1.227:80 wrr
  -> 10.0.0.229:80                Masq    2      2          24
  -> 10.0.0.231:80                Masq    1      0          12
```

图 5-31　WRR 算法集群连接分配

（5）保存集群配置。

① 保存规则至默认配置文件/etc/sysconfig/ipvsadm：

```
#service ipvsadm save
```

② 保存规则至指定文件：

```
#ipvsadm -S >/path/to/somefile
```

（6）恢复集群配置。

```
#ipvsadm -R </path/form/somefile
```

5.3.5　DR 结构负载均衡

在 DR 模型中，被轮询到的 REALSERVER 直接响应用户的请求，Director 不修改也不封装 IP 报文，而是将数据帧的 MAC 地址改为选出的 REALSERVER 的 MAC 地址，再将修改后的数据帧在与服务器组的局域网上发送。因为数据帧的 MAC 地址是选出的 REALSERVER，所以被选出来的 REALSERVER 可以收到这个数据帧，从中可以获得该 IP 报文。每个 REALSERVER 均要配置 VIP，当 REALSERVER 发现报文的目标地址 VIP 是在本地的网络设备上，服务器处理这个报文，然后根据路由表将响应报文直接返回给客户，客户认为得到正常的服务，而不会知道是哪一台 REALSERVER 处理的。因此 DR 模型需要通过 IP 隐藏和 ARP 抑制解决 IP 冲突和 VIP 的 MAC 广播问题。

1. ARP 抑制解决 VIP 的 MAC 广播问题

DR 工作原理可以看到一个客户端计算机发送一个 ARP 广播到 DR 集群，因为 Director 和集群 REALSERVER 节点都连接到同一交换网络，它们都会接收到 ARP 广播"哪个 MAC 地址对应的 VIP？"，这时只能由前端的 Director 来对用户进行响应，其他 REALSERVER 不应该响应客户端的 ARP 请求包。为此在 REALSERVER 进行一定的处理，使其不响应 VIP 接口上的 ARP 请求。在现在的 Linux 中，都提供了相应内核参数对 MAC 广播进行管理实现 ARP 抑制，具体内容如下。

（1）arp_ignore 定义接收到 ARP 请求时的响应级别（是否要返回 ARP 响应）。

0——只要本地配置有相应 ARP 请求的目标 IP 地址，包括环回网卡上的地址，而不管该目标 IP 是否在接收网卡上，都给予响应（默认）；其示例如图 5-32 所示，eth1 网卡上收到目的 IP 为环回网卡 IP 的 ARP 请求，但是 eth1 也会返回 ARP 响应，把自己的 MAC 地址告诉请求端。

1——仅响应目标 IP 地址是配置在到达的接口上本地地址的 ARP 请求，对广播的 ARP 请求不予响应（DR 模型使用），如图 5-33 所示，eth1 网卡上收到目的 IP 为环回网卡 lo:IP 的 ARP 请求，发现请求的 IP 不是自己网卡上的 IP，不予 ARP 响应；

2——只响应目标 IP 地址为接收网卡上的本地地址的 ARP 请求，并且 ARP 请求的源 IP 必须和接收网卡同网段；

3——如果 ARP 请求数据包所请求的 IP 地址对应的本地地址其作用域（scope）为主

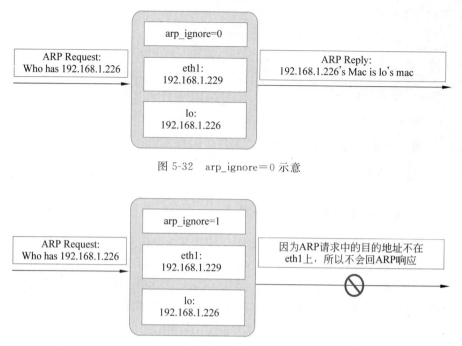

图 5-32　arp_ignore＝0 示意

图 5-33　arp_ignore＝1 示意

机(host)，则不回应 ARP 响应数据包，如果作用域为全局(global)或链路(link)，则回应 ARP 请求；

4～7——保留未使用；

8——不回应所有的 ARP 请求。

DR 模型下，每个 REALSERVER 节点都要在环回网卡上绑定虚拟 VIP。这时，当客户端对于虚拟 VIP 的 ARP 请求广播到了各个真实服务器节点，如果 arp_ignore 参数配置为 0，则各个 REALSERVER 节点都会响应该 ARP 请求，此时客户端就无法正确获取 LVS 节点上正确的虚拟 VIP 所在网卡的 MAC 地址，访问请求不能到达 Director。DR 模型下要求 arp_ignore 参数要求配置为 1。

(2) arp_announce 是控制系统在对外发送 ARP 请求时，如何选择 ARP 请求数据包的源 IP 地址，即定义将自己地址向外通告时的通告级别。系统要发送的 IP 包前要发起一个 ARP 请求，用于获取目的 IP 地址的 MAC 地址。

0——将本地任何接口上的任何地址向外通告(默认)，如图 5-34 所示，系统要发送的 IP 包源地址为 eth1 的地址，IP 包目的地址根据路由表查询判断需要从 eth2 网卡发出，这时会先从 eth2 网卡发起一个 ARP 请求，用于获取目的 IP 地址的 MAC 地址。该 ARP 请求的源 MAC 自然是 eth2 网卡的 MAC 地址，但是源 IP 地址会选择 eth1 网卡的地址。

1——试图仅向目标网络通告与其网络匹配的地址。

2——仅向与本地接口上地址匹配的网络进行通告(DR 模型使用)，eth2 网卡发起 ARP 请求时，源 IP 地址会选择 eth2 网卡自身的 IP 地址，其示意如图 5-35 所示。

如果 arp_announce 参数配置为 0，则网卡在发送 ARP 请求时，可能选择的源 IP 地址

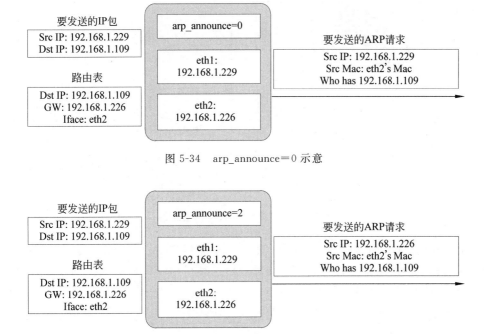

图 5-34　arp_announce＝0 示意

图 5-35　arp_announce＝2 示意

并不是该网卡自身的 IP 地址,这时收到该 ARP 请求的其他节点或者交换机上的 ARP 表中记录的该网卡 IP 和 MAC 的对应关系就不正确,可能会引发一些未知的网络问题,存在安全隐患。DR 模型要求 arp_announce 参数要求配置为 2。

arp_ignore 和 arp_announce 分别有 all、default、lo、ethx 等对应不同网卡的具体参数。当 all 和具体网卡的参数值不一致时,取较大值生效。

2. IP 隐藏解决 IP 冲突

为了 RS 能接收 Director 发来的报文,需要在各 RS 上也配置 VIP,但 RS 上的 VIP 是需要隔离前端 ARP 广播的,所以需要将各 RS 上的 VIP 隐藏(RS 上的 VIP 通常配置到 lo 网卡接口的别名上,并配合修改 Linux 内核参数来实现隔离 ARP 广播)。

3. DR 模型集群配置

(1)准备工作。

实现 DR 模型的 LVS 集群的网络拓扑如图 5-36 所示,包括 1 台 Director、两台 REALSERVER(均由虚拟 Linux 实现)和 1 个客户端(由 Windows 宿主机实现),所有虚拟机计算机以桥接方式与宿主机连接在一起。

(2)Director 配置。

① 配置桥接网卡 eth0 的 IP 地址为 192.168.1.227 作为 DIP,负责与 REALSERVER 通信。

② 将 eth0 分出一个子网卡 eth0:0 并配置上 VIP:192.168.1.226。

```
#ifconfig eth0:0 192.168.1.226broadcast 192.168.1.226 netmask255.255.255.255up
```

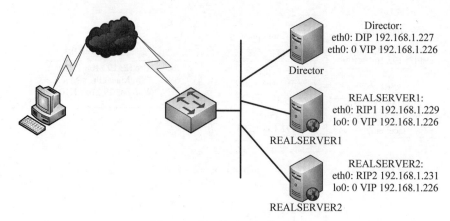

图 5-36　DR 模型 LVS 拓扑图

VIP 被绑定在环回接口 eth0：0 上，其广播地址是本身，子网掩码是 255.255.255.255。这与标准的网络地址设置有所不同。采用这种可变长掩码方式把网段划分成只含一个主机地址的目的是避免 IP 地址冲突。

③ 再将外部所有请求 VIP 的流量都导向这块网卡，所以需要添加路由。

```
# route add -host192.168.0.36 dev eth0:0
```

但是这样只是临时添加，如果重启 network 服务，或者重启系统，路由条目会消失。想永久保存路由条目，可以把上述命令追加到 rc.local 中。

④ 在配置路由转发，修改 /etc/sysctl.conf 文件。

将 net.ipv4.ip_forward=0 的值改成 1，然后使用 sysctl -p 命令来刷新保存的文件，或者用命令 sysctl -w 直接写入内存：

```
# sysctl -w net.ipv4.ip_forward=1
```

⑤ 配置 ipvsadm。

```
# ipvsadm -C        清除已有的规则
# ipvsadm -A -t 192.168.1.226:80 -s wrr
# ipvsadm -a -t 192.168.1.226:80 -r 192.168.1.229 -g -w 1
# ipvsadm -a -t 192.168.1.226:80 -r 192.168.1.231 -g -w 1
# service ipvsadm save
# service ipvsadm start
# ipvsadm -
```

查看配置结果如图 5-37 所示。

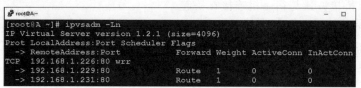

图 5-37　DR 模式配置

（3）配置 REALSERVER 端。

以 REALSERVER1 的配置为例。

① 配置桥接网卡 eth0 的 IP 地址为 192.168.1.229 作为 RIP，负责与 Director 通信。

② 配置网络别名 VIP 与静态路由。

```
# ifconfig lo:0192.168.1.226 broadcast 192.168.1.226 netmask 255.255.255.
255 up
# route add -host 192.168.1.226 dev lo:0
```

③ 配置/etc/sysctl.conf 文件实现 ARP 抑制并查看配置结果。

```
# tail -5 /etc/sysctl.conf
# LVS arp
net.ipv4.conf.lo.arp_ignore =1
net.ipv4.conf.lo.arp_announce =2
net.ipv4.conf.all.arp_ignore =1
net.ipv4.conf.all.arp_announce =2
```

④ 配置 Web 服务器及默认首页，并可通过 Director 访问。

同样的流程配置 REALSERVER2 的 RIP 为 192.168.1.231。

⑤ 通过 CIP 访问 VIP 可以轮流显示两个 REALSERVER 的页面。

修改 REALSERVER 的权值，重新访问 VIP 查看效果，配置如图 5-38 所示。

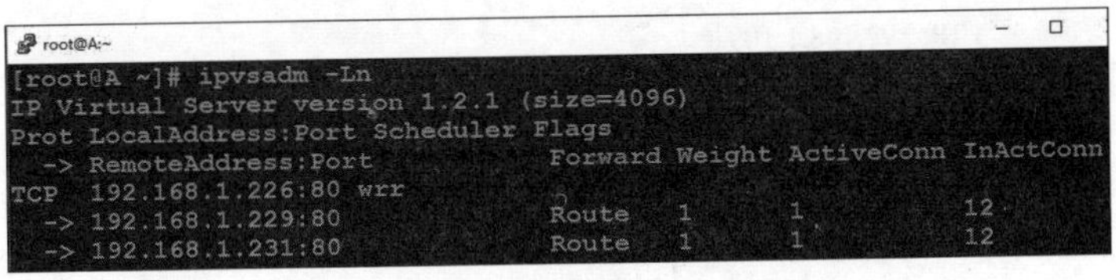

图 5-38　不同权值 DR 模式配置

4. LVS-DR 模型工作过程分析

当客户端发送一个请求到 VIP 时，IP 数据包（ipdata）携带的源 IP（RSC-IP）、目标 IP（DST-IP）和请求内容以及各种校验，其过程如下。

（1）客户端发送 1 个请求数据包到达交换机（请求的 IP 为 VIP），此刻假设交换机上没有 VIP 对应的 ARP 缓存。

（2）交换机本地因没有 VIP 对应的 MAC，会向其所有端口发送 ARP 广播包，此 ARP 的广播包里 DST-IP 为 VIP。

（3）而此时因 REALSERVER 和交换机相连的端口为 eth0。但是根据路由转发 VIP 会把这个请求送达给 lo:0 上。由于 REALSERVER 设置 arp_ignore=1，使其只回答目标 IP 地址是来自访问网络接口本地地址的 ARP 查询请求，所以 lo:0 会忽略掉这个 ARP 请求。但 Director 没有设置 arp_ignore，会响应这个 ARP 请求。所以交换机得到 VIP 对应 Director 的 MAC。

（4）交换机根据得到的 VIP 所对应的 MAC，将 ipdata 交给了 Director。

（5）Director 将得到的 ipdata 进行拆包获得请求的目标是 VIP：80，根据定义的 LVS 规则和轮询算法，确定响应这个请求的 REALSERVER1 的 RIP1（RIP 假设为 192.168.1.229）。

（6）LVS-DR 模式独有的 MAC 寻址，这个时候 Director 本地没有 RIP1 的 MAC，遂发 ARP 广播包 RIP1 的 MAC 是多少。

（7）ARP 包经过 eth0 口进入每个 REALSERVER 系统内核，内核判断出这个 ARP 请求目标 IP 为来自本地网卡的 IP，于是给出 ARP 的应答包并发给 DIP。

（8）Director 将 RIP1 应答的 MAC 存入自己的 arp -n 缓存表中，并将 ipdata 包的外层继续封装一层 MAC 寻址。此时的 SRC-IP 仍为 CIP，DST-IP 为 VIP，但是 SRC-MAC 为 DIP 即 Director 的 MAC，DST-MAC 为 RIP1 的 MAC。

（9）数据包到达 REALSERVER1 时，REALSERVER1 验证这个数据包是不是自己能处理的需要符合两个要求：一是 MAC 是自己 RIP1 的，二是 IP 是自己 lo：0 绑定的 VIP，于是将 ipdata 数据包接收。

（10）REALSERVER1 处理完成之后响应的数据包的 SRC-IP 为 VIP，DST-IP 为 CIP，SRC-MAC 为 RIP1 的 MAC，DST-MAC 为 CMAC（现实环境中为网关的，即 CIP 为路由器网关），完成整个数据访问过程。

上述 LVS-DR 访问过程如图 5-39 所示。

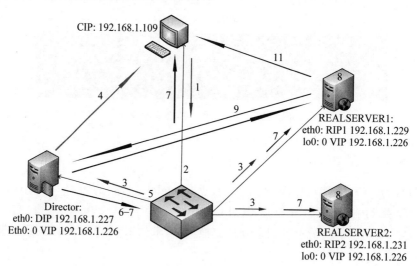

图 5-39　LVS-DR 访问过程示意

为验证步骤（7），使用 tshark 抓取 192.168.0.41 网口流量验证 ARP 包内为 RIP 而非 VIP，如图 5-40 和图 5-41 所示。清空 LVS 本地缓存，查看 ARP 缓存用 arp -n，清除 ARP 缓存使用如下命令：

```
#arp -n|awk '/^[1-9]/{print "arp -d " $1}'|sh -x
```

另外 LVS 规则算是内核方法，用 netstat -ntulp 也显示不了其侦听的端口。启动日

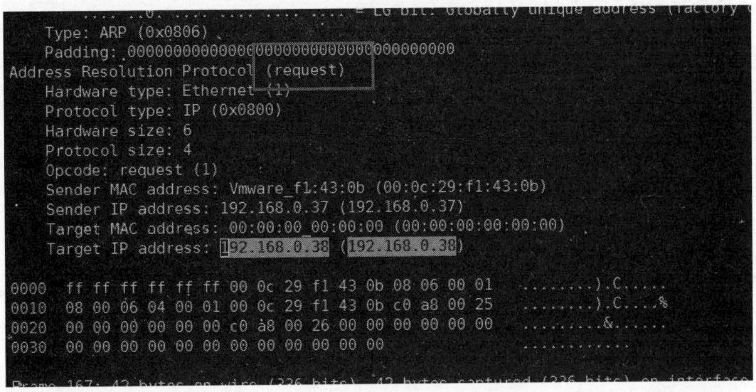

图 5-40　抓取的请求包

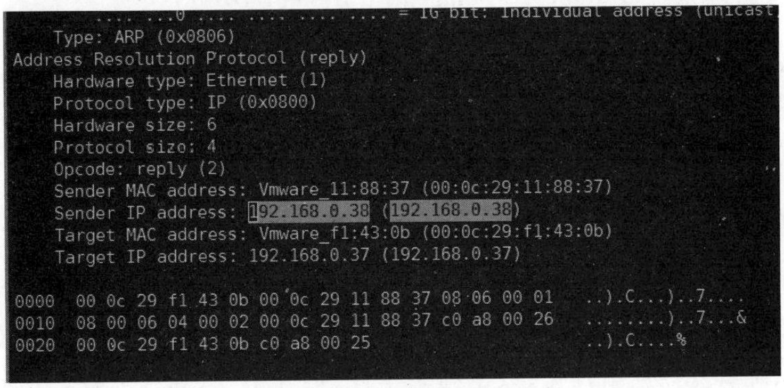

图 5-41　抓取的响应包

志在/var/log/message 中。

附：arp_ignore 和 arp_announce 参数的配置方法。

（1）修改/etc/sysctl.conf 文件，然后 sysctl -p 刷新到内存。

```
net.ipv4.conf.all.arp_ignore=1
net.ipv4.conf.lo.arp_ignore=1
net.ipv4.conf.all.arp_announce=2
net.ipv4.conf.lo.arp_announce=2
```

（2）使用 sysctl -w 直接写入内存。

```
sysctl -w net.ipv4.conf.all.arp_ignore=1
sysctl -w net.ipv4.conf.lo.arp_ignore=1
sysctl -w net.ipv4.conf.all.arp_announce=2
sysctl -w net.ipv4.conf.lo.arp_announce=2
```

（3）修改/proc 文件系统。

```
echo "1">/proc/sys/net/ipv4/conf/all/arp_ignore
echo "1">/proc/sys/net/ipv4/conf/lo/arp_ignore
echo "2">/proc/sys/net/ipv4/conf/all/arp_announce
```

```
echo "2">/proc/sys/net/ipv4/conf/lo/arp_announce
```

5.4 数据库集群

5.4.1 数据库基本概念

数据库技术是信息系统的核心和基础,研究的是如何组织和存储数据,如何高效地获取和处理数据。对于数据库,首先要知道有关数据库的几个重要概念。

1. 数据库(Database,DB)

数据库是长期存储在计算机内,有组织的,可共享的大量数据的集合。

2. 数据库管理系统(Database Management System,DBMS)

DBMS 是介于用户与操作系统之间的数据管理软件。由于数据模型分为层次模型、网状模型和关系模型,所以按照数据模型分类,DBMS 也分为 3 种。其中,MySQL 是较为常用的关系数据库管理系统(Relational Database Management System,RDBMS)。

3. 数据库系统(Database System,DBS)

在计算机系统中引入数据库后的系统构成,主要由数据库、数据库管理系统(及其开发工具)、应用系统、数据库管理员(Database Administrator,DBA)4 部分构成。

数据库系统具有数据结构化、数据高共享性、低冗余度、高独立性、数据由 DBMS 统一管理和控制的特点。但在大数据时代,单一的数据库已经不能满足需求。为了使数据库具有更高的吞吐量,更强大的数据故障转移能力,引入了数据库集群。

数据库集群(Database Cluster)是利用多台数据库服务器构成一个虚拟单一的数据库逻辑映像,像单数据库系统一样,为用户提供透明的数据服务。

数据库集群主要解决两个问题,首先是负载均衡,当访问量过大的时候,一台数据库服务器可能会垮掉,而使用数据库集群,多台服务器分担访问量,可达到负载均衡的效果;其次,是故障恢复的能力,若集群中一台服务器出现故障,不会使整个系统停机维护,而是马上有其他服务器顶替其工作,不影响系统正常运行。

5.4.2 MySQL 及 SQL 语句

MySQL 是一个开源的关系数据库管理系统,由瑞典 MySQL AB 公司开发,目前属于 Oracle 旗下产品。MySQL 所使用的结构化查询语言(Structured Query Language,SQL)是用于访问数据库的最常用标准化语言。

SQL 主要实现数据库的创建与删除、创建表、删除表、修改表、索引的创建与删除、创建用户和赋予权限、对数据的查询与更新(增加、删除和修改)。

SQL 是通过 DML、DDL 和 DCL 实现上述功能的。

DML(Data Manipulation Language,数据操作语言),SQL 中处理数据的操作统称为数据操作语言。对数据的操作主要是查询(SELECT)和更新,其中更新包括增加

(INSERT)、删除(DELETE)和修改(UPDATE)。

DDL(Data Definition Language,数据定义语言),SQL 中用于定义和管理所有对象的语言。常用的数据定义语言如图 5-42 所示。

DCL(Data Control Language,数据控制语言),SQL 中用来授权(GRANT)或回收访问特权(REVOKE)并控制数据库操纵事务发生的时间及效果,对数据库实行监视等。

```
CREATE  TABLE ——创建一个数据库表
DROP  TABLE ——从数据库中删除表
ALTER  TABLE ——修改数据库表结构
CREATE  VIEW ——创建一个视图
DROP  VIEW ——从数据库中删除视图
CREATE  INDEX ——为数据库表创建一个索引
DROP  INDEX ——从数据库中删除索引
CREATE  PROCEDURE ——创建一个存储过程
DROP  PROCEDURE ——从数据库中删除存储过程
CREATE  TRIGGER ——创建一个触发器
DROP  TRIGGER ——从数据库中删除触发器
CREATE  SCHEMA ——向数据库添加一个新模式
DROP  SCHEMA ——从数据库中删除一个模式
CREATE  DOMAIN ——创建一个数据值域
ALTER  DOMAIN ——改变域定义
DROP  DOMAIN ——从数据库中删除一个域
```

图 5-42　数据定义语言

5.4.3　MySQL 的备份和还原

备份是为了留一个副本,以便当服务器发生故障的时候,能及时地还原数据,不影响服务器的使用。用硬件备份如 RAID 0 技术,仅能保证当硬件损坏时,业务不终止。而实现备份和还原数据应该由命令工具完成。

1. 备份类型

按照不同的分类方式,备份类型也不同。

按备份时服务器是否在线分,可分为 3 类:热备份、温备份和冷备份。热备份,又称在线备份,备份时,读写操作不受影响,可继续进行。温备份,备份时,能进行读操作,但不能进行写操作。冷备份,又称离线备份,备份时,读写操作均中止。

按备份时服务器是直接复制还是导出文件分,可分为两类:物理备份和逻辑备份。物理备份是直接复制数据文件,备份数据相对较快。逻辑备份是将数据导出至文本文件中,必要时再还原回去,相对于物理备份速度较慢,且丢失浮点数精度,但使用方便(文本处理工具可直接对其处理),可移植能力强。

按备份的数据集是包含了整个数据文件的全部内容还是部分内容分,可分为 3 类:完全备份、增量备份和差异备份。完全备份是备份全部数据。增量备份是仅备份上次完全备份或增量备份以后变化的数据。差异备份是仅备份上次完全备份以来变化的数据,差异备份比增量备份所占空间多,但还原速度相对快。通常,增量备份和差异备份仅执行一个即可。

2. 备份内容

一般备份时,要备份数据文件、配置文件、二进制日志以及事务日志。

3. 备份工具

1) MySQL 自带的备份工具

MySQL 自带的备份工具有 mysqldump 和 mysqlhotcopy 两个。Mysqldump 是逻辑备份工具,支持所有引擎。但对于不同引擎备份的属性不同,对于 MyISAM 引擎属于温备份，对于 InnoDB 引擎属于热备份。Mysqldump 虽然还原速度很慢，但具有很好的弹性。Mysql hot copy 是物理备份工具，仅支持 MyISAM 引擎，属于冷备份，备份速度相对较快。

2) 文件系统工具

文件系统工具主要有两种，cp 备份和 LVM(Logical Volume Manager)的快照。cp 备份是通过复制命令实现备份，只能实现冷备份，但还原速度很快。LVM 的快照功能可实现热备份，但不能对多个逻辑卷同时进行备份，所以数据文件和日志等必须放在同一个逻辑卷上。

3) 其他工具

除了 MySQL 自带的备份工具和文件系统工具外，还有一些专业的备份工具，如 xtrabackup 是一个开源的备份工具，功能强大，支持热备份；ibbackup 是一个功能强大，但价格昂贵的商业工具。

5.4.4 MySQL 主从复制

MySQL 的主从复制是一个异步的复制过程（感觉上是实时的），数据将从一个 MySQL 数据库(Master)复制到另一个 MySQL 数据库(Slave)，在 Master 与 Slave 之间实现整个主从复制的过程是由三个线程参与完成的。其中有两个线程(SQL_Thread 和 I/O_Thread)在 Slave 端，另一个线程(dump)在 Master 端。

要实现 MySQL 的主从复制，首先必须打开 Master 端的 Binary log(二进制日志文件)记录功能，因为整个复制过程实际上就是 Slave 先从 Master 端获取 Binary log 日志，存放至本机的 Relay log(中继日志)中，然后 Slave 端按照 Relay log 日志中记录的操作顺序执行各 SQL 操作。主从复制原理图如图 5-43 所示。

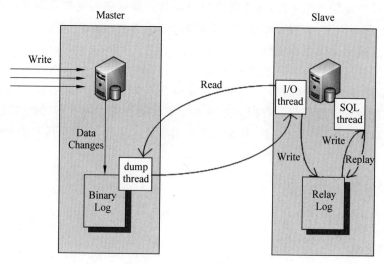

图 5-43　主从复制原理图

主从复制配置过程：

1. 安装 MySQL 软件

安装 MySQL 服务器端：yum install -y mysql

安装 MySQL-server：yum install -y mysql-server

启动服务：service mysqld start

为 MySQL 创建一个 root 管理员（密码为 123456）：

```
mysqladmin -u root password 123456
```

登录用户：mysql -u root -p（按 Enter 键后，输入密码即可）

登录 MySQL 用户 root 如图 5-44 所示。

图 5-44　登录 MySQL 用户 root

2. 修改主配置（my. cnf）文件

（1）Master 配置如图 5-45 所示。

图 5-45　Master 配置

主要添加的是如下三行：

```
log-bin=mysql-bin          //为二进制日志取名为 mysql-bin
binlog_format=mixed        //设置二进制日志格式
server-id=1                //为 Master 设置唯一的 ID
```

（2）Slave 配置如图 5-46 所示。

主要添加的也是如下三行：

```
log-bin=mysql-bin      //二进制日志名称：mysql-bin
```

```
[mysqld]
datadir=/var/lib/mysql
socket=/var/lib/mysql/mysql.sock
user=mysql
# Disabling symbolic-links is recommended to prevent assorted security risks
symbolic-links=0
log-bin=mysql-bin
binlog_format=mixed
server-id=2

[mysqld_safe]
log-error=/var/log/mysqld.log
pid-file=/var/run/mysqld/mysqld.pid
```

图 5-46　Slave 配置

```
binlog_format=mixed   //二进制日志格式
server-id=2           //为 Slave 设置唯一的 ID,不能与 Master 相同
```

3. 在 Master 上为 Slave 分配一个账号,Slave 可凭借此账号得到 Master 的日志文件

转入 MySQL 操作界面,输入命令:

```
GRANT replication slave ON *.* TO 'slave'@'% ' IDENTIFIED BY '123456';
```

分配账号命令内容解析如图 5-47 所示。

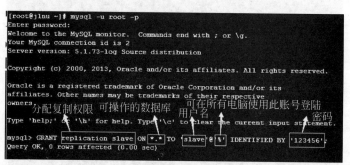

图 5-47　分配账号命令内容解析

重新启动服务:service mysqld restart

4. 查看 Master 的偏移量

从 MySQL 界面看,如图 5-48 所示。

```
mysql> show master status;
+------------------+----------+--------------+------------------+
| File             | Position | Binlog_Do_DB | Binlog_Ignore_DB |
+------------------+----------+--------------+------------------+
| mysql-bin.000003 |   106    |              |                  |
+------------------+----------+--------------+------------------+
1 row in set (0.00 sec)
```

图 5-48　Master 的偏移量

5. 设置 Slave

进入 MySQL 界面,输入的代码如图 5-49 所示。

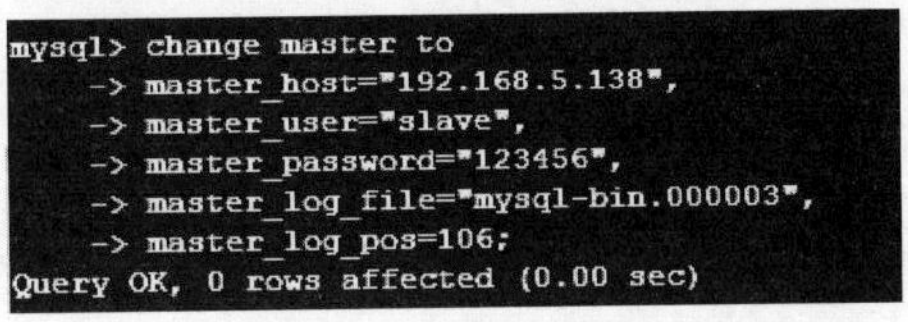

图 5-49 Slave 代码

在 Slave 端启动 slave 进程

命令：

```
mysql>start slave;
```

查看 slave 同步情况

命令：

```
mysql>show slave status;
```

至此，MySQL 主从配置完成。

第6章 分布式文件系统 Hadoop

6.1 Hadoop 简介

Hadoop 是一个由 Apache 基金会的开源组织开发的分布式系统基础架构。Hadoop 为应用程序提供了一组稳定可靠的接口。用户利用 Hadoop 可以在由大量廉价的硬件设备组成的集群上运用应用程序,构建一个具有高可靠性和良好扩展性的分布式系统,并可以在不了解分布式底层细节的情况下,开发分布式程序,充分利用集群的威力进行高速运算和存储。

Hadoop 实现了一个分布式文件系统(Hadoop Distributed File System,HDFS)。HDFS 是一个具有高容错性的系统,适合部署在低廉的(low-cost)硬件上。HDFS 可提供高吞吐量(high throughput)访问应用程序的数据,适合那些有着超大数据集(large data set)的应用程序。HDFS 放宽了(relax)POSIX 的要求,可以流的形式访问(streaming access)文件系统中的数据。

Hadoop 原本是来自谷歌公司的一款名为 MapReduce 的编程模型包。谷歌公司的 MapReduce 框架可以把一个应用程序分解为许多并行计算指令,跨大量的计算节点运行非常巨大的数据集。使用该框架的一个典型例子就是在网络数据上运行的搜索算法。Hadoop 最初只与网页索引有关,但后来却迅速地发展成为了分析大数据的领先平台。

Hadoop 是一个能够让用户轻松架构和使用的分布式计算平台。用户可以在 Hadoop 上开发、运行和处理海量数据的应用程序。它主要有以下 5 个优点。

(1)高可靠性。Hadoop 具有按位存储和处理数据的能力。

(2)高扩展性。Hadoop 在可用的计算机集簇间分配数据并完成计算任务,这些集簇可以方便地扩展到数以千计的节点中。

(3)高效性。Hadoop 能够在节点之间动态地移动数据,并保证各个节点的动态平衡,因此处理速度非常快。

(4)高容错性。Hadoop 能够自动保存数据的多个副本,并且能够将失败的任务重新分配。

(5)低成本。与一体机、商用数据仓库以及 QlikView、YonghongZ-Suite 等数据集相比,Hadoop 是开源的,因此项目的软件成本会大大降低。

Hadoop 的框架最核心的设计就是 HDFS、MapReduce 和 HBase。HDFS 为海量的数据提供了存储;MapReduce 为海量的数据提供了计算;HBase 为海量的数据提供了结构化存储。

6.2 Hadoop 架构原理

Hadoop 由许多元素构成,如图 6-1 所示。其最底部是 HDFS,它存储 Hadoop 集群中所有存储节点上的文件。HDFS 的上一层是 MapReduce 引擎。该引擎由 JobTrackers

和 TaskTrackers 组成。通过对 Hadoop 分布式计算平台最核心的 HDFS、MapReduce 的处理过程，以及数据仓库工具 Hive 和分布式数据库 Hbase 的介绍，基本涵盖了 Hadoop 分布式平台的所有技术核心。Pig 和 Sqoop 本书不做介绍。

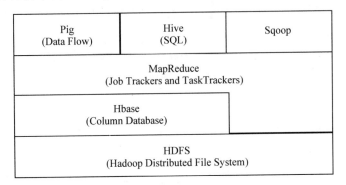

图 6-1　Hadoop 架构

Hadoop 架构的具体细化如图 6-2 所示，有两个服务器机柜，每个圆柱代表一台物理机，各个物理节点通过网线连接到交换机，然后客户端通过互联网来访问。其中各物理机上都运行着 Hadoop 的一些后台进程。

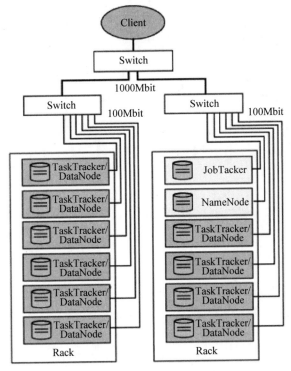

图 6-2　Hadoop 架构细化图

下面先简单介绍 Hadoop 系统中的几个重要概念。

1. NameNode

NameNode 也叫名称节点或者主节点，是 HDFS 的守护程序（核心程序），对整个分布式文件系统进行总控制，会记录所有元数据分布存储的状态信息，如文件是如何分割成数据块的，以及这些数据块被存储到哪些节点上，还对内存和 I/O 进行集中管理。用户首先会访问 NameNode，通过该总控节点获取文件分布的状态信息，找到文件分布在哪些DataNode，然后再访问这些节点把文件拿到，所以这是一个核心节点。不过这是一个单点，发生故障将使集群崩溃。

2. Secondary NameNode

从名字上看，Secondary NameNode 给人的感觉就像是 NameNode 的备份，但实际上不是，它可以称为辅助名称节点，或者检查点节点，如图 6-3 所示。它是监控 HDFS 状态的辅助后台程序，可以保存名称节点的副本，故每个集群都有一个，它与 NameNode 进行通信，定期保存 HDFS 元数据快照。

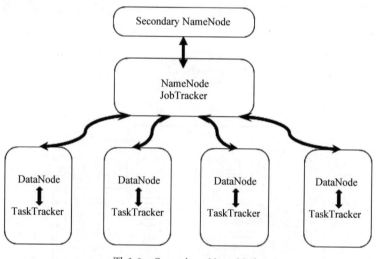

图 6-3 Secondary NameNode

3. DataNode

DataNode 是数据节点，每台从服务器节点运行一个 DataNode，负责把 HDFS 数据块读/写到本地文件系统。NameNode、Secondary NameNode 和 DataNode 组成了Hadoop 平台中的一个支柱——HDFS 体系。

4. JobTracker

Hadoop 平台的另一个支柱是 MapReduce。它有两个后台进程，JobTracker 是其中之一。它是运行到主节点上的一个很重要的进程，是 MapReduce 体系的调度器，用于处理作业（用户提交的代码）的后台程序，决定有哪些文件参与作业的处理，然后把作业切割成为一个个的小 task,并把它们分配到所需要的数据所在的子节点。

Hadoop 的原则是就近运行,数据和程序要在同一个物理节点里,数据在哪里,程序就去哪里运行。这个工作是 JobTracker 做的,监控 task,还会重启失败的 task(于不同的节点),每个集群只有唯一一个 JobTracker,类似单点的 nn,位于 Master 节点。

5. TaskTracker

MapReduce 的另一个后台进程是 TaskTracker,即任务跟踪器。它是 MapReduce 体系的最后一个后台进程,位于每个 Slave 节点上,与 DataNode 结合(代码与数据一起的原则),管理各自节点上的 task(由 JobTracker 分配),每个节点只有一个 TaskTracker,但一个 TaskTracker 可以启动多个 JVM,用于并行执行 Map 或 Reduce 任务,它与 JobTracker 交互通信,可以告知 JobTracker 子任务的完成情况。

6. Master 与 Slave

Master 节点:运行了 NameNode 或者 Secondary NameNode 或者 JobTracker 的节点。还有浏览器(用于观看管理界面)等其他 Hadoop 工具。Master 不是唯一的。

Slave 节点:运行 TaskTracker、DataNode 的机器。

6.3　Hadoop 的使用场景

在大数据背景下,业界对于 Hadoop 这个开源分布式技术的了解也在不断加深。但谁才是 Hadoop 的最大用户呢?首先被想到的是它的"发源地",像谷歌公司这样的大型互联网搜索引擎,以及 Yahoo 专门的广告分析系统。大多数人认为 Hadoop 平台发挥作用的领域是互联网行业,用来改善分析性能并提高扩展性。其实 Hadoop 的应用场景远不止这一点,深入挖掘会发现 Hadoop 能够在许多地方发挥巨大的作用。

美国知名科技博客 GigaOM 的专栏作家 Derrick Harris 跟踪云计算和 Hadoop 技术已有多年,他也在最近的一篇文章中总结了 10 个 Hadoop 的应用场景,下面分享给读者。

① 在线旅游:目前全球范围内 80% 的在线旅游网站都是在使用 Cloudera 公司提供的 Hadoop 发行版,其中 SearchBI 网站曾经报道过的 Expedia 也在其中。

② 移动数据:Cloudera 公司运营总监称,美国有 70% 的智能手机数据服务背后是由 Hadoop 来支撑的。也就是说,包括数据的存储以及无线运营商的数据处理等,都是在利用 Hadoop 技术。

③ 电子商务:这一场景应该是非常确定的,eBay 就是最大的实践者之一。国内的电商在 Hadoop 技术上也是储备颇为雄厚。

④ 能源开采:Chevron 公司是全美第二大石油公司,它的 IT 部门主管介绍了 Chevron 使用 Hadoop 的经验——利用 Hadoop 进行数据的收集和处理,尤其是海洋的地震数据,以便找到油矿的位置。

⑤ 节能:另一家能源服务商 Opower 也在使用 Hadoop 为消费者提供节约电费的服务——对用户电费单进行预测分析。

⑥ 基础架构管理：这是一个非常基础的应用场景，用户可以用 Hadoop 从服务器、交换机以及其他的设备收集并分析数据。

⑦ 图像处理：创业公司 Skybox Imaging 使用 Hadoop 来存储并处理图片数据，通过卫星拍摄的高清图像探测地理变化。

⑧ 诈骗检测：用户对这个场景接触得比较少，一般金融服务或者政府机构会用到。利用 Hadoop 来存储所有的客户交易数据，包括一些非结构化的数据，能够帮助机构发现客户的异常活动，预防欺诈行为的发生。

⑨ IT 安全：除企业 IT 基础机构的管理之外，Hadoop 还可以用来处理机器生成的数据，以便甄别来自恶意软件或者网络的攻击。

⑩ 医疗保健：医疗行业也会用到 Hadoop，像 IBM 公司的 Watson 就会使用 Hadoop 集群作为其服务的基础，包括语义分析等高级分析技术等。医疗机构可以利用语义分析为患者提供医护人员，并协助医生更好地为患者进行诊断。

6.4　Hadoop 分布式文件系统

Hadoop 分布式文件系统（HDFS）被设计成适合运行在通用硬件（commodity hardware）上的分布式文件系统。它和现有的分布式文件系统有很多共同点。但同时，它和其他的分布式文件系统的区别也是很明显的。HDFS 是一个具有高度容错性的系统，适合部署在廉价的机器上。HDFS 能提供高吞吐量的数据访问，非常适合在大规模数据集上使用。HDFS 放宽了一部分 POSIX 约束，以实现流式读取文件系统数据的目的。它可以和 MapReduce 编程模型很好地结合，能够为应用程序提供高吞吐量的数据访问，适用于大数据集应用程序。

6.4.1　设计思想

1. 硬件失效是"常态事件"，而非"偶然事件"

HDFS 可能是由上千台机器组成的，每台服务器上都存储着文件系统的部分数据，而任何一台机器都有可能出现故障，硬件错误是常态而不是异常。因此，数据的健壮性错误检测和快速、自动地恢复运行是 HDFS 的核心架构目标。

2. 流式数据访问

运行在 HDFS 上的应用和普通的应用不同，需要流式访问它们的数据集。HDFS 的设计中更多地考虑到了数据批处理，而不是用户交互处理。与数据访问的低延迟问题相比，数据访问的高吞吐量更为重要。POSIX 标准设置的很多硬性约束对 HDFS 应用系统不是必需的。为了提高数据的吞吐量，在一些关键方面对 POSIX 的语义做了修改。

3. 大规模数据集

运行在 HDFS 上的应用一般都具有很大的数据集。HDFS 的一般企业级的文件大小都为太字节至拍字节。因此,HDFS 被调节以支持大文件存储。它应该能提供整体上较高的数据传输带宽,能在一个集群里扩展到数百个节点。一个单一的 HDFS 实例应该能支撑数以千万计的文件,并且能在一个集群里扩展到数百个节点。

4. 简单的一致性模型

HDFS 应用需要一个"一次写入多次读取"的文件访问模型。一个文件经过创建、写入和关闭之后就不需要改变。这一假设简化了数据一致性问题,并且使高吞吐量的数据访问成为可能。MapReduce 应用或者网络爬虫应用都非常适合这个模型。目前还有计划扩充这个模型,让它支持文件的附加写操作。

5. 移动计算比移动数据更划算

一个应用请求的计算,离它操作的数据越近就越高效,在数据达到海量级的时候更是如此。因为这样能降低网络阻塞的影响,提高系统数据的吞吐量。将计算移动到数据附近显然比将数据移动到应用所在地更高效。HDFS 为应用提供了自己移动到数据附近的接口功能。

6. 异构软硬件平台间的可移植性

HDFS 在设计的时候就考虑了平台的可移植性。这种特性为 HDFS 作为大规模数据应用平台的推广提供了方便。

6.4.2　体系结构

HDFS 采用 Master/Slave 架构。一个 HDFS 集群由一个 NameNode 和一定数目的 DataNode 组成,如图 6-4 所示。NameNode 管理文件系统的元数据,DataNode 存储实际的数据。客户端联系 NameNode 以获取文件的数据,而真正的文件 I/O 操作是直接和 DataNode 进行交互。

具体来说,NameNode 就是一个中心服务器,负责管理文件系统的名字空间(Namespace)、客户端对文件的访问以及记录命名空间内的任何改动或命名空间本身的属性改动。集群中的 DataNode 一般是一个节点一个,负责管理它所在节点上的存储。HDFS 开放了文件系统的命名空间,以便用户能够以文件的形式在上面存储数据。从内部看,一个文件其实被分成一个或多个数据块(block),这些块存储在一组 DataNode 上。NameNode 执行文件系统的名字空间操作,如打开、关闭、重命名文件或目录。它也负责确定数据块到具体 DataNode 节点的映射。DataNode 负责处理文件系统客户端的读写请求,在 NameNode 的统一调度下进行数据块的创建、删除和复制。

NameNode 和 DataNode 可以在普通的商用机器上运行。这些机器一般运行着 GNU/Linux 操作系统(OS)。HDFS 采用 Java 语言开发,因此任何支持 Java 的机器都可以部署 NameNode 或 DataNode。由于采用了可移植性极强的 Java 语言,使得 HDFS 可以部署到多种类型的机器上。一个典型的部署场景是一台机器上只运行一个 NameNode

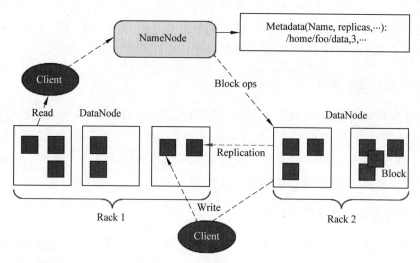

图 6-4　HDFS 组成

实例,而集群中的其他机器分别运行一个 DataNode 实例。这种架构并不排斥在一台机器上运行多个 DataNode,只不过这样的情况比较少见。

　　NameNode 是所有 HDFS 元数据的仲裁者和管理者,也就是客户端从 NameNode 请求获得组成文件的数据块的位置列表后,直接从 DataNode 上读取文件数据,NameNode 不参与文件的传输。

　　HDFS 的典型部署是在一个专门的机器上运行 NameNode,集群中的其他机器各运行一个 DataNode;也可以在运行 NameNode 的机器上同时运行 DataNode,或者在一台机器上运行多个 DataNode。这种一个集群只有一个 NameNode 的设计大大简化了系统架构。

　　NameNode 使用事务日志(EditLog)记录 HDFS 元数据的变化,使用映像文件(FsImage)存储文件系统的命名空间,包括文件的映射、文件的属性信息等。事务日志和映像文件都存储在 NameNode 的本地文件系统中。

　　NameNode 启动时,从磁盘中读取映像文件和事务日志,把事务日志的事务都应用到内存中的映像文件上,然后将新的元数据刷新到本地磁盘的新的映像文件中,这样可以截去旧的事务日志,这个过程称为检查点(Checkpoint)。HDFS 中的 Secondary NameNode 辅助 NameNode 处理映像文件和事务日志。NameNode 启动的时候合并映像文件和事务日志,而 Secondary NameNode 会周期性地从 NameNode 上复制映像文件和事务日志到临时目录,合成并生成新的映像文件后再重新上传到 NameNode,NameNode 更新映像文件并清理事务日志,使得事务日志的大小始终控制在可配置的限度中。

6.4.3　数据复制

　　HDFS 的主要设计目标之一就是在一个大集群中可以跨机器可靠地存储海量文件,具备较为完善的冗余备份和故障恢复机制,即使在故障情况下也能保证数据存储的可靠性。

1. 冗余备份

HDFS 将每个文件存储成一系列数据块,默认大小为 64MB(可配置)。为了容错,文件的所有数据块都会有副本(副本数量即复制因子,可配置)。HDFS 的文件都是一次性写入的,并且严格限制任何副本都只有一个写用户。DataNode 使用本地文件系统来存储 HDFS 的数据,但是它对 HDFS 的文件一无所知,只是用一个个文件存储 HDFS 的每个数据块。当 DataNode 启动的时候,它会遍历本地文件系统,产生一份 HDFS 数据块和本地文件对应关系的列表,并把这个报告发给 NameNode,这就是块报告(Blockreport)。块报告包括了 DataNode 上所有块的列表。

2. 副本存放

HDFS 集群一般运行在由跨越多个机架的计算机组成的集群上,不同机架上的两台机器之间的通信需要经过交换机。在大多数情况下,同一个机架内的两台机器间的带宽会比不同机架的两台机器间的带宽大,它能影响 HDFS 的可靠性和其他性能。

副本的存放是 HDFS 可靠性和其他性能的关键。优化的副本存放策略是 HDFS 区分于其他大部分分布式文件系统的重要特性。这种特性需要做大量的调优,并需要经验的积累。HDFS 采用一种称为机架感知(Rack-aware)的策略来改进数据的可靠性、可用性和网络带宽的利用率。

通过一个机架感知的过程,NameNode 可以确定每个 DataNode 所属的机架 ID。一个简单但没有优化的策略就是将副本存放在不同的机架上,这样可以有效防止当整个机架失效时数据的丢失,并且允许读数据的时候充分利用多个机架的带宽。这种策略设置可以将副本均匀分布在集群中,有利于当组件失效情况下的负载均衡。但是,因为这种策略的一个写操作需要传输数据块到多个机架,这增加了写的代价。

在大多数情况下,副本系数是 3,HDFS 的存放策略是将一个副本存放在本地机架的节点上。一个副本放在同一机架的另一个节点上,最后一个副本放在不同机架的节点上。图 6-5 体现了复制因子变回 3 的情况下各数据块的分布情况。这种策略减少了机架间的数据传输,提高了写操作的效率。机架的错误远远比节点的错误少,所以这个策略不会影响数据的可靠性和可用性。与此同时,因为数据块只放在两个(不是 3 个)不同的机架上,所以此策略减少了读取数据时需要的网络传输总带宽。在这种策略下,副本并不是均匀分布在不同的机架上,而是三分之一的副本在一个节点上,三分之一的副本在一个机架上,其他副本均匀分布在剩下的机架中,这一策略在不损害数据可靠性和读取性能的情况下改进了写的性能。

3. 副本选择

为了降低整体的带宽消耗和读延时,HDFS 会尽量让 reader 读最近的副本。如果在 reader 的同一个机架上有一个副本,那么就读该副本。如果一个 HDFS 集群跨越多个数据中心,那么 reader 也将首先尝试读本地数据中心的副本。

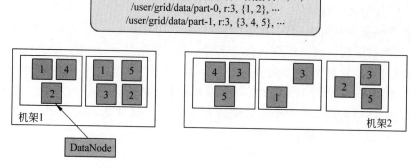

图 6-5　复制因子为 3 时的数据块分布情况

4. 心跳检测

NameNode 周期性地从集群中的每个 DataNode 接收心跳包和块报告，NameNode 可以根据这个报告验证块映射和其他文件系统元数据。收到心跳包说明该 DataNode 工作正常。如果 DataNode 不能发送心跳消息，NameNode 会标记最近没有心跳的 DataNode 为死机，不会发给它们任何新的 I/O 请求。这样一来，任何存储在死机中的 DataNode 的数据将不再有效。DataNode 的死机会造成一些数据块的副本数下降并低于指定值，NameNode 会不断检测这些需要复制的数据块，并在需要的时候重新复制。引发重新复制有多种原因：DataNode 不可用、数据副本的损坏、DataNode 上的磁盘错误或者复制因子增大等。

5. 安全模式

在系统启动的时候，NameNode 进入一个特殊的状态，叫作安全模式。安全模式是不发生文件块复制的，也就是这时不会出现数据块的写操作。NameNode 会接收来自各个 DataNode 的心跳和块报告。一个块报告包括的是 DataNode 向 NameNode 报告数据块的列表。

每一个块都有一个特定的最小副本数。当 NameNode 检查的这个块已经大于最小副本数时就被认为安全地复制了，当达到配置的块安全复制比例时（可配置），NameNode 就自动退出安全模式。当检测到副本数不足的数据块时，该块会被复制到其他的 DataNode，以达到最小副本数。

6. 数据完整性检测

多种原因会造成从 DataNode 获取的数据块有可能是损坏的。HDFS 客户端软件实现了 HDFS 文件内容的校验和（Checksum）检查，在 HDFS 文件创建时，会计算每个数据块的校验和，并将校验和作为一个单独的隐藏文件保存在命名空间下。当客户端获取文件后，它会检查从 DataNode 获得的数据块对应的校验和是否和隐藏文件中的相同，如果不同,客户端就会认为数据块有损坏,将从其他 DataNode 获取该数据块的副本。

7. 空间回收

当用户或应用程序删除某个文件时,这个文件并没有立刻从 HDFS 中删除。实际上,HDFS 会将这个文件重命名并转移到/trash 目录。只要文件还在/trash 目录中,该文件就可以被迅速恢复。文件在/trash 中保存的时间是可配置的,当超过这个时间时,NameNode 就会将该文件从名字空间中删除。删除文件会使得与该文件相关的数据块被释放,但是从用户执行删除操作到从系统中看到剩余空间的增加可能会有一个时间延迟。只要被删除的文件还在/trash 目录中,用户就可以取消删除操作。当用户想取消删除操作时,可以浏览/trash 目录找回该文件。/trash 目录仅仅保存被删除文件的最后副本。/trash 目录与其他目录的唯一区别是在该目录上,HDFS 会应用一个特殊策略来自动删除文件。目前的默认策略是删除/trash 中保留时间超过 6h 的文件。这个策略将来可以通过一个被良好定义的接口配置。

8. 元数据磁盘失效

FsImage 和 Editlog 是 HDFS 的核心数据结构。如果这些文件损坏了,整个 HDFS 集群都将失效。因而 NameNode 可以配置成支持维护多个 FsImage 和 Editlog 的副本。任何对 FsImage 或者 Editlog 的修改,都将同步到它们的副本上。这种多副本的同步操作可能会降低 NameNode 每秒处理的名字空间事务的数量。然而这个代价是可以接受的,因为即使 HDFS 的应用是数据密集的,它们也非元数据密集。当 NameNode 重启的时候,总是会选取最新的完整的 FsImage 和 Editlog 来使用。

NameNode 是 HDFS 集群中的单点故障(single point of failure)所在。如果 NameNode 机器故障,是需要手工干预的。目前,自动重启或在另一台机器上做 NameNode 故障转移的功能还没有实现。

9. 快照

快照支持某一特定时刻的数据的复制备份。利用快照,可以让 HDFS 在数据损坏时恢复到过去一个已知正确的时间点。HDFS 目前还不支持快照功能。

6.4.4　文件系统元数据的持久化

NameNode 存储 HDFS 的元数据。对于任何对文件系统元数据产生修改的操作,NameNode 都会使用一种称为 EditLog 的事务日志记录下来。例如,在 HDFS 中创建一个文件,NameNode 就会在 Editlog 中插入一条记录来表示;同样,修改文件的副本系数也将往 Editlog 插入一条记录。NameNode 在本地操作系统的文件系统中存储这个 Editlog。整个文件系统的名字空间,包括数据块到文件的映射、文件的属性等,都存储在一个被称为 FsImage 的文件中,这个文件也是放在 NameNode 所在的本地文件系统中。

NameNode 在内存中保存着整个文件系统的名字空间和文件数据块映射(Blockmap)的映像。这个关键的元数据结构设计得很紧凑,因而一个有 4GB 内存的

NameNode 足够支撑大量的文件和目录。当 NameNode 启动时,它从硬盘中读取 Editlog 和 FsImage,将所有 Editlog 中的事务作用在内存中的 FsImage 上,并将这个新版本的 FsImage 从内存中保存到本地磁盘上,然后删除旧的 Editlog,因为这个旧的 Editlog 的事务都已经作用在 FsImage 上了。这个过程称为一个检查点(checkpoint)。在当前实现中,检查点只发生在 NameNode 启动时,在不久的将来将实现周期性的检查点。

　　DataNode 将 HDFS 数据以文件的形式存储在本地的文件系统中,它并不知道有关 HDFS 文件的信息。它把每个 HDFS 数据块存储在本地文件系统的一个单独的文件中。 DataNode 并不在同一个目录创建所有的文件,实际上它用试探的方法来确定每个目录的最佳文件数目,并且在适当的时候创建子目录。在同一个目录中创建所有的本地文件并不是最优的选择,因为本地文件系统可能无法高效地在单个目录中支持大量的文件。当一个 DataNode 启动时,它会扫描本地文件系统,产生一个这些本地文件对应的所有 HDFS 数据块的列表,然后作为报告发送到 NameNode,这个报告就是块状态报告 (Blocker port)。

6.4.5　数据组织

1. 数据块

　　兼容 HDFS 的应用都是处理大数据集合的。这些应用都是写数据一次,读可以是多次,并且读的速度要满足流式读。HDFS 支持文件的 write- once-read-many 语义。一个典型的块大小是 64MB,因而,文件总是按照 64MB 切分成 chunk,每个 chunk 存储于不同的 DataNode。

2. 数据产生步骤

　　某个客户端创建文件的请求其实并没有立即发给 NameNode。事实上,HDFS 客户端会将文件数据缓存到本地的一个临时文件。应用的写被透明地重定向到这个临时文件。当这个临时文件累积的数据超过一个块的大小(默认 64MB),客户端才会联系 NameNode。NameNode 将文件名插入文件系统的层次结构中,并且分配一个数据块给它,然后返回 DataNode 的标识符和目标数据块给客户端。客户端将本地临时文件 flush 传输到指定的 DataNode 上。当文件关闭时,在临时文件中剩余的没有 flush 的数据也会传输到指定的 DataNode,然后客户端告诉 NameNode 文件已经关闭。此时,NameNode 才将文件创建操作提交到持久存储。如果 NameNode 在文件关闭前出现故障了,该文件将丢失。

　　上述方法是对 HDFS 上运行的目标应用认真考虑的结果。如果不采用客户端缓存,网络速度和网络堵塞会对吞吐量造成比较大的影响。

3. 流水线复制

　　当某个客户端向 HDFS 文件写数据的时候,一开始是写入本地临时文件,假设该文件的 replication 因子设置为 3,那么客户端会从 NameNode 获取一张 DataNode 列表来存放副本。然后客户端开始向第 1 个 DataNode 传输数据,第 1 个 DataNode 一小部分一小部分(4KB)地接收数据,将每个部分写入本地仓库,并且同时传输该部分到第 2 个 DataNode 节点。第 2 个 DataNode 也是这样,边收边传,一小部分一小部分地收,存储在本地仓库,同时传给第 3 个 DataNode,第 3 个 DataNode 就仅仅是接收并存储了。这就是流水线式的复制。

6.5　分布式数据处理 MapReduce

MapReduce 是由谷歌公司提出的一种分布式计算模型,主要用于搜索领域,解决海量数据的计算问题。它是开源的,MapReduce 就是"任务的分解与结果的汇总"。Map 把一个任务分解成多个任务,Reduce 把分解后多任务处理的结果汇总起来,得到最终结果。

6.5.1　逻辑模型

MapReduce 把运行在大规模集群上的并行计算过程抽象为两个函数:Map 和 Reduce。Map(映射)函数,用来把一组键值对映射成一组新的键值对,指定并发的 Reduce(化简)函数,用来保证所有映射的键值对其中的每一个共享相同的键组。用户只需要实现 map()和 reduce()两个函数,即可实现分布式计算。这两个函数的形参是 key 对和 value 对,表示函数的输入信息。图 6-6 介绍了用 MapReduce 处理大数据集的过程。

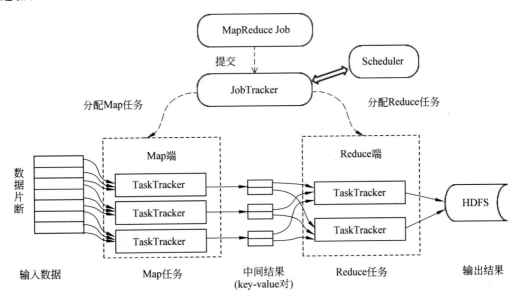

图 6-6　MapReduce 处理大数据集的过程

在映射阶段,MapReduce 框架将用户输入的数据分割为 M 个片断,对应 M 个 Map 任务。每一个 Map 操作的输入是数据片断中的键值对 $<K1,V1>$ 集合,Map 操作调用用户定义的 Map 函数,输出一个中间态的键值对 $<K2,V2>$ 集合。接着,按照中间态的 K2

将输出的数据集进行排序,并生成一个新的$<K2, list(V2)>$元组,这样可以使得对应同一个键的所有值的数据都在一起。然后,按照 K2 的范围将这些元组分割为 R 个片断,对应 Reduce 任务的数目。

在化简阶段,每一个 Reduce 操作的输入是一个$<K2, list(V2)>$片断,Reduce 操作调用用户定义的 Reduce 函数,生成用户需要的键值对$<K3, V3>$进行输出。

适合用 MapReduce 处理的任务有一个基本要求:待处理的数据集可以分解成许多小的数据集,而且每一个小数据集都可以完全并行地进行处理。

6.5.2 实现机制

1. 分布式并行计算

MapReduce 框架是由 JobTracker 和 TaskTracker 这两类服务调度的。JobTracker 是主控服务,只有一个,负责调度和管理 TaskTracker,把 Map 任务和 Reduce 任务分配给空闲的 TaskTracker,让这些任务并行运行,并负责监控任务的运行情况。TaskTracker 是从服务,可以有多个,负责执行任务。如果某个 TaskTracker 出故障了,JobTracker 会把其负责的任务分配给其他空闲的 TaskTracker 重新运行。

2. 本地计算

通常 MapReduce 框架和分布式文件系统是运行在一组相同的节点上的,也就是说,计算节点和存储节点通常在一起。这种配置允许框架在那些存储数据的节点上高效地调度任务,这可以使整个集群的网络带宽被非常高效地利用。

3. 任务粒度

对于小数据集,一般小于或等于 HDFS 中数据块的大小,这使得一个小数据集位于一台计算机上,有利于计算的数据本地性。一个小数据集启动一个 MapReduce 任务,M 个 Map 任务可以在 N 台计算机上并行运行,用户可以指定 Reduce 任务的数量。

4. Combine

Combine(连接)将 Map 任务输出的中间结果集中由相同 key 值的多个$<key, value>$组合成一个$<key, list(value)>$对。Combine 在执行完 Map 函数后紧接着执行,很多情况下可以直接使用 Reduce 函数,Combine 能减少中间结果的数量,从而减少数据传输中的网络流量。

5. Partion(分区)

Combine 之后,把产生的中间结果按 key 的范围划分成 R 份(R 是预先定义的 Reduce 任务的个数)。划分常采用 Hash 函数完成,$hash(key) \bmod R$,这样保证一定范围内的 key 值,一定由某一个 Reduce 任务完成,简化了 Reduce 过程。

6. 读取中间结果

Map 任务的中间结果在做完 Combine 和 PAD 之后,会以文件形式保存在本地磁盘。中间结果的位置会通知给主控 JobTracker,JobTracker 再通知 Reduce 任务到哪一个 DataNode 上去取中间结果。注意所有的 Map 任务产生中间结果均按其 key 用同一个 Hash 函数划分成了 R 份,R 个 Reduce 任务各自负责一段 key 区间。每个 Reduce 需要向多个 Map 任务节点取得落在其负责的 key 区间内的中间结果,然后执行 Reduce 函数,形成一个最终的结果文件。

7. 任务管道

在某些情况下,Reduce 任务的输出结果并非所需要的最终结果,这时可以将这些输出结果作为另一个计算任务的输入,开始另一个 MapReduce 计算任务。

6.6 分布式结构化数据表 HBase

HBase 是一个分布式的、面向列的开源数据库,它不同于一般的关系数据库,是一个适合于非结构化数据存储的数据库。HBase 是 Apache 的 Hadoop 项目中的一个子项目,HBase 依托于 Hadoop 的 HDFS 作为最基本的存储单元,通过使用 Hadoop 的 DFS 工具就可以看到这些数据存储文件夹的结构,还可以通过 Map/Reduce 的框架(算法)对 HBase 进行操作。另一个不同之处是 HBase 是基于列的而不是基于行的模式。

6.6.1 逻辑模型

HBase 使用和 BigTable 非常相同的数据模型,不仅数据存放逻辑模型相同,表也类似。用户存储数据行在一个表里,表格里存储一系列的数据行,每行包含一个可排序的行关键字、一个可选的时间戳及一些可能有数据的列(稀疏)。数据行有 3 种基本类型的定义:行关键字(Row Key)、时间戳(Time Stamp)和列(Column)。

① 行关键字是数据行在表中的唯一标识。行的一次读写是原子操作(不论一次读写多少列)。

② 时间戳是每次数据操作对应关联的时间戳。

③ 列定义为:<family>:<label>(<列族>:<标签>),通过这两部分可以唯一地指定一个数据的存储列,对列族的定义和修改需要管理员权限,而标签可以在任何时候添加。HBase 在磁盘上按照列族储存数据,一个列族里的所有项应该有相同的读写方式。写操作是行锁定的,不能一次锁定多行。

HBase 的更新操作有时间戳,对每个数据单元只存储指定个数的最新版本,客户端可以查询某个时间后的最新数据,或者一次得到数据单元的所有版本。表 6-1 是有关 www.cnn.com 网站数据存放的逻辑视图。表中仅有一行数据,行的唯一标识为 com. cnn.www,它采用了倒排的方式:对这行数据的每一次逻辑修改都有一个时间戳关联对应;共有 4 个列定义:< contents >、< anchor:cnnsi.com >、< anchor:my.look.ca >、

<mime:>。每一行就相当于传统数据库中的一个表,行关键字是表名,这个表根据列的不同划分,每次操作都会有时间戳关联到具体操作的行。

表 6-1 数据存放逻辑视图

行关键字	时间戳	列"contents:"	列"anchor:"		列"mime:"
	t9		"anchor:cnnsi.com"	"CNN"	
	t8		"anchor:my.look.ca"	"CNN.com"	
"com.cnn.www"	t6	"<html>…"			"text/html"
	t5	"<html>…"			
	t3	"<html>…"			

6.6.2 物理模型

HBase 是按照列存储的稀疏行/列矩阵。物理模型实际上就是把概念模型中的一个行进行分割,并按照列族存储。在物理上的存储方式如表 6-2 所示。

表 6-2 在物理上的存储方式

行关键字	时间戳	列"contents:"	
	t5	"<html>…"	
"com.cnn.www"	t4	"<html>…"	
	t3	"<html>…"	
行关键字	时间戳	列"anchor:"	
"com.cnn.www"	t8	"anchor:cnnsi.com"	"CNN"
	t7	"anchor:my.look.ca"	"CNN.com"
行关键字	时间戳	列"mime:"	
"com.cnn.www"	t6	"text/html"	

在表 6-2 中,空的单元格不存储。因此查询时间戳为 t7 的 contents:将返回空值,查询时间戳为 t8 的 anchor:值为 look.ca 的项也返回空值。如果没有指明时间戳,那么应该返回指定列的最新数据,并且最新的值在表格里也是最先找到的,因为它们是按照时间排序的。所以,如果查询 contents:而不指明时间戳,将返回时间戳 t5 的数据,查询 anchor:的 look.ca 而不指明时间戳,将返回时间戳 t7 的数据。这种存储结构还有一个优势就是可以随时向表中的任何一个列族添加新列,而不需要事先说明。

6.6.3 子表服务器

在物理上,表格分为多个子表(HRegion),每个子表存储在适当的地方。物理上所有数据都存储在 HDFS 上,由一些子表服务器来提供数据服务,一般一台计算机只运行一个子表服务器程序。某一时刻一个子表服务器只管理一个子表。

　　当客户端进行更新操作时,首先连接相关的子表服务器,之后向子表提交变更。提交的数据被添加到子表的 HMemcache 和子表服务器的 HLog。作为缓存服务器 HMemcache 在内存中存储最近的更新操作。HLog 是磁盘上的日志文件,记录所有的更新操作。客户端的 commit()方法调用直到更新操作写入 HLog 文件后才返回。

　　在提供服务时,子表首先查询缓存 HMemcache。若没有,再查找磁盘上的 HStore。子表中的每个列族都对应着一个 HStore,一个 HStore 又包括了若干个磁盘上的 HStoreFile 文件。每个 HStoreFile 的结构都类似 B 树,可以快速地查找。

　　HRegion.flushcache()定期被调用,把 HMemcache 中的内容写到磁盘上 HStore 文件里,这样给每个 HStore 都增加了一个新的 HStoreFile。之后清空 HMemcache 缓存,再在 HLog 文件里加入一个特殊的标记,表示刷新了 HMemcache。

　　在启动时,每个子表检查最后的 flushcache()方法调用之后是否还有写操作在 HLog 文件里未应用。如果没有,则子表里的全部数据就是磁盘上 HStore 文件内的数据;如果有,则子表就把 HLog 文件里的更新操作重新应用一遍,写入到 HMemcache 里,再调用 flushcache()。最后,子表会删除 HLog 文件并开始数据服务。

　　所以,调用 flushcache()方法越少,工作量就越少,而 HMemcache 就要占用更多的内存空间,启动时 HLog 文件也需要更多的时间来恢复数据。而调用 flushcache()越频繁,HMemcache 占用内存就越少,HLog 文件恢复数据时也就越快,但是也需要考虑 flushcache()资源消耗。

　　方法 flushcache()的调用会给每个 HStore 增加一个 HStoreFile。要从一个 HStore 里读数据,可能需要访问它的所有 HStoreFile,这是耗时的,因此需要定时把多个 HStoreFile 合并成一个 HStoreFile,这是通过调用 HStore.compact()方法来实现的。

　　两个子表都要处于“下线”状态时,调用 HRegion.closeAndMerge()可以把两个子表合并成一个。当一个子表大到超过某个指定值时,子表服务器就需要调用 HRegion.closeAndSplit(),将它分割为两个新的子表。新子表被上报给主服务器,主服务器来决定哪个子表服务器接管哪个子表。分割过程很快,这是由于新子表只维护到了旧子表的 HStoreFile 的引用,一个引用 HStoreFile 的前半部分,另一个引用后半部分。当引用建立完毕,旧子表被标记为“下线”并继续保存,直到新子表的紧缩操作将对旧子表的引用全部清除掉时,旧子表才被删除。

6.6.4　主服务器

　　HBase 只使用了一个核心来管理所有子表服务器即主服务器。每个子表服务器都只与唯一的主服务器联系,主服务器告诉每个子表服务器应该装载哪些子表并进行服务。

　　主服务器维护子表服务器在任何时刻的活跃标记。当一个新的子表服务器向主服务器注册时,主服务器让新的子表服务器装载若干个子表,也可以不装载。如果主服务器和子表服务器间的连接超时时,那么子表服务器将“杀死”自己,之后以一个空白状态重启,主服务器假定子表服务器已“死”,并将其上的子表标记为“未分配”,同时尝试把它们分配给其他子表服务器。

与 Google 的 BigTable 不同的是,BigTable 使用分布式锁服务 Chubby 保证了子表服务器访问子表操作的原子性。子表服务器即使和主服务器的连接断掉了,还可以继续服务。它们都依赖于一个核心的网络结构(HMaster 或 Chubby),只要核心还在运行,整个系统就能运行,而 HBase 不具备这样的 Chubby。

每个子表都是由它所属的表格名字、首关键字和 region ID 来标识。这样,子表标识符最终的形式就是: 表名+首关键字+region ID。例如,表名字是 hbaserepository,首关键字是 w-nk5YNZ8TBb2uWFIRJo7V==,region ID 是 6890601455914043877,于是它的唯一标识符就是: hbaserepository, w-nk5YNZ8TBb2uWFIRJo7V==,6890601455914043877。

6.6.5　元数据表

子表的元数据就存储在另一个子表里,子表的唯一标识符可以作为子表的行标签,映射子表标识符到物理子表服务器位置的表格为元数据表。

元数据表可能增长,并且可以分裂成多个子表。为了定位元数据表的各个部分,把所有元数据子表的元数据保存在根子表(ROOT Table)里。在启动时,主服务器立即扫描根子表(因为只有一个根子表,所以它的名字是硬编码的),这样可能需要等待根子表分配到某个子表服务器上。一旦根子表可用了,主服务器扫描它得到所有的元数据子表位置,然后主服务器扫描元数据表。同样,主服务器可能要等待所有的元数据子表都被分配到子表服务器上。最后,当主服务器扫描完了元数据子表,它就知道了所有子表的位置,然后把这些子表分配到子表服务器上去。

6.7　Hadoop 安装

Hadoop 部署模式有本地模式、伪分布模式、完全分布式模式、HA 完全分布式模式。本地模式是最简单的模式,所有模块都运行于一个 JVM 进程中,使用本地文件系统,而不是 HDFS,本地模式主要是用于本地开发过程中的运行调试。下载 Hadoop 安装包后不用任何设置,默认的就是本地模式。

6.7.1　Hadoop 环境安装配置

1. 创建 Hadoop 用户

创建一个名为 hadoop 的用户,使用 /bin/bash 作为 SHELL,为用户设置密码后登录。

```
[root@abc1 ~]#useradd -m hadoop -s /bin/bash
[root@abc1 ~]#passwd hadoop
```

2. 配置 SSH 无密码登录

集群、单节点模式都需要用到 SSH 登录,一般情况下,系统默认已安装了 SSH client 和 SSH server,执行如下命令进行检验。

```
[hadoop@abc1 ~]$rpm -qa | grep ssh
openssh-clients-5.3p1-123.el6_9.x86_64
libssh2-1.4.2-2.el6_7.1.x86_64
openssh-askpass-5.3p1-123.el6_9.x86_64
openssh-server-5.3p1-123.el6_9.x86_64
openssh-5.3p1-123.el6_9.x86_64
```

测试一下 SSH 是否可用：

```
[hadoop@abc1 ~]$ssh localhost
```

此时会有如下提示(SSH 首次登录提示)，输入 yes。然后按提示输入密码，这样就登录到本机了。

```
The authenticity of host 'localhost (::1)' can't be established.
RSA key fingerprint is 06:b0:2a:3b:d4:f6:2b:7a:83:81:58:6e:be:ff:cb:0e.
Are you sure you want to continue connecting (yes/no)? yes
Warning: Permanently added 'localhost' (RSA) to the list of known hosts.
hadoop@localhost's password:
```

这样是需要每次登录都输入密码的，现将其配置成无密码登录，具体配置方法如下。

首先输入 exit 退出刚才的 SSH，回到原先的终端窗口，然后利用 ssh-keygen 生成密钥，并将密钥加入到授权中：

```
[hadoop@abc1 ~]$exit
logout
Connection to localhost closed.
[hadoop@abc1 ~]$cd ~/.ssh/
[hadoop@abc1 .ssh]$ssh-keygen -t rsa        //会有提示，按 Enter 键即可
[hadoop@abc1 .ssh]$cat id_rsa.pub >>authorized_keys  //加入授权
[hadoop@abc1 .ssh]$chmod 600 ./authorized_keys
```

此时再用 ssh localhost 命令，无须输入密码就可以直接登录了。

```
[hadoop@abc1 .ssh]$ssh localhost
Last login: Sun May 6 18:00:08 2018 from localhost
```

3. 安装 JDK

通过 yum 安装 JDK。

```
[hadoop@abc1 ~]$sudo yum install java-1.7.0-openjdk java-1.7.0-openjdk
-devel
```

查看 openjdk 默认安装位置。

```
[hadoop@abc1 ~]$rpm -ql java-1.7.0-openjdk-devel | grep '/bin/javac'
/usr/lib/jvm/java-1.7.0-openjdk-1.7.0.181.x86_64/bin/javac
```

这里输出一个路径,除去路径末尾的/bin/javac,剩下的就是正确的路径。即 openjdk 默认安装位置为/usr/lib/jvm/java-1.7.0-openjdk-1.7.0.181.x86_64。

配置 JAVA_HOME 环境变量。

```
[hadoop@abc1 ~]$vi ~/.bashrc              //在文件最后添加指向 openjdk 的安装位置
export JAVA_HOME=/usr/lib/jvm/java-1.7.0-openjdk-1.7.0.181.x86_64
export PATH=$JAVA_HOME/bin:$PATH:$HOME/bin
[hadoop@abc1 ~]$source ~/.bashrc          //执行生效
```

检验是否设置正确。

```
[hadoop@abc1 ~]$echo $JAVA_HOME
/usr/lib/jvm/java-1.7.0-openjdk-1.7.0.181.x86_64
[hadoop@abc1 ~]$java -version
java version "1.7.0_181"
OpenJDK Runtime Environment (rhel-2.6.14.1.el6_9-x86_64 u181-b00)
OpenJDK 64-Bit Server VM (build 24.181-b00, mixed mode)
[hadoop@abc1 ~]$$JAVA_HOME/bin/java -version
java version "1.7.0_181"
OpenJDK Runtime Environment (rhel-2.6.14.1.el6_9-x86_64 u181-b00)
OpenJDK 64-Bit Server VM (build 24.181-b00, mixed mode)
```

上述命令 java -version 和 $JAVA_HOME/bin/java -version 都会输出 java 的版本信息,且输出结果相同,表示设置正确。

这样,Hadoop 所需的 Java 运行环境就安装好了。

4. 安装 Hadoop

解压 Hadoop 安装包。

将目录/home/hadoop/Downloads 下的 Hadoop 安装包解压到/usr/local/中。

```
[hadoop@abc1 ~]$sudo tar -zxf ~/Downloads/hadoop-2.9.0.tar.gz -C /usr/local
[hadoop@abc1 local]$cd /usr/local
[hadoop@abc1 local]$sudo mv ./hadoop-2.9.0/ ./hadoop       //将目录名改为 hadoop
[hadoop@abc1 local]$sudo chown -R hadoop:hadoop ./hadoop   //修改文件权限
```

Hadoop 解压后即可使用。检查 Hadoop 是否可用,成功则会显示 Hadoop 版本信息。

```
[hadoop@abc1 local]$cd /usr/local/hadoop
[hadoop@abc1 hadoop]$./bin/hadoop version
Hadoop 2.9.0
Subversion https://git-wip-us.apache.org/repos/asf/hadoop.git -r
756ebc8394e473ac25feac
05fa
493f6d612e6c50
Compiled by arsuresh on 2017-11-13T23:15Z
Compiled with protoc 2.5.0
```

```
From source with checksum 0a76a9a32a5257331741f8d5932f183
Thiscommand was run using /usr/local/hadoop/share/hadoop/common/hadoop-common
-2.9.0.jar
```

6.7.2　Hadoop 运行模式

Hadoop 支持 3 种运行模式：非分布式模式、伪分布式模式和完全分布式模式。

非分布式模式，也可以称为单机模式，是 Hadoop 的默认模式。这种模式在一台机器上运行，无需进行其他配置，没有分布式文件系统，而是直接读写本地操作系统的文件系统。非分布式模式用独立的 Java 进程，方便进行调试。

伪分布式模式，也是在一台机器上运行，但用不同的 Java 进程模仿分布式运行中的各类节点（NameNode，DataNode，JobTracker，TaskTracker，SecondaryNameNode）。在一台机器上，Hadoop 进程以分离的 Java 进程来运行，节点既作为 NameNode 也作为 DataNode，同时读取的是 HDFS 中的文件。由于没有所谓的在多台机器上进行真正的分布式计算，故称为"伪分布式"。

完全分布式模式，是真正的分布式，是由 3 个及以上的实体机或者虚拟机组成的集群。

本文以伪分布式模式安装为例，配置如下。

1. 设置 Hadoop 环境变量

```
[hadoop@abc1 ~]$vi ~/.bashrc
export HADOOP_HOME=/usr/local/hadoop
export HADOOP_INSTALL=$HADOOP_HOME
export HADOOP_MAPRED_HOME=$HADOOP_HOME
export HADOOP_COMMON_HOME=$HADOOP_HOME
export HADOOP_HDFS_HOME=$HADOOP_HOME
export YARN_HOME=$HADOOP_HOME
export HADOOP_COMMON_LIB_NATIVE_DIR=$HADOOP_HOME/lib/native
export PATH=$PATH:$HADOOP_HOME/sbin:$HADOOP_HOME/bin
[hadoop@abc1 ~]$source ~/.bashrc
```

2. 修改配置文件 core-site. xml

```
[hadoop@abc1 hadoop]$vi core-site.xml
<configuration>
  <property>
    <name>hadoop.tmp.dir</name>
    <value>file:/usr/local/hadoop/tmp</value>
    <description>Abase for other temporary directories.</description>
  </property>
  <property>
    <name>fs.defaultFS</name>
    <value>hdfs://localhost:9000</value>
```

```
  </property>
</configuration>
```

3. 修改配置文件 hdfs-site. xml

```
[hadoop@abc1 hadoop]$vi hdfs-site.xml
<configuration>
  <property>
    <name>dfs.replication</name>
    <value>1</value>
  </property>
  <property>
    <name>dfs.namenode.name.dir</name>
    <value>file:/usr/local/hadoop/tmp/dfs/name</value>
  </property>
  <property>
    <name>dfs.datanode.data.dir</name>
    <value>file:/usr/local/hadoop/tmp/dfs/data</value>
  </property>
</configuration>
```

4. 格式化 NameNode

```
[hadoop@abc1 hadoop]$./bin/hdfs namenode -format
```

5. 开启 NameNode 和 DataNode 守护进程

```
[hadoop@abc1 hadoop]$./sbin/start-dfs.sh
```

启动完成后，可以通过命令 Jps 来判断是否成功启动。

```
[hadoop@abc1 hadoop]$jps
15324 DataNode
15272 SecondaryNameNode
15564 Jps
14974 NameNode
```

从结果可以看出，进程 NameNode、DataNode 和 SecondaryNameNode 已启动，配置安装成功。

6. 在浏览器访问 Hadoop

访问 Hadoop 的默认端口号为 50070。在浏览器中输入网址 localhost:50070，可以获取浏览器 Hadoop 服务，如图 6-7 所示。

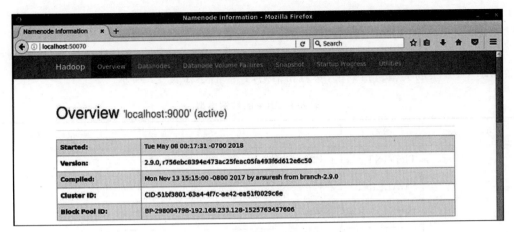

图 6-7　浏览器 Hadoop 服务

6.8　Hive 数据仓库

Hive 是基于 Hadoop 的一个数据仓库基础工具，用来处理结构化数据。它提供了丰富的 SQL 查询方式来分析存储在 Hadoop 分布式文件系统中的数据，可以将结构化的数据文件映射为一张数据库表，并提供完整的 SQL 查询功能，可以将 SQL 语句转换为 MapReduce 任务来运行，通过自己的 SQL 去查询分析需要的内容，这套 SQL 简称为 Hive SQL，使不熟悉 MapReduce 的用户方便地利用 SQL 语言查询、汇总、分析数据。其优点是学习成本低，可以通过类 SQL 语句快速实现简单的 MapReduce 统计，不必开发专门的 MapReduce 应用，十分适合数据仓库的统计分析。

6.8.1　Hive 工作原理

MapReduce 开发人员可以把自己写的 Mapper 和 Reducer 作为插件支持 Hive 做更复杂的数据分析。它与关系数据库的 SQL 略有不同，但支持了绝大多数的语句，如 DDL、DML 以及常见的聚合函数、连接查询、条件查询。

Hive 不适合用于联机(online)事务处理，也不提供实时查询功能。它最适合应用在基于大量不可变数据的批处理作业。Hive 的特点是可伸缩(在 Hadoop 的集群上动态地添加设备)，可扩展，容错，输入格式的松散耦合。Hive 的入口是 DRIVER，执行的 SQL 语句首先要提交到 DRIVER 驱动，然后调用 COMPILER 解释驱动，最终解释成 MapReduce 任务执行，最后将结果返回。

6.8.2　Hive 数据类型

Hive 提供了基本数据类型和复杂数据类型，复杂数据类型是 Java 语言所不具有的。本节介绍 Hive 的两种数据类型以及数据类型之间的转换。

1. 基本数据类型

Hive 支持原子数据类型和复杂数据类型,原子数据类型包括数据值、布尔类型和字符串类型,复杂的类型包括数组、映射和结构,具体描述如表 6-3 所示。

表 6-3 Hive 的数据类型

类　　型	类型	描　　述	示　　例
基本数据类型	TINYINT	1 字节	1
	SMALLINT	2 字节	1
	INT	4 字节	1
	BIGINT	8 字节	1
	FLOAT	4 字节	1.0
	DOUBLE	8 字节	1.0
	BOOLEAN	true、flase	true
	STRING	字符串	'abc'、"abc"
复杂数据类型	ARRAY	一组有序字段,字段的类型必须相同	array(1,2)
	MAP	一组无序的键/值对。键的类型必须是原子的,值可以是任何类型的。同一个映射的键的类型必须相同,值的类型也必须相同	map('a','b',1,2)
	STRUCT	一组命名的字段,字段的类型可以不同	struct('a',1,1.0)

BINARY、TIMESTAMP、UNION(复杂数据类型)在 Hive0.8.0 以上才可以使用。数组、映射、结构的文字形式可以通过函数 array()、map()、struct()得到,3 个函数都是 Hive 的内置函数。从 Hive0.6.0 开始,列命名为 col1、col2、col3 等。

2. 复杂类型

Hive 有 ARRAY、MAP 和 STRUCT 3 种复杂数据类型。ARRAY 和 MAP 与 Java 中的 ARRAY 和 MAP 类似,而 STRUCT 与 C 语言中的 STRUCT 类似,它封装了一个命名的字段集合,复杂数据类型允许任意层次的嵌套。

复杂数据类型的声明必须使用尖括号指明其中数据字段的类型。定义 3 列,每列对应一种复杂的数据类型,如下所示。

```
CREATE TABLE complex(
  col1 ARRAY<INT>,
  col2 MAP<STRING,INT>,
  col3 STRUCT<a:STRING,b:INT,c:DOUBLE>
);
```

3. 类型转化

Hive 的原子数据类型是可以进行隐式类型转换的,类似于 Java 的类型转换,如某表达式使用 INT 类型,TINYINT 会自动转换为 INT 类型,但是 Hive 不会进行反向转化。例如,某表达式使用 TINYINT 类型,TIN 不会自动转换为 TINYINT 类型,它会返回错误,除非使用 CAST 操作。

隐式类型转换规则如下。

(1) 任何整数类型都可以隐式地转换为一个范围更广的类型,如 TINYINT 可以转换成 INT,INT 可以转换成 BIGINT。

(2) 所有整数类型、FLOAT 和 String 类型都可以隐式地转换成 DOUBLE。

(3) TINYINT、SMALLINT、INT 都可以转换为 FLOAT。

(4) BOOLEAN 类型不可转换为任何其他的类型。

可以使用 CAST 操作显式地进行数据类型转换,如 CAST('1' AS INT)将把字符串 '1'转换成整数 1;如果强制类型转换失败,如执行 CAST('X' AS INT),表达式返回空值 NULL。

6.8.3　Hive 的特点

Hive 与关系数据库的比较如表 6-4 所示。

表 6-4　Hive 与关系数据库的比较

	Hive	RDBMS
查询语言	HQL	SQL
数据存储	HDFS	Raw Device or Local FS
索引	无	有
执行	MapReduce	Excutor
执行延迟	高	低
处理数据规模	大	小

1. 查询语言

SQL 被广泛应用在数据仓库中,专门针对 Hive 的特性定义了简单的类 SQL 查询语言,称为 HQL,熟悉 SQL 的开发者可以很方便地使用 Hive 进行开发。同时,这个语言也允许熟悉 MapReduce 开发者的开发自定义的 Mapper 和 Reducer 来处理内建的 Mapper 和 Reducer 无法完成的复杂的分析工作。

Hive 采用类 SQL 的查询方式,将 SQL 查询转换为 MapReduce 的 job 在 Hadoop 集群上执行。

2. 数据存储位置

Hive 建立在 Hadoop 之上,所有 Hive 的数据都存储在 HDFS 中。而数据库则可以将数据保存在块设备或者本地文件系统中。

3. 数据格式

Hive 中没有定义专门的数据格式,数据格式可以由用户指定,用户定义数据格式需要指定 3 个属性:列分隔符(通常为空格、\t、\x001)、行分隔符(\n)以及读取文件数据的方法(Hive 中默认有 TextFile、SequenceFile 和 RCFile 3 个文件格式)。由于在加载数据的过程中,不需要从用户数据格式到 Hive 定义的数据格式的转换,Hive 在加载的过程中不会对数据本身进行任何修改,只是将数据内容复制或者移动到相应的 HDFS 目录中。

而数据库中,不同的数据库有不同的存储引擎,定义了自己的数据格式。所有数据都会按照一定的组织存储,因此数据库加载数据的过程会比较耗时。

4. 数据更新

Hive 是针对数据仓库应用设计的,而数据仓库的内容读多写少。因此,Hive 不支持对数据的改写和添加,所有的数据都是在加载的时候确定好的。而数据库中的数据通常是需要修改的,因此使用 INSERTINTO…VALUES 添加数据,使用 UPDATE…SET 修改数据。

5. 索引

Hive 在加载过程中不会对数据进行任何处理,甚至不会对数据进行扫描,因此也没有对数据中的某些 key 建立索引。Hive 要访问数据中满足条件的特定值时,需要暴力扫描整个数据,因此访问延迟较高。由于 MapReduce 的引入,Hive 可以并行访问数据,即使没有索引,对于大数据量的访问,Hive 仍然可以体现出优势。

数据库中,通常会针对一个或者几个列建立索引,因此对于少量特定条件数据的访问,数据库可以有很高的效率,较低的延迟。由于数据的访问延迟较高,决定了 Hive 不适合在线数据查询。

6. 执行

Hive 中大多数查询的执行是通过 Hadoop 提供的 MapReduce 实现的(类似 select * from table1 的查询不需要 MapReduce)。而数据库通常有自己的执行引擎。

7. 执行延迟

Hive 在查询数据时没有索引,需要扫描整个表,因此延迟较高。另一个导致 Hive 执行延迟高的因素是 MapReduce 框架。MapReduce 本身具有较高的延迟,在利用 MapReduce 执行 Hive 查询时,也会有较高的延迟。相对而言,数据库的执行延迟较低。当然,这个低是有条件的,即数据规模较小,当数据规模大到超过数据库的处理能力时,Hive 的并行计算显然能体现出优势。

8. 可扩展性

Hive 建立在 Hadoop 之上,因此 Hive 的扩展性和 Hadoop 的可扩展性是一致的。而数据库由于 ACID 语义的严格限制,扩展性非常有限。目前最先进的并行数据库 Oracle

在理论上的扩展能力也只有 100 台左右。

9. 数据规模

Hive 建立在集群上并可以利用 MapReduce 进行并行计算,可以支持很大规模的数据,数据库可以支持的数据规模较小。

6.8.4　Hive 的安装

Hive 的安装依赖 Hadoop 集群,它运行在 Hadoop 的基础上。所以,安装 Hive 之前,需要保证 Hadoop 集群能够成功运行。Hive 是 Apache 的一个顶级开源项目,本书使用的版本是 2.3.3。

1. 下载安装包

从网站 http://mirror.bit.edu.cn/apache/hive 下载 Hive 安装包 apache-hive-2.3.3.bin.tar.gz,并将其解压到/usr/local 中。

```
[hadoop@abc1 ~]$sudo tar -zxfv ~/Downloads/apache-hive-2.3.3-bin.tar.gz -C
/usr/local
[hadoop@abc1 local]$cd /usr/local
[hadoop@abc1 local]$sudo mv apache-hive-2.3.3-bin hive     //将目录名改为 hive
```

2. 修改环境变量/etc/profile

```
[hadoop@abc1 local]$sudo vi /etc/profile
#hive
export HIVE_HOME=/usr/local/hive
export PATH=$PATH:$HIVE_HOME/bin
[hadoop@abc1 local]$source /etc/profile
```

3. 验证

```
[hadoop@abc1local]$hive --version
Hive 2.3.3
Gitgit://daijymacpro-2.local/Users/daijy/commit/hive-r 8a511e3f79b43d4be41cd231cf5c9
9e43b248383
Compiled by daijy on Wed Mar 28 16:58:33 PDT 2018
From source with checksum 8873bba6c55a058614e74c0e628ab022
```

显示 Hive 的版本,安装成功。

第7章 IPv6

IP 地址是因特网上主机分配的在全世界范围内唯一的标识。目前,使用较多的互联网协议为 IPv4。但由于前期 IPv4 地址分配不合理和互联网的迅速发展,IPv4 地址已经消耗殆尽。在此背景下,中共中央办公厅,国务院办公厅于 2017 年 11 月 26 日联合印发《推进互联网协议第六版(IPv6)规模部署行动计划》,推进我国使用 IPv6 的步伐。IPv6 能够提供充足的网络地址,是全球公认的下一代互联网商业应用解决方案。

7.1 IPv6 基础知识

7.1.1 IPv6 地址

IPv6 地址共 128 位,地址空间扩大到 2 的 128 次方,可以说地球上每一平方米都可以有 10 的 26 次方个 IP 地址。

1. 格式

IPv6 地址如此之多,其地址记法也不同于 IPv4 的点分十进制记法,而是采用了冒分十六进制记法。

冒分十六进制记法是将 IPv6 的 128 位地址分成 8 段,每段占 16 位,用十六进制数表示,所以每段有 4 个十六进制数,段与段之间用英文冒号分开。

格式为:x:x:x:x:x:x:x:x(x 代表 4 个十六进制数),如 1234:0000:0000:0000:0012:0000:0034:00AB。

IPv6 缩写规则如下。

(1) 每段中的 4 个十六进制数,若高位为 0,允许省略。如 1000:0000:0000:0000:0000:0060:000C:000D 可以简写为 1000:0:0:0:0:60:C:D。

(2) IPv6 地址中,紧密相连的多个全 0 的十六进制数的段可以用双冒号(::)替代,但为了区分标识,双冒号只能用一次。因此,上例中的 IP 可继续简写为 1000::60:C:D。

(3) IPv6 地址=网络位(地址前缀)+主机位(接口标识),在 IP 地址后面加上"/+数字",其中数字表示地址前缀的位数。如 10:0:0:0:0:60:C:D/64 表示前 64 位为网络位。

2. 类型

IPv6 主要定义了 3 种地址类型,分别是单播地址、组播地址和任播地址。

单播地址:类似于 IPv4 中的单播地址,用来唯一标识一个接口。发送到单播地址的数据报文将被传送给此地址所标识的一个特定的接口。

组播地址:类似于 IPv4 中的组播地址,用来标识一组接口(通常这组接口属于不同的节点)。发送到组播地址的数据报文被传送给此地址标识的所有接口。IPv6 的组播地址容易区分,总是以 FF 开始。

任播地址:IPv6 新引进的地址类型,用来标识一组接口(通常这组接口属于不同的节点)。发送到任播地址的数据报文被传送给此地址所标识的一组接口中距离源节点最近(根据使用的路由协议进行度量)的一个接口。

单播地址又具体包括了 5 类,分别为本地链路地址、本地站点地址、全局单播地址、兼容性地址和特殊地址。

(1) 本地链路地址:类似于 IPv4 中 APIPA(Automatic Private IP Addressing,自动专用 IP 寻址)所定义的地址 169.254.0.0/16。IPv6 本地链路地址能发现邻居节点和在无状态自动配置中(不能通过 DHCP 获取地址,也没有手工配置 IP)链路本地上各节点之间的通信,但只能在本地链路上使用,不能完成不同链路间的通信,不可被路由。本地链路地址拓扑图如图 7-1 所示。

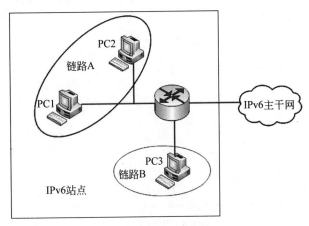

图 7-1　本地链路地址拓扑图

在图 7-1 中,PC1 与 PC2 之间可以通信,但无法完成 PC1 与 PC3 之间的通信。

(2) 本地站点地址:类似于 IPv4 中的私有 IP,如 10.0.0.0/8,172.16.0.0/16-172.31.255.255/16 和 192.168.0.0/16,只在同一站点内部使用。但 IPv6 的本地站点地址不是为了做 NET 转换,而是应用于企业内部,如做内部服务器用来分配 IP 地址,远程管理企业内部服务器、路由网络设备等。

(3) 全局单播地址:类似于 IPv4 的公有 IP,如 202.202.202.1/30。此类地址可以进行全局路由访问。

(4) 兼容性地址:它是一种 IPv4 到 IPv6 网络的兼容过渡机制,通过隧道技术使 IPv6 的数据包能在 IPv4 网络上传输。兼容性地址的格式是高 96 位由二进制的 0 组成,低 32 位是由十进制的 IPv4 地址组成,如图 7-2 所示。

(5) 特殊地址:特殊地址主要包括环回地址和未指定地址。IPv6 环回地址类似于 IPv4 中的 127.0.0.1,用于本地环回测试,IPv6 中环回地址为::1。未指定地址类似于 IPv4 中的 0.0.0.0,是没有给任何接口分配单播地址,IPv6 中未指定地址为::。

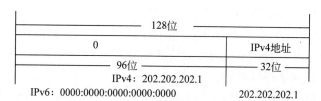

图 7-2　IPv4 过渡 IPv6 的兼容地址(202.202.202.1)

7.1.2　IPv6 报文格式

IPv6 的报文由 3 部分组成：固定首部、扩展首部和上层协议数据。

固定首部记录了报文的基本信息，共 40 字节。内容包括 8 个部分，分别为版本号、传输类别、流标签、有效载荷长度、下一报头、跳数限制、源地址以及目的地址。报文格式如图 7-3 所示。

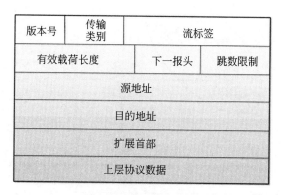

图 7-3　IPv6 报文格式

版本号(Version)：占 4 位，表示协议的版本，其值为 6(0110)。

传输类别(Traffic Class)：占 8 位，类似于 IPv4 中的区分服务字段，用来确定不同优先级的 IPv6 分组，进而实施不同的 QoS(网络服务质量)。

流标签(Flow Label)：占 20 位，可将特定的数据流打上标签，以便路由器能够识别此条数据流，就不必一一查找数据包头部，进而节省时间。若不需要流标签，可将其置 0。

有效载荷长度(Payload Length)：占 16 位，是指除了固定首部外 IPv6 数据报文的长度，即扩展首部长度＋上层协议数据长度。

下一报头(Next Header)：占 8 位，用来指明 IPv6 数据报头后接的报文首部类型，如果有扩展首部，则表示第一个扩展首部的类型，若没有，则表示上层协议的协议类型。

跳数限制(Hop Limit)：占 8 位，类似于 IPv4 中的 TTL，用来衡量一个数据报文能经过多少路由转发，每经过一个路由，跳数减 1，当跳数为 0 时，将报文丢弃。

源地址(Source Address)：占 128 位，用来标识报文的源地址。

目的地址(Destination Address)：占 128 位，用来标识报文的目的地址。

扩展首部由一个或多个扩展报头组成，用来实现 IPv4 中"选项"字段的功能，"下一报头"字段配合扩展报头使用。即"下一报头"字段指明首个扩展报头的类型，再根据所指类型对扩展报头进行处理。若一个数据报中包含多个扩展报头,则在"下一报头"字段中指明首个扩展报头的类型,在首个扩展报头的"下一报头"字段中指明第二个扩展报头的类型,最后一个扩展报头的"下一报头"字段指明的应该是上层协议类型。

IPv6 报文中扩展头的使用示例如图 7-4 所示,第一个报文不包含任何扩展头;第二个报文包含一个扩展头,为路由扩展头;第三个报文包含两个扩展头,分别为路由扩展头和分片扩展头。3 个报文中"TCP 头部＋数据"部分为上层协议数据部分。

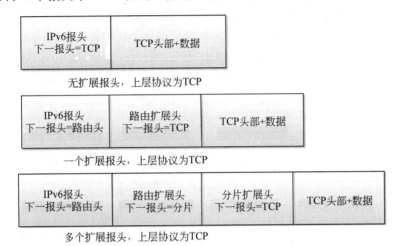

图 7-4　IPv6 报文中扩展头的使用示例

IPv6 的扩展报头有很多种,本书将简述以下 6 种。

① 逐跳选项报头(hop-by-hop options header):所用协议为 0,此类报头会被转发路径中所有节点处理,因而多用于巨型数据包或路由器警报等。

② 目的选项报头(destination options header):所用协议为 60,多用于移动 IP,能实现移动漫游功能,即当移动节点的连接点改变时,仍然可以保持原移动节点的 IP 不变。

③ 路由报头(routing header):所用协议为 43,可通过 IPv6 的源节点来指定数据包所经过的中间路由器列表,规划数据包的传输路线。

④ 分段报头(fragment header):所用协议为 44,数据分段是由源节点完成的,当要发送的数据长度大于 MTU(maximum transmission unit,最大传输单元)时,应将一个数据报文分成几段,进行传输。

⑤ 认证报头(authentication header):所用协议为 51,IPsec(Internet 协议安全性)使用,提供报文认证、完整性检查和重放保护。

⑥ 封装安全有效载荷报头(encapsulating security payload header):所用协议为 50,IPsec 使用,提供报文认证、完整性检查、重放保护和 IPv6 数据包加密。

在使用以上 6 种扩展报头时,最好按照逐跳选项报头、目的选项报头、路由报头、分段报头、认证报头、封装安全有效载荷报头的顺序使用。

7.2 IPv6 使用协议

7.2.1 邻居发现协议

邻居发现协议（Neighbor Discovery Protocol，NDP）是 IPv6 非常重要的一个基础性协议，其中邻居是指相同链路的其他节点。NDP 包括 IPv4 中 ARP（Address Resolution Protocol，地址解析协议）、ICMP（Internet Control Message Protocol，Internet 控制报文协议）路由器发现和 ICMP 重定向等协议，不仅如此，NDP 还包括了前缀发现、重复地址检测、地址自动配置、邻居不可达检测等功能。

邻居发现协议是通过 5 种类型的 ICMPv6 实现其各种功能，分别为路由器请求（Router Solicitation，RS）、路由器公告（Router Advertisment，RA）、邻居请求（Neighbor Solicitation，NS）、邻居公告（Neighbor Advertisement，NA）和重定向（Redirect）功能。ICMPv6 报文类型如表 7-1 所示。

表 7-1　ICMPv6 报文类型表

ICMPv6 类型	消息名称	ICMPv6 类型	消息名称
TYPE＝133	路由器请求	TYPE＝136	邻居公告
TYPE＝134	路由器公告	TYPE＝137	重定向
TYPE＝135	邻居请求		

邻居发现协议功能强大，本文将简述其 6 种重要功能，分别为路由器发现、地址解析、重定向功能、邻居不可达检测、重复地址检测以及前缀重新编址。

1. 路由器发现

用来标识定位与给定链路相连的路由器，并获取其配置信息的过程，具体主要包括以下 3 方面。

（1）路由器发现（Router Discovery）：主机发现邻居路由器并选择其中一个作为默认网关的过程。

（2）前缀发现（Prefix Discovery）：主机发现本地链路上一组 IPv6 前缀并生成前缀列表的过程。前缀列表可用于主机的地址自动配置和 on-link 判断。

（3）参数发现（Parameter Discovery）：主机发现相关配置参数（如 MTU、地址分配方式等）的过程。

2. 地址解析

相较于 IPv4 的 ARP，NDP 的地址解析功能只工作在网络层，而与数据链路层无关。这样既增强了协议的独立性，又防止了 ARP 攻击和 ARP 欺骗，增加了安全性。

地址解析是通过节点之间交换邻居请求和邻居公告完成网络层到数据链路层的解析，并且把解析后的信息建立相应的邻居缓存表项。

3. 重定向功能

在重定向过程中,路由器通过发送重定向报文来通知链路上的报文发送节点信息,如果在同一链路上存在一个更优的下一跳路由。接收到该消息的节点应据此修改其本地路由表项。路由器仅为单播数据流发送重定向报文,而重定向报文也仅以单播形式发送到源主机,并且只会被源节点处理。

4. 邻居不可达检测(Neighbor Unreachable Detection,NUD)

用来确定邻居节点是否可达。邻居不可达检测机制是通过邻居可达性状态机来描述邻居可达性的,并把状态机保存在邻居缓存表中。邻居可达性状态机状态表如图 7-2 所示。

表 7-2　邻居可达性状态机状态表

INCOMPLETE(未完成状态)	正在解析地址,邻居链路地址未确定
REACHABLE(可达状态)	解析成功,邻居可达
STALE(失效状态)	可达时间耗尽,不能确定邻居是否可达
DELAY(延迟状态)	延时等待状态,不能确定邻居是否可达
PROBE(探测状态)	节点会向处于 PROBE 状态的邻居持续发送邻居请求报文
EMPTY(空闲状态)	此节点上没有相关邻接点的邻居缓存表项

5. 重复地址检测(Duplicate Address Detection,DAD)

用来确定节点即将使用的地址是否与链路上其他地址重复。IPv6 所有的单播地址,无论以何种方式配置,必须经过重复地址检测的过程。

重复地址检测是通过 NS 和 NA 报文实现的。节点发送 NS 报文,其源地址为未指定的,目的地址需要检测的 IPv6 地址。在 NS 报文发送到链路上后,若没有在规定时间内收到应答的 NA 报文,则认为这个单播地址在链路上是唯一的,可以分配给接口;反之,如果收到应答的 NA 报文,则表明这个地址已经被其他节点使用,不能配置到接口。

6. 前缀重新编址(Prefix Renumbering)

若 IPv6 地址的网络前缀发生变化,路由器会在本地链路上发布新的网络参数信息,主机得到该信息后,会重新配置网络前缀。

7.2.2　IPv6 地址自动配置协议

IPv6 同时定义了两种地址自动配置协议,分别为无状态地址自动配置协议(Stateless Address Autoconfiguration,SLAAC)和 IPv6 动态主机配置协议(Dynamic Host Configuration Protocol,DHCPv6)。

1. 无状态地址自动配置

无状态地址自动配置不需要额外的服务器分配管理地址,而是主机通过计算进行自动地址配置。

无状态是通过邻居发现协议来实现的,主要用到了邻居发现协议中路由器发现功能、重复地址检测功能以及前缀重新编址功能。具体分为两个阶段:配置本地链路地址和配置全球单播地址,具体配置步骤如下。

（1）启动一个网络接口,主机会自动为此接口生成一个本地链路地址。

（2）进行重复地址检测,若此地址在与其他地址发生地址冲突,则要为该接口重新手动配置一个本地链路地址。

（3）主机向路由器发送请求,获取全局前缀信息。

（4）主机根据获取到的全局前缀进行前缀重新编址,并改变全局地址,完成无状态地址自动配置。

2. IPv6 动态主机配置协议

DHCPv6 是一种有状态的地址自动配置协议,通过 DHCPv6 服务器为主机分配一个完整的 IP 地址。DHCPv6 基本架构如图 7-5 所示。

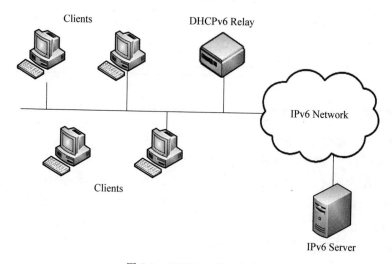

图 7-5　DHCPv6 基本架构

Client：DHCPv6 客户端,请求 IP 地址的一端。

DHCPv6 Relay：DHCPv6 中继代理,用来转发客户端的请求或是服务器端的相应内容,协助客户端和服务器完成地址配置。

DHCPv6 Server：DHCPv6 服务器,负责处理客户端或中继器发来的请求,为客户端分配 IPv6 地址和其他网络配置信息。

DHCPv6 客户端与 DHCPv6 服务器的通信可以通过本地链路范围内的组播地址,若服务器和客户端不在同一链路范围内,则需要 DHCPv6 中继进行转发。由于 DHCPv6 中继的存在,DHCPv6 服务器不用存在于每一条链路之中,节约了大量成本,也利于集中管理。

7.2.3　IPv6 路由选择协议

IPv6 的路由选择协议总体结构与 IPv4 相似,被分为两大类:内部网关协议(Interior Gateway Protocol,IGP)和外部网关协议(Exterior Gateway Protocol,EGP)。内部网关协议,是指在一个自治系统(Autonomous System,AS)内部使用的协议,如 RIPng、OSPFv3。外部网关协议,是当数据包传到一个自治系统边界时,就需要使用一种协议将路由选择信息传递到另一个自治系统中,如 BGP 4+。

1. RIPng

RIPng,内部网关协议,与 RIP(Routing Information Protocol,路由信息协议)类似,是 IETF(The Internet Engineering Task Force,国际互联网工程任务组)为了解决 RIP 与 IPv6 不兼容的问题,而对 RIP 协议进行改进制定的。

与 RIP 相同,RIPng 也是基于"距离"向量的路由选择协议。所谓距离,是定义路由器到直接连接网络上其他路由的距离为 1。路由器到非直接连接网络上其他路由,每经过一个路由器,距离就加 1。如图 7-6 所示,路由器 R2 到路由器 R1 的距离为 1,R2 到网络 C 的距离为 2。

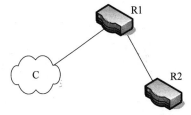

图 7-6　路由选择协议的拓扑图

(1) RIPng 协议应该注意以下 3 点。

① 好的路径距离短,即通过的路由器数目少。

② RIPng 允许一条路径最多通过 15 个路由器,当路由器数目大于等于 16 时,视为不可达,因此 RIPng 只适合小型网络。

③ RIPng 不能在两个网络间使用多条路由,只选择一个具有最小路由器数目的路径(最短路由)。

(2) RIPng 协议工作原理。

RIPng 协议是通过 UDP 报文交换路由信息的,所使用的端口号为 521。

使用 RIPng 协议的路由器每 30s 就会向与它相连的网络广播发送一次路由更新报文,收到更新报文的路由器就会更新自身的路由表。正常情况下,路由器在每 30s 就会收到一次路由确认信息。如果 180s 内还没有得到邻居路由节点的确认,则认为此节点不可达。若是再过 120s 仍没有收到邻居路由节点的确认,RIPng 将从路由表中删除此节点。上述的时间,30s、180s、120s 是由 3 个计时器控制的,分别为更新计时器(UpdateTimer)、暂时超时计时器(Timeout)和垃圾收集计时器(Garbage—collection Timer)。

(3) RIPng 报文格式。

① 基本格式如图 7-7 所示。

字段含义如下。

Command:占 8 位,用来定义报文的类型(0x01:request 报文;0x02:response 报文)。

Version:占 8 位,用来表示 RIPng 的版本,目前值为 0x01。

Must be zero:占 16 位,全部填 0 即可。

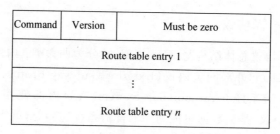

图 7-7 RIPng 基本报文格式

RTE(Route table entry)：路由表项，每项占 20 个字节。

② RTE 格式。

RIPng 共定义了两类路由表项，分别是下一跳 RTE 和 IPv6 前缀 RTE。

下一跳 RTE 定义了下一跳的 IPv6 地址，一个下一跳 RTE 后面可以有一个或多个 IPv6 前缀 RTE。下一跳 RTE 格式如图 7-8 所示。

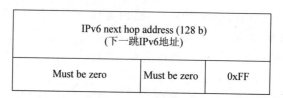

图 7-8 下一跳 RTE 格式

IPv6 前缀 RTE 描述了目的 IPv6 地址、路由标记、前缀长度以及度量值，如图 7-9 所示。

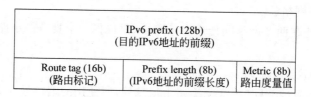

图 7-9 IPv6 前缀 RTE 格式

2. OSPFv3

OSPFv3(Open Shortest Path First Version3，开放式最短路径优先第三版)属于内部网关协议，是基于链路状态的协议。OSPFv3 中一个链路可以划分为多个子网，节点即使不在同一个子网内，只要在同一链路上就可以直接通话。OSPFv3 典型组网如图 7-10 所示。

OSPFv3 与 OSPFv2 有许多相似之处，都使用 Dijkstra 提出的 SPF(Shortest Path First，最短路径优先)算法，发送路由消息时都采取洪泛法，都采取 DR(Designated Router，制定路由器)选举等基本机制。

由于 OSPFv2 在报文内容、运行机制等方面与 IPv4 联系密切，限制了其扩展性和适应性，因此为了在 IPv6 的环境中更好地运行 OSPF 协议，在 OSPFv2 的基础上进行修正

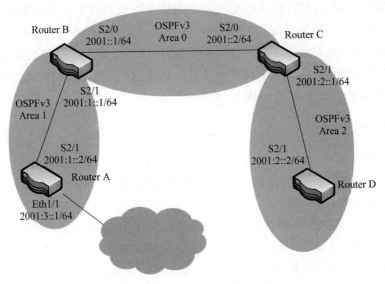

图 7-10　OSPFv3 典型组网图

处理后产生了 OSPFv3 协议。所以,OSPFv3 与 OSPFv2 也存在许多不同点,主要有以下几点不同。

(1) OSPFv3 是基于链路运行的,而 OSPFv2 是基于子网运行的。就是说,OSPFv2 要求邻居之间形成邻接关系必须两端的 IP 地址属于同一网段且子网掩码相同。而 OSPFv3 要求只需在一个链路上,即使不在一个子网内也可正常通信。基于子网运行与基于链路运行的拓扑图如图 7-11 所示。

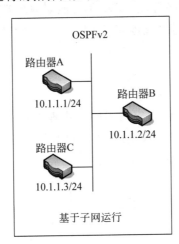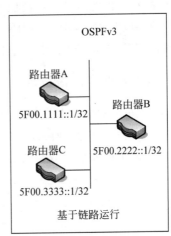

图 7-11　基于子网运行与基于链路运行的拓扑图

(2) OSPFv3 取消了编制性语义。在 OSPFv2 中报文的数据内容决定其邻居路由器标识、邻居建立等多种机制必须基于 IPv4 来进行。而 OSPFv3 中取消了这些编址性语义,而只保留协议运行必须的核心内容,用以保证 OSPFv3 协议能够独立于网络协议运行。

（3）链路本地地址的使用。OSPFv2 要求每一个运行 OSPF 协议的路由器接口都必须有一个全局的 IPv4 地址。而在 IPv6 中，每个运行 OSPF 协议的路由器接口都会分配一个本地链路地址，此地址只在本地链路有效，而且作为协议分组发送的源地址（虚连接除外）和路由的下一跳。由于本地链路地址只在本链路上有意义且只能在本链路上泛洪，因此链路本地地址只能出现在 Link LSA 中。

3. BGP 4+

BGP4+（Border Gateway Protocol 4+，边界网关协议）属于外部网关协议。由于 BGP 4 只能管理 IPv4 的路由信息，没有很好的扩展性，所以 IETF 对 BGP4 进行了多协议扩展，形成了支持 IPv6 的 BGP 4+协议。

BGP 4+相较于 BGP 4 消息机制和路由机制没有做过多的改变。但为了适应更多的网络层协议，BGP 4+则需要将 IPv6 网络层协议的信息反映到 NLRl（Network Layer Reachable Information）及下一跳（Next Hop）属性中。因此，BGP4+添加了两个新属性，分别为多协议可达 NLRI（MP-REACH-NLRI）和多协议不可达 NLRI（MP-UNREACH-NLRI）。

多协议可到达 NLRI，用于发布可到达路由及下一跳信息。

多协议不可达 NLRI，用于撤销不可达路由。

7.3　IPv4 到 IPv6 的过渡技术

虽然 IPv6 的技术已经成熟且广泛应用势在必行，但 IPv6 不可能立刻全部替代 IPv4，因而在相当长的一段时间内，IPv4 与 IPv6 会共存并逐渐完成由 IPv4 向 IPv6 的过渡。为实现平稳过渡，IETF 推荐了以下几种过渡技术。

7.3.1　IPv6/IPv4 双协议栈技术

IPv6/IPv4 双协议栈技术是将 IPv4 和 IPv6 同时应用于同一物理平台，即在一台主机上同时支持 IPv4 和 IPv6 两种协议。这样，无论是仅支持 IPv4 的平台还是仅支持 IPv6 的平台，都可以与该主机通信。双协议栈结构图如图 7-12 所示。

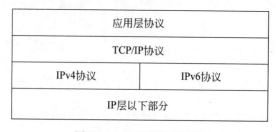

图 7-12　双协议栈结构图

1．双协议栈的工作方式

支持双协议栈的主机，当只运行 IPv4 协议时，就只能当 IPv4 的节点使用，只可识别 IPv4 的报文。同样，当只运行 IPv6 协议时，就只能当 IPv6 的节点使用，只可识别 IPv6 的报文。

当主机同时启用 IPv4 协议和 IPv6 协议时，主机的主要通信可从接收数据包和发送数据包两方面讨论。

1）接收数据包

数据链路层收到报文之后，把其拆开并检查报文。无论是 IPv4 报文头部还是 IPv6 报文头部，第一个字段都是版本号。因此，若链路层检查到版本号为 4，就提交给 IPv4 节点；若检查到版本号为 6，就提交给 IPv6 节点；若采用了自动隧道技术，则根据其技术特点将数据包进行整合，再提交给 IPv6 节点。

2）发送数据包

应用层发送的数据包到底是通过 IPv4 节点还是 IPv6 节点，主要取决于目的地址。目的地址具体又分为以下 5 种。

① 目的地址为 IPv4，则采取 IPv4 协议。

② 目的地址为 IPv6，并且是本地在线网络，则采取 IPv6 协议。

③ 目的地址为 IPv4 兼容的 IPv6 地址，并且不是本地在线网络，则采取 IPv4 协议，但此时 IPv6 是封装在 IPv4 中。

④ 目的地址为非 IPv4 兼容的 IPv6 地址，并且不是本地在线网络，则采取 IPv6 协议。

⑤ 目的地址为域名，则需要向从域名服务器处得到域名所对应的地址，再根据对应的地址进行处理。

2．基于双协议栈的应用服务

（1）基于双协议栈的域名服务系统。

IPv4 地址的 DNS 正向解析的资源记录是 A 记录。IPv6 地址 DNS 解析目前有两种资源记录，AAAA 和 A6 记录。虽然目前 AAAA 较为常见，但 A6 记录支持一些 AAAA 所不具备的新特性，如地址聚合。

（2）基于双协议栈的 BBS 系统。

BBS(Bulletin Board System，电子公告牌系统)，用于下载数据、上传数据、阅读新闻、与其他用户交换消息等，是互联网重要的信息交流平台。因此，随着 IPv4 向 IPv6 的平稳过渡，双协议栈对于 BBS 有重要意义。

兼容 IPv4 和 IPv6 的 BBS 可以通过"基本的支持 IPv6 的 socket（套接字）接口扩展"，并修改其相关的部分代码实现。

（3）IPv6 校园网过渡方案。

在 IPv6 发展计划的初期，为保证原有网络系统安全、稳定运行，实现 IPv4 到 IPv6 的平稳过渡，对于校园网初期过渡有一些粗略规划，如跨 IPv4 的两台 IPv6 主机间通信采用隧道技术实现；IPv4 的服务器逐渐升级为双协议栈服务器；IPv4/IPv6 客户端之间的通信可采用 NAT- PT 技术实现等。

7.3.2 隧道技术

双协议栈使 IPv4 节点与 IPv6 节点保持最直接的兼容方式且完全兼容，但这种方式既没有解决 IPv4 地址耗尽的问题，还增加了网络的复杂性，因而多用于重要节点服务器。而实现跨 IPv4 的两台 IPv6 主机间通信多采用隧道技术。

隧道技术实质是一种数据包封装技术。实现 IPv4 到 IPv6 的过渡，就是利用隧道技术将 IPv6 的数据报文打包封装，使其可以在 IPv4 网络上传输，接收方接到隧道传过来的数据包之后，再进行解封，得到 IPv6 的数据报文。隧道技术如图 7-13 所示。

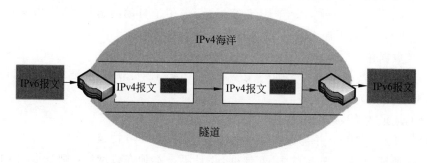

图 7-13　图解隧道技术

隧道技术有很多种实现方法，本文将简单介绍手工配置隧道（Configured Tunnel）、IPv4 兼容 IPv6 自动配置隧道（Auto-configured Tunnel）、隧道中介（Tunnel Broker）、GRE 隧道、6to4 隧道和 ISATAP 隧道。

1. 手工配置隧道

手工配置隧道是通过隧道两端的网路管理员协作手工配置完成的，适合于经常通信的 IPv6 站点之间。这种隧道不需要为端点分配特殊的 IPv6 地址，IPv6 地址由配置决定。每一条隧道的封装节点必须保存隧道终点的地址，且终点地址要作为 IPv4 的目的地址进行封装。

手工配置隧道要求站点间的信息传输必须有可用的 IPv4 连接，至少有一个全球唯一的 IPv4 地址，而且主机也要支持 IPv6，路由器支持双协议栈。

2. IPv4 兼容 IPv6 自动配置隧道

IPv4 兼容 IPv6 自动配置隧道能够完成点到点之间的连接，适合于单独主机之间的通信或是不经常通信的设备之间。这种隧道的建立和删除都是动态的，即只需告诉设备的起点，设备会自动生成终点，进而确定一条隧道。

IPv4 兼容 IPv6 自动配置隧道要求两端的主机或是路由器同时支持 IPv4 协议和 IPv6 协议，而且所用的地址必须是 IPv4 兼容 IPv6 地址。

3. 隧道中介

隧道中介并不属于一种隧道机制,而是一种方便构造隧道的机制,就相当于一个虚拟的 IPv6 服务提供商,用以简化手工配置过程。隧道中介通过 Web 方式为用户分配 IPv6 地址、建立隧道以方便和其他 IPv6 站点之间的通信。

4. GRE 隧道

GRE(Generic Routing Encapsulation,通用路由封装)规定了怎样用一种网络协议去封装另一种网络协议。GRE 隧道技术可在 IPv4 的隧道上承载 IPv6 的数据报文,其中 IPv6 地址是在隧道接口上配置的,而 IPv4 地址就是隧道的起点和终点。

5. 6to4 隧道

6to4 隧道是 IETF 为了简化 IPv4 网络上配置 IPv6 隧道技术提出的,可将 IPv6 的域通过 IPv4 网络连接到 IPv6 网络上。

与 IPv4 兼容 IPv6 自动配置隧道类似,6to4 隧道也用的是特殊地址,地址格式为 2002:A.B.C.D:xxxx:xxxx:xxxx:xxxx:xxxx。其中 A.B.C.D 表示 IPv4 地址。

6. ISATAP 隧道

ISATAP(Intra-site Automatic Tunnel Addressing Protocol,站点间自动隧道寻址技术)不仅是一种自动隧道技术,还可进行地址自动配置。其实质是在一个广播域中用 IPv4 地址传输 IPv6 数据包的机制,是在 IPv4 网络中建立了一个虚拟的 IPv6 网络。这种隧道不用指明目的地址,实际上 IPv6 地址是依据本地 IPv4 地址自动生成的。

真实的一个广播域中在 IPv4 地址的根底上传输 IPv6 数据包的隧道机制,它可以在 IPv4 网络上树立一个虚拟的 IPv6 网络。

7.3.3 网络地址和协议转换技术

网络地址和协议转换技术(Network Address Translation-Protocol Translation, NAT-PT)是附带协议转换器的网络地址转换器,配合应用层网关(ALG)使用,可实现只安装 IPv4 协议的主机和只安装 IPv6 协议的主机大部分应用的通信。NAT-PT 技术如图 7-14 所示。

网络地址和协议转换技术是将 IPv4 地址和 IPv6 地址分别看作内部地址和全局地址。当内部的 IPv4 主机要和外部的 IPv6 主机通信时,在 NAT 服务器中将 IPv4 地址(相当于内部地址)变换成 IPv6 地址(相当于全局地址),服务器维护一个 IPv4 与 IPv6 地址的映射表。

网络地址和协议转换技术机制定义了三种不同类型的操作,分别为静态 NAT-PT、动态 NAT-PT 和 NAPT-PT。

静态 NAT-PT 对 IPv6 地址和 IPv4 地址提供了一对一映射,与 IPv4 中静态 NAT 类似。

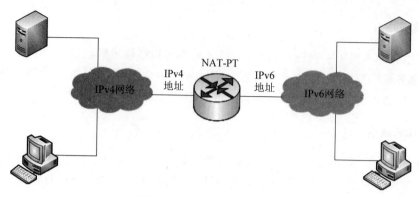

图 7-14 图解 NAT-PT 技术

　　动态 NAT-PT 与 IPv4 中动态 NAT 类似,也提供了一对一的映射,但是使用的是 IPv4 的地址池,池中的源 IPv4 地址数量决定了并发的 IPv6 到 IPv4 转换的最大数目。

　　NAPT-PT,网络地址端口转换——协议转换,与 IPv4 中 PAT 类似,提供多个有 NAT-PT 前缀的 IPv6 地址和一个源 IPv4 地址间的多对一动态映射。

　　双协议栈、隧道技术及网络地址和协议转换技术三者是目前最为常用的 IPv4 到 IPv6 的过渡技术。但这三种技术各有利弊,表 7-3 为三种技术的比较表。

表 7-3　三种技术的比较表

	双协议栈	隧道技术	NAT-PT
技术特点	可同时运行 IPv4 和 IPv6 两种协议,能够实现完全兼容	用现有的 IPv4 体系结构传递 IPv6 的数据报文	依靠于中间通信设备完成 IPv4 和 IPv6 之间的地址转换和报文传输
适用范围	适用于任何 IPv4 和 IPv6 的网络	适用于 IPv6 主机/网络、网络/网络之间互通	适用于 IPv4 和 IPv6 网络间的互通
存在问题	不能解决 IPv4 地址耗尽的问题,增加网络的复杂性	不能解决 IPv4 和 IPv6 主机/网络之间的互相通信	协议较多,而且应用层协议还需要应用层网关的辅助

参 考 文 献

［1］ Centos 开源社区［EB/OL］. https://www.centos.org/.

［2］ 董延华,白文秀. Linux 操作系统管理与应用［M］. 北京：清华大学出版社,2016.

［3］ 李晓佳,郭邵宁,董延华. 基于虚拟云技术在实验教学和管理中的应用研究［J］. 福建电脑,2018,34(11)：116-117.

［4］ RFC 791：INTERNET PROTOCOL,DARPA INTERNET PROGRAM PROTOCOL SPECIFICATION［M/OL］. https://tools.ietf.org/html/rfc791.

［5］ RFC 792：INTERNET CONTROL MESSAGE PROTOCOL,DARPA INTERNET PROGRAM PROTOCOL SPECIFICATION［M/OL］. https://tools.ietf.org/html/rfc792.

［6］ RFC 793：TRANSMISSION CONTROL PROTOCOL,DARPA INTERNET PROGRAM PROTOCOL SPECIFICATION ［M/OL］. https://tools.ietf.org/html/rfc793.

［7］ 董延华,毕娜,王春晓. 基于 802.1x 协议的校园网安全认证设计与实现［J］. 吉林师范大学学报(自然科学版),2016,37(1)：124-127.

［8］ 董延华,毕娜,曾轩,等. 基于 Web 安全认证的无线网络覆盖方案［J］. 吉林大学学报(信息科学版),2014,32(3)：298-302.

［9］ 董延华,李晓佳,张晔. 基于 MPICH 并行计算系统安全通信策略研究［J］. 吉林大学学报(信息科学版),2011,29(5)：481-483.

［10］ 董延华,王慕坤,宫豪. 微机 BIOS 升级与改造［J］. 吉林师范大学学报(自然科学版),2004(1)：109-110,114.

［11］ 朱双印的个人日志［EB/OL］. http://www.zsythink.net/.

［12］ 郑子明 CSDN 博客［EB/OL］. https://blog.csdn.net/reblue520/article/details/50791767.

图书资源支持

感谢您一直以来对清华版图书的支持和爱护。为了配合本书的使用，本书提供配套的资源，有需求的读者请扫描下方的"书圈"微信公众号二维码，在图书专区下载，也可以拨打电话或发送电子邮件咨询。

如果您在使用本书的过程中遇到了什么问题，或者有相关图书出版计划，也请您发邮件告诉我们，以便我们更好地为您服务。

我们的联系方式：

地　　　址：北京市海淀区双清路学研大厦 A 座 701

邮　　　编：100084

电　　　话：010－62770175－4608

资源下载：http://www.tup.com.cn

客服邮箱：tupjsj@vip.163.com

QQ：2301891038（请写明您的单位和姓名）

用微信扫一扫右边的二维码，即可关注清华大学出版社公众号"书圈"。

资源下载、样书申请

书圈

扫一扫，获取最新目录